A GUIDE TO HOUSEHOLD INVESTIGATION
OF THE SECOND NATIONAL CENSUS OF
POLLUTION SOURCES

第二次全国污染源普查
入户调查工作手册

生态环境部第二次全国污染源普查工作办公室　编

中国环境出版集团·北京

图书在版编目（CIP）数据

第二次全国污染源普查入户调查工作手册/生态环境部第二次全国污染源普查工作办公室编. —北京：中国环境出版集团，2022.11
ISBN 978-7-5111-5212-1

Ⅰ．①第… Ⅱ．①生… Ⅲ．①污染源调查—中国—手册 Ⅳ．①X508.2-62

中国版本图书馆 CIP 数据核字（2022）第 129842 号

出 版 人 武德凯
责任编辑 曲 婷
责任校对 薄军霞
封面设计 王春声

出版发行 **中国环境出版集团**
（100062 北京市东城区广渠门内大街 16 号）
网　　址：http://www.cesp.com.cn
电子邮箱：bjgl@cesp.com.cn
联系电话：010-67112765（编辑管理部）
发行热线：010-67125803，010-67113405（传真）
印　　刷 北京中科印刷有限公司
经　　销 各地新华书店
版　　次 2022 年 11 月第 1 版
印　　次 2022 年 11 月第 1 次印刷
开　　本 880×1230 1/16
印　　张 14.25
字　　数 330 千字
定　　价 110.00 元

组织领导和工作机构

国务院第二次全国污染源普查领导小组人员名单

国发〔2016〕59号文，2016年10月20日

组 长
张高丽　国务院副总理

副组长
陈吉宁　环境保护部部长
宁吉喆　国家统计局局长
丁向阳　国务院副秘书长

成 员
郭卫民　国务院新闻办副主任
张　勇　国家发展改革委副主任
辛国斌　工业和信息化部副部长
黄　明　公安部副部长
刘　昆　财政部副部长
汪　民　国土资源部副部长
翟　青　环境保护部副部长
倪　虹　住房城乡建设部副部长
戴东昌　交通运输部副部长
陆桂华　水利部副部长
张桃林　农业部副部长
孙瑞标　税务总局副局长
刘玉亭　工商总局副局长
田世宏　质检总局党组成员、国家标准委主任
钱毅平　中央军委后勤保障部副部长

*领导小组办公室主任由环境保护部副部长翟青兼任

国务院第二次全国污染源普查领导小组人员名单

国办函〔2018〕74 号文，2018 年 11 月 5 日

组　长

韩　正　国务院副总理

副组长

丁学东　国务院副秘书长

李干杰　生态环境部部长

宁吉喆　统计局局长

成　员

郭卫民　中央宣传部部务会议成员、新闻办副主任

张　勇　发展改革委副主任

辛国斌　工业和信息化部副部长

杜航伟　公安部副部长

刘　伟　财政部副部长

王春峰　自然资源部党组成员

赵英民　生态环境部副部长

倪　虹　住房城乡建设部副部长

戴东昌　交通运输部副部长

魏山忠　水利部副部长

张桃林　农业农村部副部长

孙瑞标　税务总局副局长

马正其　市场监管总局副局长

钱毅平　中央军委后勤保障部副部长

＊领导小组办公室设在生态环境部，办公室主任由生态环境部
副部长赵英民兼任

工作办公室人员

主　任　洪亚雄

副主任　刘舒生　景立新

综合（农业）组　毛玉如　汪志锋　赵兴征　刘晨峰　王夏娇
　　　　　　　　柳王荣　沈　忱　周潇云　罗建波

督办组　谢明辉　李雪迎

技术组　赵学涛　朱　琦　王　强　张　震　陈敏敏　王赫婧
　　　　郑国峰　吴　琼　邢　瑜

宣传组　汪震宇　杨庆榜

此外，于飞、张山岭、王振刚、崔积山、王利强、范育鹏、孙嘉绩、王俊能、谷萍同志也参加了普查工作。

序 言

掌握生态环境保护底数
助力打赢污染防治攻坚战

　　第二次全国污染源普查是中国特色社会主义进入新时代的一次重大国情调查，是在决胜全面建成小康社会关键阶段、坚决打赢打好污染防治攻坚战的大背景下实施的一项系统工程，是为全面摸清建设"美丽中国"生态环境底数、加快补齐生态环境短板采取的一项重大举措。在以习近平同志为核心的党中央坚强领导下，按照国务院和国务院第二次全国污染源普查领导小组的部署，各地区、各部门和各级普查机构深入贯彻习近平新时代中国特色社会主义思想和习近平生态文明思想，精心组织、奋力作为，广大普查人员无私奉献、辛勤付出，广大普查对象积极支持、大力配合，第二次全国污染源普查取得重大成果，达到了"治污先治本、治本先清源"的目的，为依法治污、科学治污、精准治污和制定决策规划提供了真实可靠的数据基础，集中反映了十年来中国经济社会健康稳步发展和生态环境保护不断深化优化的新成就，昭示着生态文明建设迈向高质量发展的新图景。

一、第二次全国污染源普查高质量完成

　　第二次全国污染源普查对象为中华人民共和国境内有污染源的单位和个体经营户，范围包括：工业污染源，农业污染源，生活污染源，集中式污染治理设施，移动源及其他产生、排放污染物的设施。普查标准时点为 2017 年 12 月 31 日，时期资料为 2017 年度。这次污染源普查历时 3 年时间，经过前期准备、全面调查和总结发布三个阶段，对全国 357.97 万个产业活动单位和个体经营户进行入户调查和产排污核算工作，摸清了全国各类污染源数量、结构和分布情况，掌握了各类污染物产生、排放和处理情况，建立了重点污染源档案和污染源信息数据库，高标准、高质量完成了既定的目标任务。这次污染源普查的主要特点有：

党中央、国务院高度重视，凝聚工作合力。张高丽、韩正副总理先后担任国务院第二次全国污染源普查领导小组组长，领导小组办公室设在生态环境部。按照"全国统一领导、部门分工协作、地方分级负责、各方共同参与"的原则，县以上各级政府和相关部门组建了普查机构。各级生态环境部门重视普查工作中党的建设，着力打造一支生态环境保护铁军，做到组织到位、人员到位、措施到位、经费到位，为普查顺利实施提供了有力保障。全国（不含港、澳、台）共成立普查机构9321个，投入普查经费90亿元，动员50万人参与，确保了普查顺利实施。

科学设计，普查方案执行有力。依据相关法律法规，加强顶层设计，制定《第二次全国污染源普查方案》，提高普查的科学性和规范性。坚持目标引领、问题导向，经过12个省（区、市）普查综合试点、10个省（区、市）普查专项试点检验，完善涵盖工业源41个行业大类的污染源产排污核算方法体系。采取"地毯式"全面清查和全面入户调查相结合的方式，了解掌握"污染源在哪里、排什么、如何排和排多少"四个关键问题，全面摸清生态环境底数。31个省（区、市）和新疆生产建设兵团以"钉钉子"精神推进污染源普查工作"全国一盘棋"。

运用现代信息技术，推动实践创新。积极推进政务信息大数据共享应用，有效减轻调查对象负担和普查成本。共有17个部门作为国务院第二次全国污染源普查领导小组成员单位和联络员单位参与普查，累计提供行政记录和业务资料近1亿条，通过比对、合并形成普查清查底册和污染源基本单位名录。首次运用全国环保云资源，建立完善联网直报系统。全面采用电子化手段进行普查小区划分和空间信息采集，使用手持移动终端（PDA）采集和传输数据，提高普查效率。

聚焦数据质量，强化全过程控制。严格"真实、准确、全面"要求，建立细化的数据质量标准，完善数据质量溯源机制，严格普查质量管理和工作纪律。组建普查专家咨询和技术支持团队，开展分类指导和专项督办，引入4692个第三方机构参与普查工作，发挥公众监督作用，推动普查公正透明。国务院第二次全国污染源普查领导小组办公室先后对普查各个阶段组织开展工作督导，对全国31个省（区、市）和新疆生产建设兵团普查调研指导全覆盖、质量核查全覆盖，确保普查数据质量。

广泛开展宣传培训，营造良好社会氛围。加强普查新闻宣传矩阵平台建设，采取通俗易懂、喜闻乐见的形式，推进普查宣传进基层、进乡镇、进社区、进企业，推广工作中的好经验好方法，营造全社会关注、支持和参与普查的舆论氛围。创新培训方式，统一培训与分级培训相结合，现场培训与网络远程培训相结合，理论传授与案例讲解相结合，由国家负责省级和试点地区、省级负责地市和区县，全方位提高各级普查人员工作能力和技术水平。专题为新疆、西藏等西部地区培训普查业务骨干，深化对口援疆、援藏、援青工作。总的看，第二次全国污染源普查为生态环境保护做了一次高质量"体检"，获得了极其宝贵的海量数据，为加强生态文明建设、推动经济社会高质量发展、推进生态环境领域国家治理体系和治理能力现代化提供了丰富详实的数据支撑。

二、十年来我国生态环境保护取得重大成就

对比第二次全国污染源普查与第一次全国污染源普查结果，可以发现，十年来特别是党的十八大以来，我国在经济规模、结构调整、产业升级、创新动力、区域协调、环境治理等方面呈现诸多积极变化，高质量发展迈出了稳健步伐，生态文明建设取得积极成效，生态环境质量显著改善。

十年来，我国经济社会发展状况以及生态环境保护领域重大改革措施取得重大成果。从十年间两次普查的变化来看：2017年，化学需氧量、二氧化硫、氮氧化物等污染物排放量较2007年分别下降46%、72%、34%。工业企业废水处理、脱硫和除尘等设施数量，分别是2007年的2.35倍、3.27倍和5.02倍。城镇污水处理厂数量增加5.4倍，设计处理能力增加1.7倍，实际污水处理量增加3倍；城镇生活污水化学需氧量去除率由2007年的28%提高至2017年的67%。生活垃圾处置厂数量增加86%，其中垃圾焚烧厂数量增加303%，焚烧处理量增加577%，焚烧处理量比例由8%提高到27%。危险废物集中利用处置厂数量增加8.22倍，设计处理能力增加4279万吨／年，提高10.4倍，集中处置利用量增加1467万吨，提高12.5倍。这些变化充分体现了生态文明建设战略实施的成就。

十年来，我国经济结构优化升级、协调发展取得新进展。我国正处在转变发展方式、优化经济结构、转换增长动能的攻关期。两次普查数据相比，十年间，工业结构持续改善，制造业转型升级表现突出。工业源普查对象涵盖国民经济行业分类41个工业大类行业产业活动单位，数量由157.55万个增加到247.74万个，增加90.19万个，增幅达57.24%。重点行业生产规模集中，造纸制浆、皮革鞣制、铜铅锌冶炼、炼铁炼钢、水泥制造、炼焦行业的普查对象数量分别减少24%、36%、51%、50%、37%和62%，产品产量分别增加61%、7%、89%、50%、71%和30%。农业源普查对象中，畜禽规模程度明显提高，养殖结构得到优化，生猪规模养殖场（500头及以上）养殖量占比由22%上升为41%。同时，生猪规模养殖场采用干清粪方式养殖量占比从55%提高到81%。这些深刻反映了我国经济结构的重大变化，表明重点行业产业集中度提高，产业优化升级、淘汰落后产能、严格环境准入等结构调整政策取得积极成效。重点行

业产业结构调整既获得了规模效益和经济效益，同时取得了好的环境成效。

十年来，我国工业企业节能减排成效显著。 两次普查相比，在工业源方面，废气、废水污染治理快速发展，治理水平大幅提升。2017 年废水治理设施套数比 2007 年提高了 135.47%，废水治理能力提高了 26.88%。脱硫设施数和除尘设施数分别提高了 226.88%、401.72%。十年间，总量控制重点关注行业排放量占比明显下降，化学需氧量、氨氮、二氧化硫、氮氧化物等四项主要污染物排放量分别下降 83.89%、77.56%、75.05%、45.65%。电力、热力生产和供应业二氧化硫、氮氧化物，造纸和纸制品业化学需氧量分别下降 86.54%、76.93%、84.44%。铜铅锌冶炼行业二氧化硫减少 78%。炼铁炼钢行业二氧化硫减少 54%。水泥制造行业氮氧化物减少 23%。表明全国各领域生态环境基础设施建设的均等化水平提升，污染治理能力大幅提高，污染治理效果显著。

另外，普查结果也显示当前生态环境保护工作仍然存在薄弱环节，全国污染物排放量总体处于较高水平。第二次全国污染源普查数据为下一步精准施策、科学治污奠定了坚实基础。

三、贯彻落实新发展理念　推动生态环境质量持续改善

习近平总书记强调，小康全面不全面，生态环境很关键。普查结果显示，在党中央、国务院的坚强领导下，经济高质量发展和生态环境高水平保护协同推动，依法治污、科学治污、精准治污方向不变、力度不减，扎实推进蓝天、碧水、净土保卫战，污染防治攻坚战取得关键进展，生态环境质量持续明显改善。从普查数据中也发现，当前污染防治攻坚战面临的困难、问题和挑战还很大，形势仍然严峻，不容乐观。我们既要看到发展的有利条件，也要清醒认识到内外挑战相互交织、生态文明建设"三期叠加"影响持续深化、经济下行压力加大的复杂形势。要以习近平新时代中国特色社会主义思想为指导，紧紧围绕统筹推进"五位一体"总体布局和协调推进"四个全面"战略布局，紧密围绕污染防治攻坚战阶段性目标任务，持续改善生态环境质量，构建生态环境治理体系，为推动生态环境根本好转、建设生态文明和美丽中国、开启全面建设社会主义现代化国家新征程奠定坚实基础。

深入贯彻落实新发展理念。 深入贯彻落实习近平生态文明思想，增强各方面践行新发展理念的思想自觉、政治自觉、行动自觉。充分发挥生态环境保护的引导、优化和促进作用，支持服务重大国家战略实施。落实生态环境监管服务、推动经济高质量发展、支持服务民营企业绿色发展各项举措，继续推进"放管服"改革，主动加强环境治理服务，推动环保产业发展。

坚定不移推进污染治理。 用好第二次全国污染源普查成果，推进数据开放共享，以改善生态环境质量为核心，制定国民经济和社会发展"十四五"规划和重大发展战略。全面完成《打赢蓝天保卫战三年行动计划》目标任务，狠抓重点区域秋冬季大气污染综合治理攻坚，积极稳妥推进北方地区清洁取暖，持续整治"散乱污"企业，深入推进柴油货车污染治理，继续实施重污染天气应急减排按企业环保绩效分级管控。深入实施《水污染防治行动计划》，巩固饮用水水源地环境整治成效，持续开展城市黑臭水体整治，加强入海入河排污口治理，推进农村环境综合整治。全面实施《土壤污染防治行动计划》，推进农用地污染综合整治，强化建设用地土壤污染风险管控和修复，组织开展危险废物专项排查整治，深入推进"无废城市"建设试点，基本实现固体废物零进口。

加强生态系统保护和修复。 协调推进生态保护红线评估优化和勘界定标。对各地排查违法违规挤占生态空间、破坏自然遗迹等行为情况进行检查。持续开展"绿盾"自然保护地强化监督。全力推动《生物多样性公约》第十五次缔约方大会圆满成功。开展国家生态文明建设示范市县和"绿水青山就是金山银山"实践创新基地评选工作。

着力构建生态环境治理体系。 推动落实关于构建现代环境治理体系的指导意见、中央和国家机关有关部门生态环境保护责任清单。基本建立生态环境保护综合行政执法体制。构建以排污许可制为核心的固定污染源监管制度体系。健全生态环境监测和评价制度、生态环境损害赔偿制度。夯实生态环境科技支撑。强化生态环境保护宣传引导。加强国际交流和履约能力建设。妥善应对突发环境事件。

加强生态环境保护督察帮扶指导。 持续开展中央生态环境保护督察。持续开展蓝天保卫战重点区域强化监督定点帮扶，聚焦污染防治攻坚战其他重点领域，开展统筹强化监督工作。精准分析影响生态环境质量的突出问题，分流域区域、分行业企业对症下药，实施精细化管理。充分发挥国家生态环境科技成果转化综合平台作用，切实提高环境治理措施的系统性、针对性、有效性。坚持依法行政、依法推进，规范自由裁量权，严格禁止"一刀切"，避免处置措施简单粗暴。

充分发挥党建引领作用。 牢固树立"抓好党建是本职、不抓党建是失职、抓不好党建是渎职"的管党治党意识，始终把党的政治建设摆在首位，巩固深化"不忘初心、牢记使命"主题教育成果，着力解决形式主义突出问题，严格落实中央八项规定及其实施细则精神，进一步发挥巡视利剑作用，一体推进不敢腐、不能腐、不想腐，营造风清气正的政治生态，加快打造生态环境保护铁军。

编制说明

　　全国污染源普查是依法开展的重大国情调查。《全国污染源普查条例》规定，全国污染源普查每 10 年进行一次。做好第二次全国污染源普查，对于准确判断我国当前环境形势，制定实施有针对性的生态环境保护政策规划，不断提高环境治理系统化、科学化、法治化、精细化和信息化水平，加快推进生态文明建设，补齐全面建成小康社会的生态环境短板具有重要意义。

　　第二次全国污染源普查的标准时点为 2017 年 12 月 31 日，时期资料为 2017 年度资料。本次普查共分为三个阶段进行：2016 年第四季度至 2017 年底为普查前期准备阶段，重点做好普查方案编制、普查工作试点以及宣传培训等工作；2018 年为全面普查阶段，各地组织开展普查，通过逐级审核汇总形成普查数据库，2018 年年底完成普查工作；2019 年为总结发布阶段，重点做好普查验收、数据汇总和结果发布等工作。

　　《第二次全国污染源普查入户调查工作手册》（以下简称手册）结合污染源普查入户调查工作的具体需求，阐述了普查对象的范围和内容，明确了普查员和普查指导员的作用和职责，说明了入户调查工作步骤、方法和报表填报要求，指导开展普查数据采集、数据处理与审核工作；同时汇编了有关法律法规、政策文件和技术规定，为第二次全国污染源普查第二阶段入户调查工作的顺利开展奠定基础。

　　本手册共分为四个篇章。

　　第 1 篇污染源普查工作基本任务，编制人员为毛玉如、沈忱、汪志锋、王夏娇、周潇云、赵兴征等；第 2 篇入户调查要求与流程，编制人员为杨庆榜、白金、汪震宇、刘柏音、柳王荣等；第 3 篇普查表填报及审核，编制人员为沈忱、刘晨峰、吴琼、陈敏敏、郑国峰、邢瑜等；第 4 篇质量控制要求，编制人员为王夏娇、张震、李雪迎、赵银慧、王军霞等。全书由沈忱统稿，毛玉如、张震、赵兴征校阅和审定。

　　值此手册付梓之际，向参加第二次全国污染源普查工作的所有单位和个人表示衷心的感谢。

目 录

1 污染源普查工作基本任务

全国污染源普查是依法开展的重大国情调查，是环境保护的基础性工作。开展第二次全国污染源普查，掌握各类污染源的数量、行业和地区分布情况，了解主要污染物产生、排放和处理情况，建立健全重点污染源档案、污染源信息数据库和环境统计平台，对于准确判断我国当前环境形势，制定实施有针对性的经济社会发展和环境保护政策、规划，不断改善环境质量，加快推进生态文明建设，补齐全面建成小康社会的生态环境短板具有重要意义。

第二次全国污染源普查为一次性调查。普查标准时点为 2017 年 12 月 31 日，时期资料为 2017 年度资料。普查对象为中华人民共和国境内有污染源的单位和个体经营户。范围包括工业污染源（以下简称工业源）、农业污染源（以下简称农业源）、生活污染源（以下简称生活源）、集中式污染治理设施、移动源及其他产生、排放污染物的设施。

国务院第二次全国污染源普查领导小组负责领导和协调全国污染源普查工作。国务院第二次全国污染源普查领导小组办公室设在生态环境部，负责污染源普查日常工作。各地区、各部门按照"全国统一领导、部门分工协作、地方分级负责、各方共同参与"的原则组织实施普查。领导小组成员单位按照各自职责协调落实相关工作。

县级及以上地方人民政府第二次全国污染源普查领导小组按照国务院第二次全国污染源普查领导小组的统一规定和要求，领导和协调本行政区域内的污染源普查工作。对普查工作中遇到的各种困难和问题，要及时采取措施，切实予以解决。县级及以上地方人民政府第二次全国污染源普查领导小组办公室设在同级生态环境主管部门，负责本行政区域内的污染源普查日常工作。乡（镇）人民政府、街道办事处和村（居）民委员会应当积极参与并认真做好本区域的普查工作。

重点排污单位按照环境保护法律法规、排放标准及排污许可证管理等相关要求开展监测，如实填报普查年度监测结果。各类污染源普查调查对象和填报单位应当指定专人负责本单位污染源普查表填报工作。

1.1 工业污染源

1.1.1 普查范围

工业源普查范围为《国民经济行业分类》（GB/T 4754—2017）中"采矿业""制造业""电力、热力、燃气及水生产和供应业"，普查对象为 3 个门类中 41 个行业的全部工业企业，行业大类代码为 06～46，包括经各级工商行政管理部门核准登记、领取营业执照的各类工业企业，以及未经有关部门批准但实际从事工业生产经营活动、有或可能有废水污染物、废气污染物或工业固体废物（包括危险废物）产生的所有产业活动单位。其中，污水处理及其再生利用（行业代码为 4620）企业纳入集中式污染治理设施普查，不再纳入工业源普查。

个别地区根据需要，对涉及部分产生污染的 05 行业（农、林、牧、渔专业及辅助性活动）可以纳入普查。

按照所在地原则确定普查对象，以县级行政区划为划分所在地的基本区域单元：

①大型联合企业所属下级单位，一律纳入该下级单位所在地普查。

②同一企业分布在不同区域的厂区，纳入各厂区所在区域普查。

③大型公共供暖企业按照企业各生产场所或生产设施（锅炉）所在区域，纳入所在区域普查。

④工业园区普查对象为国家级、省级批准设立的各类开发区：国家批准设立的经济技术开发区、高新技术产业开发区、海关特殊监管区域、边境/跨境经济合作区和其他类型开发区；省级批准的各类开发区，包括经济技术开发区、高新技术产业开发区、工业园区、产业园区、示范区、高新区等。

根据清查后确定的普查对象开展普查。普查员在发放普查表或入户调查过程中，若发现遗漏的普查对象，应纳入普查范围，并及时报告县（区、市、旗）普查机构；发现普查对象不存在，或 2018 年 1 月 1 日后关闭且无法联系填报主体等情况，应及时报告县（区、市、旗）普查机构。县（区、市、旗）普查机构应将此类情况汇总后逐级上报至国家普查机构。

伴生放射性矿普查按《第二次全国污染源普查伴生放射性矿普查监测技术规定》（国污普〔2018〕1 号）执行。

1.1.2　普查内容

普查内容包括企业基本情况，原辅材料消耗、产品生产情况，产生污染的设施情况，各类污染物产生、治理、排放和综合利用情况（包括排放口信息、排放方式、排放去向等），各类污染防治设施情况等。

废水污染物：化学需氧量、氨氮、总氮、总磷、石油类、挥发酚、氰化物、砷、铅、镉、铬、汞。

废气污染物：二氧化硫、氮氧化物、颗粒物、挥发性有机物、氨、砷、铅、镉、铬、汞。

工业固体废物：一般工业固体废物和危险废物的产生、贮存、处置和综合利用情况。危险废物按照《国家危险废物名录》（2016 年版）分类调查。工业企业建设和使用的一般工业固体废物及危险废物贮存、处置设施（场所）情况。

工业园区：园区基本信息、园区基础设施建设情况、园区环境管理情况、园区注册登记工业企业清单。

1.1.3　技术路线

全面入户登记调查单位基本信息、活动水平信息、污染治理设施和排放口信息；基于实测和综合分析，分行业分类制定污染物排放核算方法，核算污染物产生量和排放量。

工业园区（产业园区）管理机构填报园区调查信息。工业园区（产业园区）内的工业企业填报工业源普查表。

1.1.4 普查表分类

工业源共有 25 张普查表，各类普查表数量、填报单位和统计范围见表 1-1。

表 1-1 工业源普查表分类及填报对象

类型和数量	表号	普查表名称	填报单位/统计范围
基本情况表（3张）	G101-1 表	工业企业基本情况	辖区内有污染物产生的工业企业及产业活动单位填报
	G101-2 表	工业企业主要产品、生产工艺基本情况	辖区内有污染物产生的工业企业及产业活动单位填报
	G101-3 表	工业企业主要原辅材料使用、能源消耗基本情况	辖区内有污染物产生的工业企业及产业活动单位填报
废水表（1张）	G102 表	工业企业废水治理与排放情况	辖区内有废水及废水污染物产生或排放的工业企业
废气表（13张）	G103-1 表	工业企业锅炉/燃气轮机废气治理与排放情况	辖区内有工业锅炉的工业企业，以及所有在役火电厂、热电联产企业及工业企业的自备电厂、垃圾和生物质焚烧发电厂
	G103-2 表	工业企业炉窑废气治理与排放情况	辖区内有工业炉窑的工业企业
	G103-3 表	钢铁与炼焦企业炼焦废气治理与排放情况	辖区内有炼焦工序的钢铁冶炼企业和炼焦企业
	G103-4 表	钢铁企业烧结/球团废气治理与排放情况	辖区内有烧结/球团工序的钢铁冶炼企业
	G103-5 表	钢铁企业炼铁生产废气治理与排放情况	辖区内有炼铁工序的钢铁冶炼企业
	G103-6 表	钢铁企业炼钢生产废气治理与排放情况	辖区内有炼钢工序的钢铁冶炼企业
	G103-7 表	水泥企业熟料生产废气治理与排放情况	辖区内有熟料生产工序的水泥企业
	G103-8 表	石化企业工艺加热炉废气治理与排放情况	辖区内石化企业
	G103-9 表	石化企业生产工艺废气治理与排放情况	辖区内石化企业
	G103-10 表	工业企业有机液体储罐、装载信息	辖区内有有机液体储罐的工业企业
	G103-11 表	工业企业含挥发性有机物原辅材料使用信息	辖区内使用含挥发性有机物原辅材料的工业企业
	G103-12 表	工业企业固体物料堆存信息	辖区内有固体物料堆存的工业企业
	G103-13 表	工业企业其他废气治理与排放情况	辖区内有废气污染物产生与排放的工业企业
固废表（2张）	G104-1 表	工业企业一般工业固体废物产生与处理利用信息	辖区内有一般工业固体废物产生的工业企业
	G104-2 表	工业企业危险废物产生与处理利用信息	辖区内有危险废物产生的工业企业
风险信息表（1张）	G105 表	工业企业突发环境事件风险信息	辖区内生产或使用环境风险物质的工业企业
核算信息表（3张）	G106-1 表	工业企业污染物产排污系数核算信息	辖区内使用产排污系数核算废水及废气污染物产生量或排放量的工业企业
	G106-2 表	工业企业废水监测数据	辖区内利用监测数据法核算废水污染物产生排放量的工业企业
	G106-3 表	工业企业废气监测数据	辖区内利用监测数据法核算废气污染物产生排放量的工业企业
伴生放射性矿表（1张）	G107 表	伴生放射性矿产企业含放射性固体物料及废物情况	辖区内达到筛选标准的伴生放射性矿产采选、冶炼、加工企业
园区表（1张）	G108 表	园区环境管理信息	省级及以上级别工业园区填报

1.2　农业污染源

1.2.1　普查范围

农业污染源普查对象为纳入农业统计的农业生产活动。普查范围包括种植业、畜禽养殖业和水产养殖业。

按照所在地原则确定普查对象，以县级行政区划为划分所在地的基本区域单元。同一养殖企业分布在不同区域的场区，纳入各场区所在区域普查。

根据清查后确定的普查对象开展普查工作。若发现遗漏的普查对象，应纳入普查范围，并及时报告县（区、市、旗）普查机构；发现普查对象不存在，或 2018 年 1 月 1 日后关闭且无法联系填报主体等情况，应及时报告县（区、市、旗）普查机构。县（区、市、旗）普查机构应将此类情况汇总后逐级上报至国家普查机构。

1.2.2　普查内容

（1）种植业

①县级种植业基本情况：县（区、市、旗）名称、农户数量、农村劳动力人口数量、耕地和园地总面积等。

②主要作物播种面积情况和农药、化肥、地膜等生产资料投入情况。

③主要作物收获方式、秸秆利用方式与利用量。

（2）畜禽养殖业

①规模养殖场基本情况：养殖场名称、畜禽种类、存/出栏数量、养殖设施类型、饲养周期、饲料投入情况等。

养殖规模与粪污处理情况：养殖量、废水处理方式、利用去向及利用量，粪便处理方式、利用去向及利用量，配套利用农田面积等。

②规模以下养殖户：县（区、市、旗）不同畜禽种类养殖户数量、存/出栏数量，不同清粪方式、不同粪便与污水处理方式下的养殖量占该类畜禽养殖总量的比例、配套利用农田面积等。

（3）水产养殖业

水产养殖业基本情况：县（区、市、旗）名称、养殖水体类型、养殖模式、投苗量与产量、养殖面积等。

（4）污染物

废水污染物：氨氮、总氮、总磷，畜禽养殖业和水产养殖业增加化学需氧量。

废气污染物：畜禽养殖业氨、种植业氨和挥发性有机物。

1.2.3 技术路线

全面入户登记调查规模畜禽养殖场基本信息、活动水平信息、污染治理设施和排放信息；其他农业源以县（区、市、旗）已有统计数据为基础，根据产排污系数核算污染物产生量和排放量。

1.2.4 普查表分类

农业污染源涉及的普查表及填报单位见表1-2。

表 1-2　农业污染源普查表及填报单位

表号	表名	填报单位
N101-1 表	规模畜禽养殖场基本情况	辖区内规模畜禽养殖场填报
N101-2 表	规模畜禽养殖场养殖规模与粪污处理情况	辖区内规模畜禽养殖场填报
N201-1 表	县（区、市、旗）种植业基本情况	县（区、市、旗）农业部门组织填报
N201-2 表	县（区、市、旗）种植业播种、覆膜与机械收获面积情况	县（区、市、旗）农业部门组织填报
N201-3 表	县（区、市、旗）农作物秸秆利用情况	县（区、市、旗）农业部门组织填报
N202 表	县（区、市、旗）规模以下养殖户养殖量及粪污处理情况	县（区、市、旗）畜牧部门组织填报
N203 表	县（区、市、旗）水产养殖基本情况	县（区、市、旗）渔业部门组织填报

1.3　生活污染源

1.3.1　普查范围

普查对象为除工业企业生产使用以外所有单位和居民生活使用的锅炉（以下简称生活源锅炉），城市市区、县城、镇区的入河（海）排污口；以城市市区、县城、镇区、行政村为单位统计城乡居民能源使用情况，生活污水产生、排放情况。

若发现清查遗漏的普查对象，应纳入普查范围，并及时报告县（区、市、旗）普查机构；发现普查对象不存在，或2018年1月1日后关闭且无法联系填报主体等情况，应及时报告县（区、市、旗）普查机构。县（区、市、旗）普查机构应将此类情况汇总后逐级上报至国家普查机构。

1.3.2　普查内容

生活源锅炉的基本信息、锅炉运行情况、污染治理设施情况等。市区、县城、镇区入河（海）排污口的基本信息和生活污水排污口水质监测情况等。

生活源锅炉与入河（海）排污口普查技术要求详见《第二次全国污染源普查生活源锅炉普查技术规定》（环普查〔2017〕188号）和《第二次全国污染源普查入河（海）排污口普查与监测技术规定》（国污普〔2018〕4号）。

城市：全市常住人口，房屋竣工面积，人均住房（住宅）建筑面积，新建沥青公路长度，改建变更沥青公路长度，城市道路长度等。

市区及县城：城镇常住人口，公共服务用水量，居民家庭用水量，生活用水量（免费供水），用水人口，人均日生活用水量，集中供热面积，人工煤气、天然气、液化石油气年销售量，重点区域燃煤使用情况等。

农村：农村常住人口和户数，人均日生活用水量，住房厕所类型，人粪尿处理情况，生活污水排放去向，燃煤使用情况，生物质燃料、管道煤气、罐装液化石油气年使用量，冬季家庭取暖能源使用情况等。

废水污染物：化学需氧量、氨氮、总氮、总磷、五日生化需氧量、动植物油。

废气污染物：二氧化硫、氮氧化物、颗粒物、挥发性有机物。

1.3.3　技术路线

登记调查生活源锅炉基本情况和能源消耗情况、污染治理情况等，根据产排污系数核算大气污染物产生量和排放量。通过重点调查的方法调查重点区域城市居民能源使用情况，通过抽样调查的方法调查农村居民能源使用情况。综合已有统计数据，获取与挥发性有机物排放相关的活动水平信息。

利用行政管理记录，结合实地排查，获取入河（海）排污口基本信息。对规模以上市政入河（海）排污口排水（枯水期、丰水期）水质开展监测，获取污染物排放信息。综合已有统计数据，结合入河（海）排污口调查与监测数据、城镇污水处理厂污水处理量及排放量，核算城镇水污染物排放量。

按行政村登记调查获取农村居民生活用水排水基本信息，根据产排污系数核算农村生活污水及污染物产生量和排放量。

1.3.4　普查表分类

生活污染源共有 8 张调查表，各类调查表数量、填报单位和统计范围见表 1-3。

表 1-3　生活源普查表分类及填报对象

类型和数量	表号	普查表名称	填报单位/统计范围
重点区域燃煤使用情况表（1 张）	S101 表	重点区域生活源社区（行政村）燃煤使用情况	重点区域社区居民委员会和行政村村民委员会填报，统计范围为本社区或行政村范围
行政村生活污染基本信息表（1 张）	S102 表	行政村生活污染基本信息	所有行政村村民委员会填报，统计范围为本行政村范围
锅炉表（1 张）	S103 表	非工业企业单位锅炉污染及防治情况	拥有或实际使用锅炉的非工业企业单位填报
入河（海）排污口相关调查表（2 张）	S104 表	入河（海）排污口情况	市区、县城和镇区范围内所有入河（海）排污口，由县级或以上普查机构组织填报
	S105 表	入河（海）排污口水质监测数据	市区、县城和镇区范围内所有开展监测的入河（海）排污口，由县级或以上普查机构组织填报

类型和数量	表号	普查表名称	填报单位/统计范围
由委托单位开展（1张）	S106 表	生活源农村居民能源使用情况抽样调查	抽样调查方案确定区域范围内的农户，由抽样调查单位组织填报
综合表（2张）	S201 表	城市生活污染基本信息	直辖市、地（区、市、州、盟）第二次全国污染源普查领导小组组织填报，统计范围为全市所辖区域
	S202 表	县域城镇生活污染基本信息	直辖市、地（区、市、州、盟）第二次全国污染源普查领导小组组织填报，统计范围为全县（市、旗）所辖区域

1.4　集中式污染治理设施

1.4.1　普查范围

普查对象为集中处理处置生活垃圾、危险废物和污水的单位，包括集中式污水处理单位、生活垃圾集中处理处置单位和危险废物集中处理处置单位。

（1）集中式污水处理单位

集中式污水处理单位包括城镇污水处理厂、工业污水集中处理厂、农村集中式生活污水处理设施和其他污水处理设施，不包括渗水井、化粪池（含改良化粪池）。

城镇污水处理厂：对进入城镇污水收集系统的污水进行净化处理的污水处理厂。城镇污水指城镇居民生活污水，机关、学校、医院、商业服务机构及各种公共设施排水，以及允许排入城镇污水收集系统的工业废水和初期雨水等。

工业污水集中处理厂：提供社会化有偿服务，专门从事为工业园区、连片工业企业或周边企业处理工业废水（包括一并处理周边地区生活污水）的集中设施或独立运营的单位。不包括企业内部的污水处理设施。原来按工业污水处理厂设计建设的，由于企业搬迁或其他原因导致实际处理污水主要为生活污水的处理厂，按城镇生活污水处理厂纳入普查。

农村集中式生活污水处理设施：乡、村通过管道、沟渠将乡或村污水进行集中收集后统一处理的污水处理设施或处理厂。设计处理能力≥10 吨/日（或服务人口≥100 人，或服务家庭数≥20 户）的污水处理设施或污水处理厂纳入普查。

其他污水处理设施：不能纳入城市污水收集系统的居民区、风景旅游区、度假村、疗养院、机场、铁路车站以及其他人群聚集地排放的污水进行就地集中处理的设施。

（2）生活垃圾集中处理处置单位

生活垃圾集中处理处置单位包括生活垃圾处理场（厂）和餐厨垃圾处理厂。

生活垃圾处理场（厂）包括生活垃圾填埋场、生活垃圾焚烧厂（包括生活垃圾焚烧厂、生活垃圾焚烧发电厂）、生活垃圾堆肥厂以及采用其他处理方式处理生活垃圾的处理厂。县级及以上垃圾处理场（厂）全部纳入普查。有条件的地区可开展县级以下垃圾处理厂普查。

餐厨垃圾处理厂只调查采用厌氧处理、微生物处理或堆肥处理方式处理餐厨垃圾的专业化处理厂，单位或居民区设置的小型厨余垃圾处理设备不纳入普查。

（3）危险废物集中处理处置单位

危险废物集中处理处置单位指提供社会化有偿服务，将工业企业、事业单位、第三产业或居民生活产生的危险废物集中起来进行焚烧、填埋等处置或综合利用的场所或单位。包括危险废物集中处置厂、其他企业协同处置厂和医疗废物处置厂。不包括企业内部自建自用且不提供社会化有偿服务的危险废物处理（置）装置。

医疗废物处置厂包括医疗废物焚烧厂、医疗废物高温蒸煮厂、医疗废物化学消毒厂、医疗废物微波消毒厂等。不包括医院自建自用的医疗废物处置设施。如医院自建医疗废物处置设施具有地市环保部门发放的危险废物经营许可证，纳入普查。

综合利用危险废物并持有管理部门发放的危险废物综合经营许可证的企业，如已纳入工业源普查，不再纳入危险废物集中处理处置单位普查。

只收集和转运危险废物的企业，不纳入危险废物集中处理处置单位普查。

若发现清查遗漏的普查对象，应纳入普查范围，并及时报告县（区、市、旗）普查机构；发现普查对象不存在，或 2018 年 1 月 1 日后关闭且无法联系填报主体等情况，应及时报告县（区、市、旗）普查机构。县（区、市、旗）普查机构应将此类情况汇总后逐级上报至国家普查机构。

1.4.2 普查内容

（1）集中式污水处理单位

普查对象基本信息：单位名称、统一社会信用代码、位置信息等。

能源消耗情况：燃料、电力等消耗情况。

污水处理设施基本情况和运行状况：处理方法，处理工艺，处理能力，实际处理量，排放口的基本信息（包括污水排放去向及排放口位置，以及锅炉废气排放口位置、高度和直径等），在线监测设施的安装、运行情况等。

二次污染的产生、治理和排放情况：污泥、废气等的处理、处置和综合利用情况。

污水监测结果及主要污染物排放量：废水排放量、化学需氧量、氨氮、总氮、总磷、五日生化需氧量、动植物油、挥发酚、氰化物、砷、铅、镉、总铬、六价铬、汞。

废气监测结果及主要污染物排放量：颗粒物、二氧化硫、氮氧化物。

固体废物：污水处理设施产生的污泥、锅炉产生的炉渣。

（2）生活垃圾集中处理处置单位

普查对象基本信息：单位名称、统一社会信用代码、位置信息等。

能源消耗情况：燃料、电力等消费情况。

垃圾处理处置设施基本情况和运行状况：处理方法，处理工艺，处理能力，实际处理量，排放口的基本信息（包括废气排放口位置、高度和直径等，以及废水/渗滤液排放去向及排放口位置），在线监测设施的安装、运行情况等。

二次污染的产生、治理和排放情况：渗滤液/污水、废气、污泥、炉渣、飞灰等的处理、处置和综合利用情况。

废水（包括渗滤液）监测结果及主要污染物排放量：化学需氧量、氨氮、总氮、总磷、五日生化需氧量、砷、铅、镉、总铬、六价铬、汞。

焚烧废气监测结果及主要污染物排放量：颗粒物、二氧化硫、氮氧化物、砷、铅、镉、铬、汞。

固体废物：焚烧设施产生的炉渣和飞灰等。

（3）危险废物集中处理处置单位

普查对象基本信息：单位名称、统一社会信用代码、位置信息等。

能源消耗情况：燃料、电力等消费情况。

危险废物处理处置设施基本情况和运行状况：处理方法，处理工艺，处理能力，实际处理量，排放口的基本信息（包括废气排放口位置、高度和直径等，以及废水/渗滤液排放去向及排放口位置），在线监测设施的安装、运行情况等。

二次污染的产生、治理和排放情况：渗滤液/废水、废气、污泥、炉渣、飞灰等的处理、处置和综合利用情况。

废水监测结果及主要污染物排放量：废水排放量、化学需氧量、氨氮、总氮、总磷、动植物油、五日生化需氧量、挥发酚、氰化物、砷、铅、镉、总铬、六价铬、汞。

焚烧废气监测结果及主要污染物排放量：颗粒物、二氧化硫、氮氧化物、砷、铅、镉、铬、汞。

固体废物：焚烧设施产生的炉渣和飞灰等。

1.4.3 技术路线

全面入户登记调查基本信息、废物处理处置情况，根据污染物排放监测数据和产排污系数核算污染物产生量和排放量。

1.4.4 普查表分类

集中式污染治理设施普查表分为污水处理厂普查表、垃圾处理厂普查表和危险废物集中处置厂普查表，共 11 张（表 1-4）。其中垃圾处理厂和危险废物集中处置厂共用 3 张表（J104 的 3 张表）。

表 1-4 集中式污染治理设施普查表分类及表号

普查表	表名	表号
集中式污水处理厂（4张）	集中式污水处理厂基本情况	J101-1
	集中式污水处理厂运行情况	J101-2
	集中式污水处理厂监测数据表	J101-3
	非工业企业单位锅炉污染及防治情况	S103

	生活垃圾集中处置场（厂）基本情况	J102-1
生活垃圾 集中处置场（厂）(6张)	生活垃圾集中处置场（厂）运行情况	J102-2
	生活垃圾/危险废物集中处置厂（场）废水监测数据	J104-1
	生活垃圾/危险废物集中处置厂（场）焚烧废气监测数据	J104-2
	生活垃圾/危险废物集中处置厂（场）污染物排放量	J104-3
	非工业企业单位锅炉污染及防治情况	S103
危险废物 集中处置厂(6张)	危险废物集中处置厂基本情况	J103-1
	危险废物集中处置厂运行情况	J103-2
	生活垃圾/危险废物集中处置厂（场）废水监测数据	J104-1
	生活垃圾/危险废物集中处置厂（场）焚烧废气监测数据	J104-2
	生活垃圾/危险废物集中处置厂（场）污染物排放量	J104-3
	非工业企业单位锅炉污染及防治情况	S103

1.5　移动源

1.5.1　普查范围

普查对象包括机动车、非道路移动源和油品储运销环节污染源。

机动车包括汽车、低速汽车和摩托车。

非道路移动源包括飞机、船舶、铁路内燃机车和工程机械、农业机械（含机动渔船）等非道路移动机械。

油品储运销环节污染源包括储油库、加油站和油罐车。

厂内自用、未在交管部门登记注册的机动车，小型通用机械，移动式柴油发电机组，机场地勤设备，港作机械，通用飞机，港作船舶等不纳入本次移动源普查范围。

油码头储油、装油和卸油过程，非对外营业的储油库和加油站不纳入本次移动源普查范围。

1.5.2　普查内容

（1）机动车

按车辆类型、燃料种类、初次登记日期划分的各类机动车保有量，氮氧化物、颗粒物、挥发性有机物排放情况。

（2）非道路移动源

飞机：按机型划分的起飞着陆循环次数，航空燃油消耗量等基本信息，氮氧化物、颗粒物、挥发性有机物排放情况。

船舶：二氧化硫、氮氧化物、颗粒物排放情况。

铁路：铁路内燃机车燃油消耗量、客货周转量等产排污相关信息，氮氧化物、颗粒物、挥发性有机物排放情况。

工程机械：按机械类型、燃料种类、销售日期划分的保有量，氮氧化物、颗粒物、挥发性有机物排放情况。

农业机械（含机动渔船）：按机械类型、燃料种类、销售日期划分的拥有量，氮氧化物、颗粒物、挥发性有机物排放情况。

（3）油品储运销环节污染源

储油库：储油库单位基本信息以及总库容、周转量、顶罐结构、油气处理装置、装油方式、在线监测系统等油气回收信息，挥发性有机物排放情况。

加油站：加油站单位基本信息和总罐容、销售量、油气回收阶段、在线监测系统等油气回收以及防渗漏措施信息，挥发性有机物排放情况。

油罐车：油品运输企业单位基本信息和油罐车数量、汽油运输量、柴油运输量、具有油气回收系统的油罐车数量以及定期进行油气回收系统检测的油罐车数量，挥发性有机物排放情况。

1.5.3 技术路线

利用相关部门统计的数据信息，获取移动源保有量、燃油消耗及活动水平信息，登记调查油品储运销活动水平信息，根据分区分类排放系数核算移动源污染物排放量。非道路移动源中工程机械、船舶、飞机、铁路内燃机车保有量及相关活动水平数据通过部门数据共享获得，利用有关部门（或单位）已有的全国及分地区统计汇总数据核算污染物排放量。

1.5.4 普查表分类

移动源共有 10 张表，各类调查表数量、填报单位和统计范围见表 1-5。

表 1-5 移动源普查表分类及填报对象

类型及数量	表号	表名	填报单位/统计范围
基层报表（3 张）	Y101 表	储油库油气回收情况	辖区内对外营业的储油库运营单位填报
	Y102 表	加油站油气回收情况	辖区内对外营业的加油站运营单位填报
	Y103 表	油品运输企业油气回收情况	辖区内油品运输企业填报
综合报表（7 张）	Y201-1 表	机动车保有量	直辖市、地（区、市、州、盟）第二次全国污染源普查领导小组组织本级公安交管部门填报，统计范围为辖区内所有登记注册的机动车
	Y201-2 表	机动车污染物排放情况	直辖市、地（区、市、州、盟）普查机构填报
	Y202-1 表	农业机械拥有量	直辖市、地（区、市、州、盟）第二次全国污染源普查领导小组组织本级农机管理部门填报，统计范围包括从事农林牧渔业生产的单位和农户及为其提供农机作业服务的单位、组织和个人实际拥有的农业机械

类型及数量	表号	表名	填报单位/统计范围
综合报表（7张）	Y202-2 表	农业生产燃油消耗情况	直辖市、地（区、市、州、盟）第二次全国污染源普查领导小组组织本级农机管理部门填报，统计范围包括从事农林牧渔业生产的单位和农户及为其提供农机作业服务的单位、组织和个人实际拥有的农业机械
	Y202-3 表	机动渔船拥有量	直辖市、地（区、市、州、盟）第二次全国污染源普查领导小组组织本级渔业管理部门填报，统计范围为辖区内从事渔业生产的船舶以及为渔业生产服务的船舶
	Y202-4 表	农业机械污染物排放情况	直辖市、地（区、市、州、盟）普查机构填报
	Y203 表	油品储运销污染物排放情况	直辖市、地（区、市、州、盟）普查机构填报

2 入户调查要求与流程

2.1 入户调查总体要求

第二次全国污染源普查工作坚持"全面覆盖、应查尽查、不重不漏"的基本原则，确保普查数据真实、准确、全面。入户调查工作需要根据第二次全国污染源普查清查阶段确定的污染源普查基本单位名录，严格按照《中华人民共和国统计法》和《全国污染源普查条例》的规定，落实《第二次全国污染源普查制度》和《第二次全国污染源普查技术规定》的具体要求，应用手持移动采集终端和联网直报等方式，如实登记被调查单位基本信息、活动水平信息、污染治理设施和排放信息，抽样调查城乡居民能源使用情况、农村居民生活水污染情况，科学准确采集相关数据。在调查过程中，污染源普查对象不得迟报、虚报、瞒报和拒报普查数据；不得推诿、拒绝和阻挠调查；不得转移、隐匿、篡改、毁弃原材料消耗记录、生产记录、污染物治理设施运行记录、污染物排放监测记录以及其他与污染物产生和排放有关的原始资料；普查人员不得伪造、篡改普查资料，不得强令、授意普查对象提供虚假普查资料。

2.2 入户调查准备工作

2.2.1 普查员和普查指导员的准备工作

普查员和普查指导员需明确自身的职责和权利。根据《关于第二次全国污染源普查普查员和普查指导员选聘及管理工作的指导意见》（国污普〔2017〕10号）的规定，普查员的职责包括：①负责向普查对象宣传污染源普查的目的、意义和内容，提高其对污染源普查工作的认识；解答普查对象在普查过程中的疑问，无法解答的，及时向普查指导员报告。②负责入户调查，了解普查对象基本情况，按照普查技术规定指导普查对象填写普查报表，对有关数据来源以及报表信息的合理性、规范性和完整性进行现场审核，并按要求上报。③配合开展普查工作检查、质量核查、档案整理等工作。普查指导员的职责包括：①按照当地普查机构的工作部署，对其负责区域内的普查员进行指导，及时传达普查工作要求。②协调负责区域内的普查工作，了解并掌握工作进度和质量，及时解决普查中遇到的实际问题，对于不能解决的问题要及时向当地普查机构报告。③负责对普查员提交的报表进行审核。对存在问题的，要求普查员进一步核实并指导普查对象进行整改。④负责对入户调查信息进行现场复核，复核比例不低于5%。对于复核中发现的问题，要求相关人员按照有关技术规定进行整改。⑤完成当地普查机构交办的其他工作。

普查员和普查指导员的权利包括：①有权查阅与普查有关的普查对象基本信息、物料消耗记录、原辅料凭证、生产记录、治理设施运行和污染物排放监测记录以及其他与污染物产生、排放和处理处置相关的原始资料。②有权现场查看污染物排放和治理等有关设施。③有权要求普查对象改正不真实、不规范、不完整的普查信息。④有权向当地污染源普查机构报告普查相关事宜。

普查员和普查指导员应熟练掌握普查程序、普查制度及技术规定等内容，掌握入户调查不同情况下的沟通、询问技巧，掌握入户调查移动端软件操作方法及其他相关注意事项。普查员和普查指导员在入户前应根据清查情况，熟悉了解所负责的普查对象的基本情况，明确普查对象应填报的所有入户调查表类型。在上门调查前先与普查对象通过电话等方式提前约定好时间。根据普查对象类型特点灵活把握入户调查时间。

普查员入户前需准备的材料：普查清查名录或者确定已经导入数据的采集设备、入户调查表（含指标解释和其他辅助填表的资料）或者确定已经导入数据的采集设备、普查员证、普查数据采集设备、普查标志服装、普查防护工具、普查宣传材料、普查法规及其他入户调查必要物资。普查指导员指导入户，应当携带普查指导员证及上述必要物资。

普查员和普查指导员应着装整齐、得体，注意言行。

图 2-1   省级普查机构统一颁发的"两员"证件

2.2.2   普查对象信息准备

普查对象有义务接受污染源普查人员的调查，如实反映情况，提供有关资料，按照要求填报污染源普查表，并对填报数据真实性负责。

普查对象需在普查员入户调查前准备好营业执照、组织机构代码证、工商许可证（已经"三证合一"的企业，只准备营业执照）、排污许可证等相关证件；建设项目环评报告及审批材料、污染治理工艺流程、2017 年生产运行台账（水费、电费、生产原辅材料、产品销售等凭证材料等）、2017 年污染治理设施相关运行台账（包含监测数据）等普查表填报数据的支撑材料（具体材料清单见表 2-1），供普查员入户调查时查阅，并指定专门技术人员配合入户调查工作。

表 2-1   普查对象准备资料清单

序号	资料名称
1	营业执照
2	厂区平面布置图
3	生产工艺流程图（注明废水、废气的产生工艺环节）
4	2017 年主要产品名称及产量汇总表

序号	资料名称
5	2017 年主要原、辅材料名称及用量汇总表
6	2017 年度用电量汇总表
7	2017 年度一般固体废物产生及处置量汇总表
8	2017 年度用水总量汇总表
9	在生产项目的环评、现状评价报告及批文（批文复印件）
10	废水、废气处理设施设计方案
11	2017 年度废水监测报告（复印件）
12	2017 年度废气监测报告（复印件）
13	2017 年度危险废弃物处置协议、转移联单（复印件）
14	2017 年发电锅炉、工业锅炉燃料使用量汇总表
15	厂内移动源（叉车、铲车等）的铭牌信息、能源消耗量
16	有机液体储罐的设计文件或铭牌（储罐类型、容积、个数、年周转量、年装载量、储存物质）
17	企业风险评估报告
18	企业突发环境事件应急预案
19	清洁生产审核报告
20	普查表填报的其他相关支撑材料

2.3　入户调查程序

污染源普查入户调查阶段的主要工作包括普查员入户宣讲告知、普查对象填报普查表、普查员现场空间信息采集、普查数据审核、数据上报等。

2.3.1　入户宣讲

普查人员在入户后应说明身份，出示普查员证或普查指导员证，对普查对象进行必要的宣讲，说明普查目的与要求，告知普查对象应依法（《全国污染源普查条例》）配合第二次全国污染源普查入户调查工作。

普查人员应告知普查对象：①普查对象对普查数据的真实性和准确性负责；②各级普查部门及人员对普查对象的技术和商业秘密履行保密义务，不会对外提供、泄露普查取得的能够识别或者推断单个统计调查对象身份的资料，或将其用于污染源普查以外的目的；③污染源普查结果仅用于此次普查，目的是在全国层面摸清污染源情况，填报内容不作为普查对象其他环保审批、处罚或补贴等的依据。

2.3.2　调查表填报及回收

普查入户人员需遵照《第二次全国污染源普查制度》指导普查对象填写入户调查表，普查人员必须明确普查对象应填报的表格种类，做到不漏表、不漏项。报表中的每项指标应严格按照指标解释填报，对指标解释不能理解或存在疑问的项目应及时与当地普查机构沟通询问。对无法填报或填报有误的项目，应进行登记备案并及时报送当地普查机构。

对于小型企业，普查员应尽量指导普查对象一次性完成普查报表填报工作。对于大中型企业，须安排专门人员负责污染源普查相关工作，在县级普查机构指导下，完成普查报表填报工作，及时收取普查报表。对于大型集团公司（如中石油等），由集团成立普查办公室，专门负责组织集团下属各公司的污染源普查工作，在集团及下属各公司抽调专门技术人员负责相关统计资料准备和普查报表填报工作，按照所在地原则，服从当地普查机构的工作安排，并把普查报表按时间要求提交当地普查机构。各地普查机构应安排专门普查员和普查指导员负责沟通联系。

对于在清查名录中但无法进行入户调查的，例如，不纳入第二次全国污染源普查范围的部分低污染微小行业，以及部分清查阶段运行情况统计有误（如 2017 年关闭、搬迁、不存在）的普查对象，普查人员要对该普查对象不纳入普查范围的原因进行取证、备案，并及时报送当地普查机构。

2.3.3 空间信息采集和现场核查

在普查入户工作过程中，需要完成普查对象地理位置、污染物排放口位置和污染物治理设施图像等信息采集，普查员需要利用普查数据采集设备进行现场定位和图像采集等工作。

普查需采集的空间信息包括点状信息、面状信息和照片数据。

点状信息指空间位置坐标。具体信息见表 2-2。

表 2-2　点状空间信息分类

序号	报表编号	报表名称	空间信息名称（点状）
1	G101-1 表	工业企业基本情况	企业（厂门口）地理坐标
2	G102 表	工业企业废水治理与排放情况	废水总排放口地理坐标
3	G103-1 表	工业企业锅炉/燃气轮机废气治理与排放情况	治理设施及污染物产生排放情况,排放口地理坐标
4	G103-3 表	钢铁与炼焦企业炼焦废气治理与排放情况	治理设施及污染物产生排放情况,焦炉烟囱排放口地理坐标
5			装煤地面站排放口地理坐标
6			推焦地面站排放口地理坐标
7			干法熄焦地面站排放口地理坐标
8	G103-4 表	钢铁企业烧结/球团废气治理与排放情况	治理设施及污染物产生排放情况,烧结机头（球团单元焙烧）排放口地理坐标
9			烧结机尾排放口地理坐标
10	G103-5 表	钢铁企业炼铁生产废气治理与排放情况	治理设施及污染物产生排放情况,高炉矿槽排放口地理坐标
11			高炉出铁场排放口地理坐标
12	G103-6 表	钢铁企业炼钢生产废气治理与排放情况	治理设施及污染物产生排放情况,转炉二次烟气排放口地理坐标
13			电炉烟气排放口地理坐标
14	G103-7 表	水泥企业熟料生产废气治理与排放情况	治理设施及污染物产生排放情况,窑尾排放口地理坐标
15			窑头排放口地理坐标

序号	报表编号	报表名称	空间信息名称（点状）
16	G104-1 表	工业企业一般工业固体废物产生与处理利用信息	一般工业固体废物贮存置场情况,贮存处置场地理坐标
17	G104-2 表	工业企业危险废物产生与处理利用信息	危险废物自行填埋处置情况,填埋场地理坐标
18			危险废物自行焚烧处置情况,焚烧装置地理坐标
19	N101-1 表	规模畜禽养殖场基本情况	企业（厂门口）地理坐标
20	S103 表	非工业普查对象单位锅炉污染及防治情况	地理坐标
21	S104 表	入河（海）排污口情况	地理坐标
22	J101-1 表	集中式污水处理厂基本情况	企业地理坐标
23			排水进入环境的地理坐标
24	J102-1 表	生活垃圾集中处置场（厂）基本情况	企业地理坐标
25			排水进入环境的地理坐标
26			焚烧废气排放口地理坐标
27	J103-1 表	危险废物集中处置厂基本情况	企业地理坐标
28			排水进入环境的地理坐标
29			废气排放口地理坐标
30	Y102 表	加油站油气回收情况	地理坐标
31	Y103 表	油品运输企业油气回收情况	地理坐标（企业）

面状信息指需采集的厂区（园区）轮廓拐点坐标数据。满足表 2-3 中所列条件的厂区（园区）需标绘采集面状信息。

表 2-3 面状空间信息分类

序号	需采集面状信息的普查对象	普查对象小类
1	风险源普查对象	填报"工业企业突发环境事件风险信息"（G105 表）的普查对象
2	特种行业普查对象	09 有色金属矿采选业
		25 石油、煤炭及其他燃料加工业
		26 化学原料和化学制品制造业
		27 医药制造业
		28 化学纤维制造业
		29 橡胶和塑料制品业
		32 有色金属冶炼和压延加工业
3	放射性伴生矿普查对象	有尾矿库（标绘尾矿库边界）
4	工业园区普查对象	填报"园区环境管理信息"（G108 表）的园区

在入户调查过程中还需要采集普查对象中心点和排污口的相关照片数据。中心点一般指普查对象入口大门或大门牌，距离拍照对象 20 米以内，将整个大门和大门牌纳入拍照范围，能清晰辨认企业名称。废水排污口或入河排污口要求距离拍照对象 10 米以内，排污口清晰可见，能清晰辨认排污管道及口径。废气排污口要求距离拍照对象 50 米以内，将整个排气口或烟囱纳入拍照范围，能清晰辨认排气口。每

个点位照片要求不少于 2 张,包括远景、近景各 1 张;远景反映以普查对象为中心的全景整体情况,近景反映普查对象局部细节。

现场核查时,普查人员要根据企业具体生产工艺,从原辅材料开始至最终产品生成,逐个工艺环节进行现场核查,确保报表填报与实际情况一致。重点关注污染物产生环节和污染物治理设施情况,主要核实确定企业生产过程是否涉水、涉气,以及主要风险源和固体废弃物的产生情况(图 2-2)。

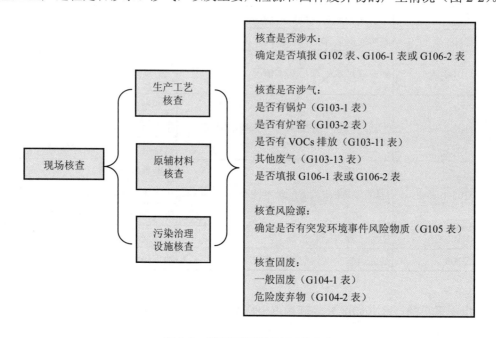

图 2-2 普查员现场核查工作内容

2.3.4 普查表审核和上报

普查对象对其提供的有关资料以及填报的普查表的真实性、准确性和完整性负主体责任。

普查员对普查对象数据来源以及普查表信息的完整性和合理性负初步审核责任;普查指导员对普查员提交的普查表及入户调查信息负审核责任。

在普查表填报过程中,普查对象负责人要对填报的普查表信息进行签字确认;普查员要对经普查对象负责人签字确认的普查表进行现场审核并签字;普查指导员要对普查员提交的普查表进行审核并签字。

在普查表审核过程中,普查员首先根据现场核查情况审核普查表信息填报的完整性,确保普查表无漏填现象,然后对照普查对象提供的污染源普查表填报支撑材料,逐一核对填报信息的准确性,重点关注填报数据是否存在单位错误、简单的计算错误和抄录错误等,最后根据原辅材料用量、产品产量、用水量、用电量和普查对象财务报表等初步审核填报数据的合理性(图 2-3)。在普查表审核过程中发现问题的,要按照有关技术规定进行整改并保留记录,相关人员需再次签字确认。同时要做好普查对象与普查员、普查员与普查指导员、普查指导员与当地普查机构之间的普查表交接记录。

完成以上普查数据审核工作后,进行普查数据上报。普查员需将审核后的报表进行签字确认,由系统提交至普查指导员。普查指导员审核后签字确认,由系统提交至区县普查机构。区县普查机构进行下一步审核和汇总工作（图 2-4）。

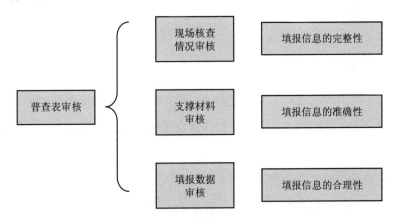

图 2-3　普查员数据审核工作内容

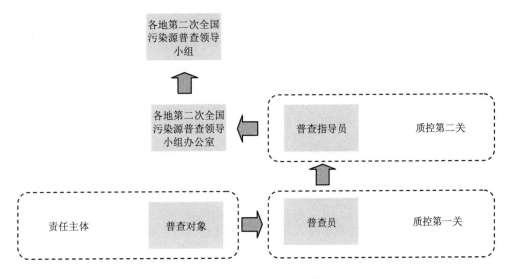

图 2-4　污染源普查报表填报审核工作流程

2.3.5　入户注意事项

清查确定纳入普查范围的所有对象必须进行入户调查，完成报表填报。由于种种原因临时找不到企业主时，应想办法尽快联系企业人员，完成报表填报工作。

对于清查阶段遗漏的调查对象，在入户调查阶段应作为调查对象进行入户调查，否则在入户调查质量核查时将记为漏查。

对于涉密的普查对象，必须提供涉密相关依据，明确保密内容，报表中涉及保密内容的部分无须填报。

对于规模化畜禽养殖场，在现场调查时应注意防疫问题，并严格按照防疫相关规定执行。

2.4　特殊情况的处理技巧

2.4.1　被拒绝时如何处理

①普查对象不支持不配合时，普查员应稳定心态，耐心倾听普查对象不配合的原因，对症下药，做好动员解释工作，打消普查对象的顾虑，促使其配合普查工作，达到能够较为真实地提供普查报表所需有关资料的目的。

②在普查登记中如遇到普查对象态度非常好，但不说真话、不填报真实数据的情况，则应向其告知：《中华人民共和国统计法》第七条规定，统计调查对象必须依照本法和国家有关规定，真实、准确、完整、及时地提供统计调查所需资料，不得提供不真实或者不完整的统计资料，不得迟报、拒报统计资料。

③对于个别企业单位在登记时找不到负责人的情况：普查人员要勤于上门，可利用中午和晚上时间去蹲守。还要开拓联系渠道，可通过工商、税务、街道、友邻等多方查找联系普查对象，也可通过有关人员（如雇员、市场管理人员）取得业主联系电话，由普查员和业主预约入户时间；或留下普查员联系电话，请业主确定下次入户时间后通知普查员；或通过环保、工商等部门人员与业主联系，确定入户时间。即适时入户、早晚蹲守、多方联系、等候填表。

④避免用"可否"的问话，如"我可以占用您几分钟时间吗？"或者"我可以问您几个问题吗？"调查时必须用肯定的语言进行访问，避免普查对象误解或拒绝。

2.4.2　保障人身安全

普查人员在进行入户调查时应注意保障人身安全，尤其在核对企业设备运行情况、攀登高处察看等环节时，应佩戴好防护工具，避免磕碰、跌落、灼伤、烧伤、烫伤等情况发生。

原则上，普查人员入户调查时，每次不少于两人，入户时应注意用语得体、态度谦和礼貌，使普查对象容易接受，避免发生各类冲突。如果普查人员遇到暴力拒绝、口头恐吓、身体骚扰等威胁时，应及时撤离，并向当地普查机构报告。如果遭遇洪水、雪灾、地震、滑坡等严重自然灾害时，应将保护好人身安全放在首位。

在进行空间信息采集时需要注意：遇雷电天气应立刻停止作业，选择安全地点躲避，禁止在山顶、开阔的斜坡上、大树下、河边等区域停留，避免遭受雷电袭击；在高压输电线路、路网等区域作业时，应采取安全防范措施，避免人员和测量设备靠近高压线路，防止触电；严禁单人夜间行动；在城镇地区人、车流量大的街道上作业时，必须穿着颜色醒目的安全警示反光马夹，设置安全警示标志牌，必要时还应安排专人担任安全警戒员。

2.4.3　常见应答技巧

（1）"你们可信吗？"

如果普查对象对此次普查登记工作的可信度表示怀疑，普查员除了出示工作证外，还可以通过出示有关政府文件、宣传材料及国家统一印制的调查表来取得对方信任。同时也可以通过宣传普查重要意义、普查数据用途等来打消对方顾虑。

（2）"你们为什么要调查我？"

如果普查对象对自身是否为调查对象持怀疑态度，普查员应讲解或出示此次普查对象和范围的规定文件，告知其所属于的普查对象类型，并强调其应依法配合普查。

（3）"你们要调查些什么，是否会耽误很长时间？"

为打消普查对象对普查内容和普查占用时间的顾虑，普查员可根据普查对象的特点分别对待。对于普查表格内容较少、填表较容易的普查对象，如无特殊情况，应立即开展普查，现场开展填表工作，在填表过程中可给予普查对象适当的解释；对于普查表格内容较多、填报内容复杂的，应及时向普查对象阐明所填表格及内容，要求普查对象提前填表或做好现场填表的准备，可与普查对象约定时间后再进行入户填报查验工作。

（4）"我能否看一下别人是怎样填报的？"

对于普查对象提出参考借鉴他人表格的情况，普查员应告知其普查保密规定，应坚决履行普查员的保密责任和义务。对于担心自身商业机密泄露或后续环保处罚的企业，应告知其普查结果的保密性且不作为其他环保审批、处罚或补贴等的依据。

3 普查表填报及审核

3.1 工业污染源

3.1.1 普查表填报范围识别

（1）G101-1 表、G101-2 表、G101-3 表

所有纳入普查范围的工业企业均须填报这三张表，停产企业仅填报可以填报的属性信息、生产能力等信息。

（2）G101-2 表

所有产生工业废水的工业企业均应填报本表。注意事项：仅产生不排放工业废水的，需要填报本表；仅涉及生活污水，不填报本表；生活污水、间接冷却水仅填报排放口基本信息，不需要填报废水及污染物排放量信息。

单独取水的间接冷却水所对应的取水量均不计入。

符合填报 G102 表的行业，需填报加盖密闭情况指标，其他行业不填报。

（3）G103-1 表

所有有锅炉或燃气轮机的工业企业应填报本表。注意事项：工业企业的生活锅炉在清查时已填报的，普查阶段不需要重复填报；工业企业的生活锅炉在清查时未填报的，在普查阶段应填报本表。

（4）G103-2 表

除了《第二次全国污染源普查制度》中规定的已在 G103-3 表～G103-9 表中填报的炼焦、烧结/球团、炼铁、炼钢、水泥熟料、石化生产等使用的炉窑外，还有其他工业炉窑的工业企业填报本表。

工业炉窑指在工业生产中用燃料燃烧或电能转换产生热量，将物料或工件进行冶炼、焙烧、熔化、加热等工序的热工设备，工业炉窑类别见表 3-1。

表 3-1   工业炉窑类别代码

代码	类别	代码	类别
01	熔炼炉	10	热处理炉
02	熔化炉	11	烧成窑
03	加热炉	12	干燥炉（窑）
04	管式炉	13	熔煅烧炉（窑）
05	接触反应炉	14	电弧炉
06	裂解炉	15	感应炉（高温冶炼）
07	电石炉	16	焚烧炉
08	煅烧炉	17	煤气发生炉
09	沸腾炉	18	其他工业炉窑

（5）G103-3 表、G103-4 表、G103-5 表、G103-6 表

行业代码为 2521 炼焦、行业代码开头为 31 的工业企业，有炼焦工序的工业企业填报 G103-3 表。

行业代码开头为 31 的工业企业，有烧结/球团、炼铁、炼钢工序的工业企业，分别填报 G103-4 表、G103-5 表、G103-6 表。

（6）G103-7 表

行业代码为 3011 水泥制造，且有熟料生产工序的工业企业，填报 G103-7 表。无熟料生产工序的水泥制造工业企业，不需要填报 G103-7 表。

（7）G103-8 表、G103-9 表

执行《石油化学工业污染物排放标准》（GB 31571—2015）和《石油炼制工业污染物排放标准》（GB 31570—2015）的工业企业，填报 G103-8 表、G103-9 表，包括石油化学工业企业和石油炼制工业企业两大类。

石油化学工业企业指以石油馏分、天然气等为原料，生产有机化学品、合成树脂、合成纤维、合成橡胶等的工业企业。

石油炼制工业企业是行业代码为 2511 的原油加工及石油制品制造工业企业，指以原油、重油等为原料，生产汽油馏分、柴油馏分、燃料油、润滑油、石油蜡、石油沥青和石油化工原料等的工业企业。

（8）G103-10 表

表 3-2 的行业中，拥有容积 20 米^3 以上储罐，采用汽车、火车、船舶为运输工具进行有机物料储罐、装载的工业企业，填报本表，其他行业不填报。

表 3-2　涉有机液体储罐、装载主要行业

序号	行业代码	行业类别名称	序号	行业代码	行业类别名称
01	2511	原油加工及石油制品制造	07	2619	其他基础化学原料制造
02	2519	其他原油制造	08	2621	氮肥制造
03	2521	炼焦	09	2631	化学农药制造
04	2522	煤制合成气生产	10	2652	合成橡胶制造
05	2523	煤制液体燃料生产	11	2653	合成纤维单（聚合）体制造
06	2614	有机化学原料制造	12	2710	化学药品原料药制造

（9）G103-11 表

表 3-3 中的行业在生产过程中使用含挥发性有机物原辅材料年使用量在 10 吨以上的工业企业，填报本表，其他行业不填报。

表3-3　填报含挥发性有机物原辅材料使用信息普查表的行业

序号	行业代码	行业类别名称	序号	行业代码	行业类别名称
01	1713	棉印染精加工	27	3130	钢压延加工
02	1723	毛染整精加工	28	3311	金属结构制造
03	1733	麻染整精加工	29	3331	集装箱制造
04	1743	丝印染精加工	30	3511	矿山机械制造
05	1752	化纤织物染整精加工	31	3512	石油钻采专用设备制造
06	1762	针织或钩针编织物印染精加工	32	3513	深海石油钻探设备制造
07	1951	纺织面料鞋制造	33	3514	建筑工程用机械制造
08	1952	皮鞋制造	34	3515	建筑材料生产专用机械制造
09	1953	塑料鞋制造	35	3516	冶金专用设备制造
10	1954	橡胶鞋制造	36	3517	隧道施工专用机械制造
11	1959	其他制鞋业	37	3611	汽柴油车整车制造
12	2021	胶合板制造	38	3612	新能源车整车制造
13	2022	纤维板制造	39	3630	改装汽车制造
14	2023	刨花板制造	40	3640	低速汽车制造
15	2029	其他人造板制造	41	3650	电车制造
16	2110	木质家具制造	42	3660	汽车车身、挂车制造
17	22	造纸和纸制品业	43	3670	汽车零部件及配件制造
18	23	印刷和记录媒介复制业	44	3731	金属船舶制造
19	2631	化学农药制造	45	3732	非金属船舶制造
20	2632	生物化学农药及微生物农药制造	46	3733	娱乐船和运动船制造
21	2710	化学药品原料药制造	47	3734	船用配套设备制造
22	2720	化学药品制剂制造	48	3735	船舶改装
23	2730	中药饮片加工	49	38	电气机械和器材制造业
24	2740	中成药生产	50	39	计算机、通信和其他电子设备制造业
25	2750	兽用药品制造	51	40	仪器仪表制造业
26	2761	生物药品制造			

（10）G103-12 表

涉及专门用于堆存以下 21 种固体物料的敞开式、密闭式、半敞开式的固定堆放场所的工业企业填报本表：

01.煤炭（非褐煤），02.褐煤，03.煤矸石，04.碎焦炭，05.石油焦，06.铁矿石，07.烧结矿，08.球团矿，09.块矿，10.混合矿石，11.尾矿，12.石灰岩，13.陈年石灰石，14.各种石灰石产品，15.芯球，16.表土，17.炉渣，18.烟道灰，19.油泥，20.污泥，21.含油碱渣。

仅有围挡设施的，按敞开式堆放填报；未做到四周全部密闭的，按半敞开式堆放填报。

（11）G103-13 表

除 G103-1 表～G103-12 表以外的废气情况，填报到本表中。

（12）G104-1 表

产生一般工业固体废物的工业企业填报本表。一般工业固体废物指除危险废物以外的，在生产活动中产生的丧失原有利用价值或者虽未丧失利用价值但被抛弃或者放弃的固态、半固态和置于容器中的气态的物品、物质以及法律、行政法规规定纳入固体废物管理的物品、物质。

（13）G104-2 表

有危险废物产生或处理利用的工业企业填报本表。其中，处理利用危险废物为企业全部生产活动的，不填报本表，仅填报集中式污染治理设施报表中危险废物处置厂相关报表；处理利用危险废物为企业生产活动一部分的，填报本表，同时将危险废物处理利用相关信息填报到危险废物集中式污染治理设施相关报表中，污染物排放量信息填报到工业源相关报表中。

（14）G105 表

生产过程中涉及《企业突发环境事件风险分级方法》（HJ 941—2018）中风险物质的，均需要填报本表。但若相关物质不是生产过程中使用的，且量很少，根据实际情况和管理需求各地自行确定是否纳入调查范围，地方认为确无突发环境事件风险的，可以不纳入调查范围。

（15）G106-1 表、G106-2 表、G106-3 表

填报 G102 表，G103-1 表~G103-9 表、G103-13 表的工业企业，均需填报 G106-1 表。

填报 G102 表，且有符合排放量核算要求的监测数据的，需填报 G106-2 表，每个排放口监测点位填报一张表。从同一排放口排放的废水，有多个进口监测数据的，填写加权均值。

填报 G103-1 表~G103-9 表、G103-13 表，且有符合使用要求的自动监测数据的，需填报 G106-3 表，每个排放口监测点位填报一张表。

（16）G107 表

省级伴生放射性矿普查机构提供达到详查标准的伴生放射性矿企业名单，各级普查机构统一组织填报相关信息。注意关闭的伴生放射性矿企业也需要填报本表。运行、停产的伴生放射性矿企业需根据具体情况填报其他报表。

（17）G108 表

六部门联合发布的 2018 年版《中国开发区审核公告目录》中所列的国家级和省级开发区均要填报 G108 表。

未列入 2018 年版《中国开发区审核公告目录》，但是由省里批准建立的省级各类型开发区也要填报 G108 表。

一个园区分为两个及两个以上不相连的区域（块），则分别填报，即每个区块填一张表，边界拐点填相应区块的拐点坐标。

每个开发区还需填报"园区注册登记工业企业清单"。

3.1.2 普查表填报和审核

（1）普查表的填报

①普查表填报的责任主体是普查对象，由普查员或普查指导员现场指导普查对象填报。

②普查对象根据实际生产涉及的生产工序和污染治理或排放情况，选择填报相应的普查表（图 3-1），不涉及的普查内容不需要填报。

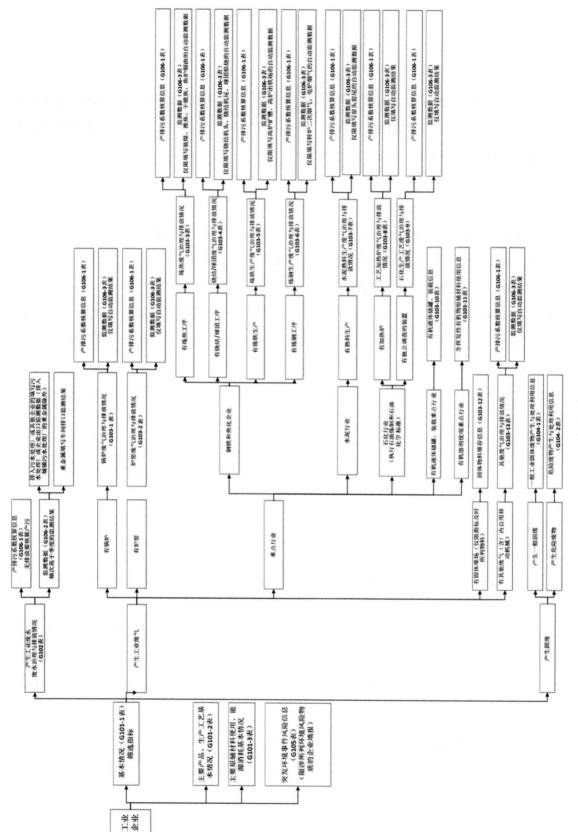

图 3-1 工业源填报表填报索引示意图

③普查员或普查指导员需利用移动数据采集终端现场核实普查对象地理坐标，补充采集排放口等地理坐标。符合下列条件之一的，需由普查员或普查指导员利用数据采集终端标绘厂区边界信息：

填报"工业企业突发环境事件风险信息"（G105 表）的普查对象；

属于"09 有色金属矿采选业，25 石油、煤炭及其他燃料加工业，26 化学原料和化学制品制造业，27 医药制造业，28 化学纤维制造业，29 橡胶和塑料制品业，32 有色金属冶炼和压延加工业"的工业企业；

有尾矿库（标绘尾矿库边界）。

④普查对象应提供与普查相关的基础资料，以备核实普查表填报内容，包括：

厂区平面布置图、主要工艺流程图、水平衡图、环境影响评价文件及批复、清洁生产审核报告；2017 年度主要物料（或排放污染物的前体物）使用量数据，生产报表，煤（油、燃气）、电、水等收费票据，产污、治污设施运行记录及各种监测报告（自动监测数据报表），排污许可证年度执行报告（2017 年度）；普查对象认为其他能够证明其填报数据真实性、可靠性的资料。

⑤普查对象应按规定和要求如实填报普查表，对所填报数据的真实性负责。普查对象对普查表中所填数据资料确认签章。

⑥"园区环境管理信息"（G108 表）由省级污染源普查机构根据清查上报的园区清单组织各园区管理机构填报。普查员和普查指导员应按职责权限分别对园区普查机构填报数据进行审核。普查员现场审核完成后，应在园区管理机构相关人员帮助下，利用移动数据采集终端标绘园区边界。普查表填报的拐点坐标应与标绘的园区边界保持一致。若有几个分离的片区，则分别填报、标绘各片区的拐点坐标和边界。

⑦纳入详查的伴生放射性矿企业监测数据由省级辐射监测机构填报。

（2）普查质量控制与数据审核

①普查员需要现场对普查表的内容、指标填报是否齐全，以及是否符合普查制度的规定和要求等进行审核。

普查员应根据普查对象提供的证明材料，对普查对象普查表填报的完整性、合理性和逻辑性进行审核。普查员在现场发现填报错误、逻辑错误或填报信息不全、不合理的情况，应及时予以纠正。

②普查指导员在普查员现场审核的基础上，对普查表中数据的完整性、合理性和逻辑性进行全面审核，必要时应开展现场检查与核实。

③各级普查机构应对辖区内普查对象填报数据进行集中或抽样审核，对排放量占比较大的普查对象进行重点审核。由普查机构统一录入的普查数据，应由专人或第三方机构进行全面复核。上级普查机构应该对下级普查机构的填报录入数据开展抽样复核。

④审核过程中发现的问题，各级普查机构应指导普查对象核实确认并纠正错误。未经普查对象核实确认，各级普查机构不得随意更改普查对象的上报数据。

3.1.3 污染物产生量和排放量核算

采用监测数据法和产排污系数法（物料衡算法）核算污染物产生量和排放量。

（1）核算方法选取顺序

①经管理部门审核通过的 2017 年度排污许可证执行报告中的年度排放量。

②排污许可证申请与核发技术规范中有污染物排放量许可限值要求的，污染物排放量核算方法与排污许可证申请与核发技术规范中相应污染物实际排放量的核算方法保持一致。

③监测数据符合规范性和使用要求的，采用监测数据法核算污染物产生量和排放量。

④采用产排污系数法（物料衡算法）核算污染物产生量和排放量。

（2）监测数据使用规范性要求

监测数据法核算污染物产生量、排放量的使用顺序为：自动监测数据、企业自测数据、监督性监测数据。

①监测数据的规范性要求

自动监测数据

2017 年度全年按照相应技术规范开展校准、校验和运行维护，季度有效捕集率不低于 75%，且保留全年历史数据的自动监测数据，可用于污染物产生量和排放量核算。

企业自测数据

2017 年度内由企业自行监测或委托有资质的机构按照有关监测技术规范、标准方法要求监测获得的数据。

监督性监测数据

2017 年度内由县（区、市、旗）及以上环保部门按照监测技术规范要求进行监督性监测得到的数据。

②监测数据使用要求

废气

废气自动监测数据应根据工程设计参数进行校核，监测数据明显存在问题的，不得采用监测数据法核算废气排放量。

对于有烟气旁路且自动监测设备装置在净烟道的，核算污染物排放量要考虑烟气旁路漏风、旁路开启等情况。

手工监测数据不用于核算废气污染物排放量。

废水

未安装流量自动监测设备的，废水排放量原则上不采用监测数据法进行计算，而应根据企业取水量或产排污系数法进行核算。

废水污染物监测频次低于每季度 1 次，季节性生产企业生产期内监测次数少于 4 次或不足每月 1 次的，不得采用监测数据法核算排放量。

有累计流量计的，可按废水流量加权平均浓度和年累计废水流量计算得出；没有累计流量计的，按监测的瞬时排放量（均值）和年生产时间进行核算；没有废水流量监测而有废水污染物监测的，可按水平衡测算出的废水排放量和平均浓度进行核算。

（3）产排污系数法使用要求

根据国务院第二次全国污染源普查领导小组办公室组织制定的第二次全国污染源普查工业源产排污系数手册，核算污染物排放量。未经国务院第二次全国污染源普查领导小组办公室确认同意，原则上不得采用其他产排污系数或经验系数。

地方普查机构组织制定的产排污系数，报国务院第二次全国污染源普查领导小组办公室同意后使用。

3.1.4 工业源填表说明

（1）G101-1表　工业企业基本情况

<table>
<tr><td></td><td colspan="2">表　　号：　G101-1表
制定机关：　国务院第二次全国污染源普查
　　　　　　领导小组办公室
批准机关：　国家统计局
批准文号：　国统制〔2018〕103号</td></tr>
</table>

企业盖章位置

2017年　　　　　　　　　　　　　　　　　　　　　　　　有效期至：　2019年12月31日

<table>
<tr><td>01.统一社会信用代码</td><td colspan="3">□□□□□□□□□□□□□□□□□□（□□）(18位，91或92开头)
尚未领取统一社会信用代码的填写原组织机构代码号：□□□□□□□□（□□）</td></tr>
<tr><td>02.单位详细名称及曾用名</td><td colspan="3">单位详细名称：××××公司
曾用名：所有企业信息请按照实际情况填写</td></tr>
<tr><td rowspan="2">03.行业类别</td><td colspan="2">行业名称1：按照产值大小排序，根据
行业名称2：国民经济行业代码
行业名称3：GB/T4754—2017填报</td><td>行业代码1：□□□□
行业代码2：□□□□
行业代码3：□□□□</td></tr>
<tr><td colspan="3">按实际生产地址填写</td></tr>
<tr><td>04.单位所在地及区划

企业正门所在位置的经纬度</td><td colspan="3">_____省（自治区、直辖市）_____地（区、市、州、盟）
_____县（区、市、旗）_____乡（镇）
_____街（村）、门牌号
区划代码　□□□□□□□□□□□□</td></tr>
<tr><td>05.企业地理坐标</td><td colspan="3">经度：_____度_____分_____秒　　　纬度：_____度_____分_____秒</td></tr>
<tr><td>06.企业规模</td><td colspan="3">□1 大型　　2 中型　　3 小型　　4 微型</td></tr>
<tr><td>07.法定代表人（单位负责人）</td><td colspan="3"></td></tr>
<tr><td>08.开业（成立）时间</td><td colspan="3">□□□□年□□月</td></tr>
<tr><td>09.联系方式</td><td colspan="3">联系人：　　　　　　　　　　电话号码：</td></tr>
<tr><td rowspan="2">10.登记注册类型
企业信息应与营业执照相一致，若是个体户，请选171私营独资</td><td colspan="3">□□□</td></tr>
<tr><td colspan="3">内资　　　　　　　　　　　　港澳台商投资　　　　　外商投资
110 国有　　　159 其他有限责任公司　210 与港澳台商合资经营　310 中外合资经营
120 集体　　　160 股份有限公司　　　220 与港澳台商合作经营　320 中外合作经营
130 股份合作　171 私营独资　　　　　230 港、澳、台商独资　　330 外资企业
141 国有联营　172 私营合伙　　　　　240 港、澳、台商投资股份 340 外商投资股份
　　　　　　　　　　　　　　　　　　　有限公司　　　　　　　有限公司
142 集体联营　173 私营有限责任公司 290 其他港、澳、台商投资 390 其他外商投资
143 国有与集体联营　174 私营股份有限公司
149 其他联营　190 其他
151 国有独资公司</td></tr>
<tr><td>11.受纳水体</td><td colspan="3">受纳水体名称：　　　　　　　　　　　　受纳水体代码：</td></tr>
</table>

参考国家河流水系代码填写

12.是否发放新版排污许可证	□1 是　　　　2 否　　　　　　　许可证编号：_____	
13.企业运行状态	□1 运行　　2 全年停产　（全年1天都没生产的选2，否则选1）	
14.正常生产时间	_____小时（2017年度工作天数×每天工作时间）	
15.工业总产值（当年价格）	_____千元（注意单位是"千元"）	有生产废水产生的企业（包含外运转移废水）需填报，仅有生活污水企业不需填此表。
16.产生工业废水	□1 是　　　　2 否　　注：选"1"的，须填报 G102 表	
17.有锅炉/燃气轮机	□1 是　　　　2 否　　注：选"1"的，须填报 G103-1 表	
18.有工业炉窑	□1 是　　　　2 否　　注：选"1"的，须填报 G103-2 表	
19.有炼焦工序	□1 是　　　　2 否　　注：选"1"的，须填报 G103-3 表	
20.有烧结/球团工序	□1 是　　　　2 否　　注：选"1"的，须填报 G103-4 表	
21.有炼铁工序	□1 是　　　　2 否　　注：选"1"的，须填报 G103-5 表	
22.有炼钢工序	□1 是　　　　2 否　　注：选"1"的，须填报 G103-6 表	
23.有熟料生产	□1 是　　　　2 否　　注：选"1"的，须填报 G103-7 表	
24.是否为石化企业	□1 是　　　　2 否　　注：选"1"的，须填报 G103-8 表、G103-9 表	

25.有有机液体储罐/装载

属于所示 12 个行业，有容积 20 米³ 及以上的有机液体储罐，或涉及有机液体装载的，选"1"。

□1 是　　　　2 否　　注：指标解释中所列行业工业企业必填；选"1"的，须填报 G103-10 表

序号	行业代码	行业类别名称	序号	行业代码	行业类别名称
1	2511	原油加工及石油制品制造	7	2619	其他基础化学原料制造
2	2519	其他原油制造	8	2621	氮肥制造
3	2521	炼焦	9	2631	化学农药制造
4	2522	煤制合成气生产	10	2652	合成橡胶制造
5	2523	煤制液体燃料生产	11	2653	合成纤维单（聚合）体制造
6	2614	有机化学原料制造	12	2710	化学药品原料药制造

26.含挥发性有机物原辅材料使用	□1 是　　　　2 否　　注：指标解释中所列行业工业企业必填；选"1"的，须填报 G103-11 表

27.有工业固体物料堆存

□1 是　　　　2 否　　注：仅限堆存指标解释中所列固体物料工业企业选择；选"1"的，须填报 G103-12 表

01.煤炭（非褐煤），02.褐煤，03.煤矸石，04.碎焦炭，05.石油焦，06.铁矿石，07.烧结矿，08.球团矿，09.块矿，10.混合矿石，11.尾矿，12.石灰岩，13.陈年石灰石，14.各种石灰石产品，15.芯球，16.表土，17.炉渣，18.烟道灰，19.油泥，20.污泥，21.含油碱渣。

28.有其他生产废气

□1 是　　　　2 否　　注：所有企业，有上述指标 17~27 项涉及的设备及工艺以外的环节有生产工艺废气产生的，选"1"的，须填报 G103-13 表

17~27 项以外的工业废气，且污染因子包含：二氧化硫、氮氧化物、挥发性有机物、氨、砷、铅、镉、铬、汞中的一项或多项的需填报 G103-13 表

29.一般工业固体废物	□1 是　　　　2 否　　注：有一般工业固体废物产生的，选"1"的，须填报 G104-1 表
30.危险废物	□1 是　　　　2 否　　注：有危险废物产生或处理利用的，选"1"的，须填报 G104-2 表
31.涉及稀土等 15 类矿产	□1 是　　　　2 否　　注：选"1"的，须填报 G107 表
32.备注	

单位负责人：　　　　　　统计负责人（审核人）：　　　填表人：　　　　　　报出日期：２０　年　月　日

说明：本表由辖区内有污染物产生的工业企业及产业活动单位填报。

指标解释：

统一社会信用代码、组织机构代码　统一社会信用代码是一组长度为 18 位的用于法人和其他组织身份识别的代码。依据《法人和其他组织统一社会信用代码编码规则》（GB 32100—2015）编制，由登记管理部门负责在法人和其他组织注册登记时发放统一代码。统一社会信用代码用 18 位的阿拉伯数字或大写英文字母表示，由登记管理部门代码（1 位）、机构类别代码（1 位）、登记管理机关行政区划码（6 位）、主体标识码（组织机构代码）（9 位）和校验码（1 位）5 个部分组成。

组织机构代码指根据中华人民共和国国家标准《全国组织机构代码编制规则》（GB 11714—1997），由组织机构代码登记主管部门给每个企业、事业单位、机关、社会团体和民办非企业单位颁发的在全国范围内唯一的、始终不变的法定代码。组织机构代码均由八位无属性的数字和一位校验码组成。填写时，要按照技术监督部门颁发的"中华人民共和国组织机构代码证"上的代码填写。

表中统一社会信用代码、组织机构代码之后括号内的两位码为顺序码。对于大型联合企业（或集团）在同一县级行政区内的所属下级单位，凡有法人资格、符合独立核算法人工业企业条件的，除填写企业的法人代码外，还应在括号内方格中填写下级单位代码，系两位码，按照 01～10 的顺序编码。

已填报统一社会信用代码的，不必再填报组织机构代码。若企业尚未申领统一社会信用代码，则填报组织机构代码；清查完成后申领统一社会信用代码的，需补充填写统一社会信用代码。没有统一社会信用代码和组织机构代码的，将普查对象识别码填入统一社会信用代码指标内。

普查对象识别码按照如下规则编码：

普查对象识别码共计 18 位，代码结构为：

□　□　□　□　□　□　□　□　□　□　□　□　□　□　□　□　□　□

01　02　03　04　05　06　07　08　09　10　11　12　13　14　15　16　17　18

第 01 位，为调查对象类别识别码，用大写英文字母标识，G 工业企业和产业活动单位，X 规模畜禽养殖场，J 集中式污染治理设施，S 生活源锅炉。

第 02 位，为调查对象机构类别识别码，用大写英文字母标识，见表 1。

表 1　调查对象机构类别识别码标识

机构类别	代码标识
机关	A
事业单位	B
社会团体	C
民办非企业单位	D
企业	E
个体工商户	F
农民专业合作社	G
居委会、居民小区	H
村委会	K
其他	L

第 03～14 位，为 12 位的统计用区划代码。

第 15～18 位，为调查对象顺序识别码，由地方普查机构按照顺序进行编码。

单位详细名称及曾用名　按经工商行政管理部门核准、进行法人登记的名称填写，在填写时应使用规范化汉字全称，即与企业（单位）盖章所使用的名称一致。二级单位须同时用括号注明二级单位的名称。如企业名称变更（含当年变更），应同时填上变更前的名称（曾用名）。凡经登记主管机关核准或批准具有两个或两个以上名称的单位，要求填写法人名称，同时用括号注明其余的名称。在企业（单位）基本情况表左上角空白处加盖企业（单位）公章。

行业类别　指根据其从事的社会经济活动性质对各类单位进行分类的名称和代码。

企业对照《国民经济行业分类》（GB/T 4754—2017）按正常生产情况下生产的主要产品的性质（一般按在工业总产值中占比重较大的产品及重要产品）确认归属的具体工业行业类别，若有两种以上（含两种）主要产品，按所属行业小类分别填写行业名称和行业小类代码。

单位所在地详细地址　指民政部门认可的单位所在地地址。应包括省（自治区、直辖市）、地（区、市、州、盟）、县（区、市、旗）、乡（镇），以及具体街（村）和门牌号码，不能填写通信号码。大型联合企业所属下级单位，一律按本级单位所在实际生产地址填写。

区划代码　为统计用 12 位区划代码。

地理坐标　填写本调查对象地理坐标的经度、纬度。企业（单位）以企业（单位）正门所在位置为准，其他地理坐标以指标解释为依据填写。

企业规模　指按企业从业人员数、营业收入两项指标为划分依据划分的企业规模。企业规模代码和名称如下：1.大型，2.中型，3.小型，4.微型。在划分规模时，企业应按国家统计局制发的《统计上大中小微型企业划分办法》确定规模并填写代码。划分标准见表 2。大、中、小型企业须同时满足所列指标的下限，否则下划一档；微型企业只需满足所列指标中的一项即可。

表 2　统计上大中小微型企业划分标准

行业名称	指标名称	计算单位	大型	中型	小型	微型
工业企业	从业人员（X）	人	$X \geqslant 1\,000$	$300 \leqslant X < 1\,000$	$20 \leqslant X < 300$	$X < 20$
	营业收入（Y）	万元	$Y \geqslant 40\,000$	$2\,000 \leqslant Y < 40\,000$	$300 \leqslant Y < 2\,000$	$Y < 300$

法定代表人（单位负责人）　按营业执照填写法人代表姓名，无法定代表人的填写单位负责人姓名。

开业（成立）时间　指企业向工商行政管理部门进行登记、领取法人营业执照的时间。1949 年以前成立的企业填写最早开工年月；合并或兼并企业，按合并前主要企业领取营业执照的时间（或最早开业时间）填写；分立企业按分立后各自领取法人营业执照的时间填写。

联系方式　包括联系人姓名及其对外联系的电话号码。

登记注册类型　以工商行政管理部门对企业登记注册的类型为依据，企业根据登记注册的类型将其对应的代码填入方格内。

受纳水体　指普查对象废水最终排入的水体。根据生态环境部第二次全国污染源普查工作办公室确定的附录（三）河流名称与代码填报受纳水体名称与代码。

排水去向类型　指普查对象产生的废水直接排向江、河、湖、海等环境水体，还是排入市政管网、污水处理厂等，按表 3 选择对应代码填报。

表 3　排水去向类型代码

代码	类型	代码	类型
A	直接进入海域	F	直接进入污灌农田
B	直接进入江河湖、库等水环境	G	进入地渗或蒸发地
C	进入城市下水道（再入江河、湖、库）	H	进入其他单位
D	进入城市下水道（再入沿海海域）	L	进入工业废水集中处理厂
E	进入城市污水处理厂	K	其他

新版排污许可证　指按照《控制污染物排放许可制实施方案》（国办发〔2016〕81 号）规定申领核发的排污许可证，编号为全国排污许可证管理信息平台中生成的许可证编号。

企业运行状态　工业企业在调查年度的实际运行状态时分为两种：全年或部分时间投产运行的为"运行"，全年无投产运行的为"全年停产"。

正常生产时间　指工业企业在调查年度内的实际正常生产时间。计量单位为小时，保留整数。全年停产的不填报正常生产时间数。

工业总产值（当年价格）　指工业企业在调查年度生产的以货币形式表现的工业产品和提供工业劳务活动的总价值量，包括本期生产成品价值、对外加工费收入、自制半成品和在制产品的期末与期初差额价值，按照现行价格（当年价格）计算，即按销售产品的实际出厂价格，计量单位为千元，允许保留 1 位小数。

产生工业废水　指调查年度内，工业企业生产过程中产生的生产废水。

锅炉/燃气轮机　指用于企业生产、采暖及其他生产或生活活动的锅炉、发电的锅炉、燃气轮机，包括独立火电厂的发电锅炉、燃气轮机和企业自备电厂的锅炉、燃气轮机。

工业炉窑　指在工业生产中用燃料燃烧或电能转换产生热量，将物料或工件进行冶炼、焙烧、熔化、加热等工序的热工设备，此处不包括 G103-3 表至 G103-9 表中炼焦、烧结/球团、炼铁、炼钢、水泥熟料、石化生产等使用的炉窑。

炼焦工序　指钢铁工业企业和炼焦工业企业的炼焦生产单元。

烧结/球团工序、炼铁工序、炼钢工序　指钢铁企业中相应的生产单元。

熟料生产　指水泥熟料生产工序，仅限于水泥制造企业。

有机液体储罐　属于表 G103-10 指标解释中所列行业，拥有容积 20 米³ 以上储罐的工业企业选"是"，否则选"否"。

有机液体装载　属于表 G103-10 指标解释中所列行业，采用汽车、火车、船舶为运输工具进行有机物料装载的工业企业选"是"，否则选"否"。

含挥发性有机物原辅材料使用　属于 G103-11 表指标解释中所列行业，在生产过程中使用含挥发性有机物原辅材料的工业企业选"是"，否则选"否"。

工业固体物料堆存　指专门用于堆存 G103-12 表指标解释中所列明固体物料的敞开式、密闭式、半敞开式的固定堆放场所，有固定堆放场所的选"是"，否则选"否"。

其他生产废气　指生产过程中除炉窑、锅炉、含挥发性有机物原辅材料使用挥发、有机液体储罐、有机液体装载、有机废气泄漏等生产废气外，有其他生产工序中产生的废气，包含有组织废气和无组织废气。

一般工业固体废物　指除危险废物以外的，在生产活动中产生的丧失原有利用价值或者虽未丧失利用价值但被抛弃或者放弃的固态、半固态和置于容器中的气态的物品、物质以及法律、行政法规规定纳入固体废物管理的物品、物质。

危险废物　指按《国家危险废物名录（2016 年版）》确认列入国家危险废物名录或者根据国家规定的危险废物鉴别标准和鉴别方法认定的，具有爆炸性、易燃性、反应性、毒性、腐蚀性、易传染性疾病等危险特性之一的废物（医疗废物属于危险废物）。

涉及稀土等 15 类矿产　指涉及稀土等 15 类矿产采选、冶炼、加工企业。15 类矿产名录详见 G107 表指标解释。

（2）G101-2 表　工业企业主要产品、生产工艺基本情况

产品和生产工艺的名称及代码按国家清单填写

表　号：G101-2 表	
制定机关：国务院第二次全国污染源普查领导小组办公室	
批准机关：国家统计局	
批准文号：国统制〔2018〕103 号	

统一社会信用代码：□□□□□□□□□□□□□□□□□□（□□）

组织机构代码：□□□□□□□□（□□）

单位详细名称（盖章）：　　　　　　　　2017 年　　　有效期至：2019 年 12 月 31 日

产品名称	产品代码	生产工艺名称	生产工艺代码	计量单位	生产能力	实际产量
1	2	3	4	5	6	7
按照生态环境部第二次全国污染源普查工作办公室提供的工业行业污染核算用主要产品、原料、生产工艺分类目录，填报与污染物产生、排放密切相关的主要中间产品或最终产品					全部设备在人员、材料配备充足的条件下能达到的最大年生产量	

（方框内）若多个车间生产相同产品需合并计算生产能力及实际产量；若同一产品有多种生产工艺，分行填报；每种产品需分别填报其对应生产工艺

单位负责人：　　　　统计负责人（审核人）：　　　　填表人：　　　　报出日期：20 　年　月　日

说明：1. 本表由辖区内有污染物产生的工业企业及产业活动单位填报；

　　　2. 尚未领取统一社会信用代码的填写原组织机构代码；

　　　3. 对照行业及本企业生产情况，按附录填报与污染物产生、排放密切相关的产品与工艺；

　　　4. 同种产品有多种生产工艺的，分行填报；

　　　5. 如需填报的内容超过 1 页，可自行复印表格填报。

指标解释：

产品名称/代码　指调查年度内，普查对象生产的主要产品名称、代码，按照生态环境部第二次全国污染源普查工作办公室提供的"附录（四）　工业行业污染核算用主要产品、原料、生产工艺分类目录"，填报与污染物产生、排放密切相关的主要中间产品或最终产品。最多填写 20 个。

生产工艺名称/代码　指调查年度内，普查对象生产该种产品采取的生产工艺名称、代码，按照生态环境部第二次全国污染源普查工作办公室提供的"附录（四）　工业行业污染核算用主要产品、原料、生产工艺分类目录"选取填报。

生产能力　指在计划期内，企业（或某生产线）参与生产的全部设备（包括主要生产设备、辅助生产设备、起重运输设备、动力设备及有关的厂房和生产用建筑物等），在既定的组织技术条件下所能生产的产品数量，或者能够处理的原材料数量。生产能力计量单位按照生态环境部第二次全国污染源普查工作办公室提供的"附录（四）　工业行业污染核算用主要产品、原料、生产工艺分类目录"中对应单位填报。保留整数。

实际产量　指调查年度内，普查对象该产品的实际生产量。允许保留 2 位小数。实际产量计量单位按照生态环境部第二次全国污染源普查工作办公室提供的"附录（四）　工业行业污染核算用主要产品、原料、生产工艺分类目录"中对应计量单位填报。

（3）G101-3 表　工业企业主要原辅材料使用、能源消耗基本情况

<table>
<tr><td></td><td></td><td></td><td>表　　号：</td><td>G101-3 表</td></tr>
<tr><td></td><td></td><td></td><td>制定机关：</td><td>国务院第二次全国污染源普查领导小组办公室</td></tr>
</table>

统一社会信用代码：□□□□□□□□□□□□□□□□□□（□□）

组织机构代码：□□□□□□□□（□□）

单位详细名称（盖章）：

				批准机关：	国家统计局
批准文号：	国统制〔2018〕103 号
2017 年	有效期至：	2019 年 12 月 31 日

原辅材料/能源名称	原辅材料/能源代码	计量单位	使用量	用作原辅材料量
1	2	3	4	5
一、主要原辅材料使用	—	—	—	—
原辅材料名称、代码、计量单位按照生态环境部第二次全国污染源普查工作办公室提供的工业行业污染核算用主要产品、原料、生产工艺分类目录填报 只填报初级原辅材料，中间产品作为其他生产环节原辅材料的不需填报。				—
				—
				—
				—
				—
				—
				—
				—
	—	—	—	—
二、主要能源消耗 能源名称、代码、计量单位按照指标解释填报 余热余压、热力、电力等不涉及污染物产生的能源使用不需填报	例如： 天然气	万 m³/a	1 000	

单位负责人：　　　　统计负责人（审核人）：　　　填表人：　　　　　报出日期：20　年　月　日

说明：1. 本表由辖区内有污染物产生的工业企业及产业活动单位填报；

　　　2. 尚未领取统一社会信用代码的填写原组织机构代码；

　　　3. 本厂中间产品作为本厂其他生产环节原辅材料的，不需要填报；

　　　4. 同时作为能源、原辅材料的，如原料煤，只填报主要能源消耗指标，不必填报主要原辅材料使用指标；

　　　5. 如需填报的内容超过 1 页，可自行复印表格填报。

指标解释：

原辅材料名称/代码　指调查年度内，普查对象生产活动使用的原辅材料，名称、代码按照生态环境部第二次全国污染源普查工作办公室提供的"附录（四）　工业行业污染核算用主要产品、原料、生产工艺分类目录"选取填报。本厂中间产品作为本厂其他生产环节原辅材料的，不需要填报。最多填写 20 种初级原辅材料。

原辅材料使用量　指调查年度内，普查对象该种原辅材料的实际使用量。最多保留 2 位小数。原辅材料使用量计量单位按照生态环境部第二次全国污染源普查工作办公室提供的"附录（四）　工业行业污染核算用主要产品、原料、生产工艺分类目录"中对应计量单位填报。

能源名称/代码　指调查年度内，普查对象生产活动消耗的能源名称、代码，从"附录（五）　指标解释通用代码表"中表 2 选择填报。

能源使用量　指调查年度内，普查对象该种能源的实际消耗量，计量单位按"附录（五）　指标解释通用代码表"中表 2 选择，最多保留 2 位小数。

用作原辅材料量　指调查年度内，普查对象将能源用作生产原辅材料使用而消耗的实际量。如石油化工厂、化工厂、化肥厂生产乙烯、化纤单体、合成氨、合成橡胶等产品所消费的石油、天然气、原煤、焦炭等，这些能源作为原料投入生产过程，通过一系列化学反应，逐步生成新的物质，构成新产品的实体。又如一些能源不构成产品实体，而是作为材料使用，例如，洗涤用的汽油、柴油、煤油。同时作为能源、原辅材料的能源，如原料煤，只填写能源消耗情况，不重复填写原辅材料情况。

（4）G102 表　工业企业废水治理与排放情况

若企业无工业废水，只有生活污水，此表不填；
若只有少量工业废水，并与生活污水混排（属于综合废水），需填报。

表　　号：　G102 表
制定机关：　国务院第二次全国污染源普查
　　　　　　领导小组办公室

统一社会信用代码：□□□□□□□□□□□□□□□□□□（□□）
组织机构代码：□□□□□□□□□（□□）
单位详细名称（盖章）：　　　　　　　　　　2017 年

批准机关：　国家统计局
批准文号：　国统制〔2018〕103 号
有效期至：　2019 年 12 月 31 日

指标名称	计量单位	代码	指标值	
甲	乙	丙	1	
一、取水情况	—	—	—	
取水量	立方米	01	单独取水的间接冷却水和单独计量且不与工业废水混排的生活污	
其中：城市自来水	立方米	02	水不算入此取水量填报	
自备水	立方米	03		
水利工程供水	立方米	04		
其他工业企业供水	立方米	05		
二、废水治理设施情况	—	—	—	
废水治理设施数	套	06	备用的纳入统计并计数，报废的不统计	
废水治理设施	—	—	废水治理设施 1	……
废水类型名称/代码		07	针对同一股废水的所有水处理设备均视为 1 套治理设施；针对分别排放的、不同废水的治理设备可视为多套治理设施；备用的纳入统计并计数，报废的处理设施不统计。	
设计处理能力	立方米/日	08		
处理方法名称/代码	—	09		
年运行小时	小时	10		
年实际处理水量	立方米	11		
其中：处理其他单位水量	立方米	12		
加盖密闭情况	—	13		
处理后废水去向	—	14		
三、废水排放情况	—	—	—	
废水总排放口数	个	15		
废水总排放口	—	—	废水总排放口 1	……
废水总排放口编号		16		
废水总排放口名称	—	17		
废水总排放口类型	—	18		
排水去向类型	—	19		
排入污水处理厂/企业名称	—	20		
排放口地理坐标	—	21	经度：___度___分___秒 纬度：___度___分___秒	经度：___度___分___秒 纬度：___度___分___秒
废水排放量	立方米	22		
化学需氧量产生量	吨	23		
化学需氧量排放量	吨	24	污染产生量和排放量在入户填报阶段先空着，待核算后再予以确认。	
氨氮产生量	吨	25		
氨氮排放量	吨	26		

指标名称	计量单位	代码	指标值
甲	乙	丙	1
总氮产生量	吨	27	
总氮排放量	吨	28	
总磷产生量	吨	29	
总磷排放量	吨	30	
石油类产生量	吨	31	
石油类排放量	吨	32	
挥发酚产生量	千克	33	
挥发酚排放量	千克	34	
氰化物产生量	千克	35	
氰化物排放量	千克	36	
总砷产生量	千克	37	
总砷排放量	千克	38	
总铅产生量	千克	39	
总铅排放量	千克	40	
总镉产生量	千克	41	
总镉排放量	千克	42	
总铬产生量	千克	43	
总铬排放量	千克	44	
六价铬产生量	千克	45	
六价铬排放量	千克	46	
总汞产生量	千克	47	
总汞排放量	千克	48	

单位负责人：　　　　　统计负责人（审核人）：　　　填表人：　　　　　报出日期：20　年　月　日

说明：1. 本表由辖区内有废水及废水污染物产生或排放的工业企业填报；

2. 尚未领取统一社会信用代码的填写原组织机构代码；

3. 如需填报的治理设施套数或废水总排放口数量超过 2 个，可自行复印表格填报；

4. 废水排放去向为入外环境的，即废水排放去向选择 A、B、F、G 的，排放口地理坐标填写入外环境排放口位置的地理坐标，除此之外排放口地理坐标填写废水排出厂区位置的地理坐标，"秒"指标最多保留 2 位小数；

5. 指标 13 仅限行业类别代码为 2511、2519、2521、2522、2523、2614、2619、2621、2631、2652、2653、2710 的行业填报；加盖密闭情况包括 1.无密闭，2.隔油段密闭，3.气浮段密闭，4.生化处理段密闭，其中选择 2、3、4 的可多选；

6. 产生量、排放量指标保留 3 位小数；

7. 审核关系：01=02+03+04+05，27≥25，28≥26，43≥45，44≥46，同一污染物产生量≥排放量。

指标解释：

取水量　指调查年度从各种水源提取的并用于工业生产活动的水量总和，包括城市自来水用量、自备水（地表水、地下水和其他水）用量、水利工程供水量，以及企业从市场购得的其他水（如其他企业回用水量）。计量单位为立方米，保留整数。

工业生产活动用水主要包括工业生产用水、辅助生产（包括机修、运输、空压站等）用水。厂区附属生活用水（厂内绿化、职工食堂、浴室、保健站、生活区居民家庭用水、企业附属幼儿园、学校、游泳池等的用水量）如果单独计量且生活污水不与工业废水混排的水量不计入取水量。

城市自来水　指调查年度通过城镇自来水管道购自公共供水企业的自来水水量。计量单位为立方米，保留整数。

自备水　指调查年度所消耗的自备水水量，包括地表水、地下水、海水等。计量单位为立方米，保留整数。

水利工程供水　指调查年度所消耗的非本企业自备水利工程设施提供的水量。计量单位为立方米，保留整数。

其他工业企业供水　指调查年度从其他工业获取的不包括自来水的水及水的产品，包括企业回用水量、蒸汽、热水、地热水、外来中水等。计量单位为立方米，保留整数。

废水治理设施数　指普查对象内部用于废水治理，从而降低污染物浓度的治理设施套数。以一股废水的治理系统为一套统计。报废的设施不统计，备用的设施纳入统计并计数。附属于设施内的水治理设备和配套设备不单独计算。

只填报企业内部的废水治理设施，工业废水排入的城镇污水处理厂、集中工业废水处理厂不能算作企业的废水治理设施。企业内的废水治理设施包括一、二和三级处理的设施，如企业有 2 个排放口，1 个排放口为一级处理（隔油池、化粪池、沉淀池等），另 1 个排放口为二级处理（生化处理），则该企业有 2 套废水治理设施；若该企业只有 1 个排放口，经由该排放口的废水先经过一级处理，再经二级（甚至三级）处理后外排，则该企业视为 1 套废水治理设施，即针对同一股废水的所有水治理设备均视为 1 套治理设施，针对分别排放的、不同废水的治理设备可视为多套治理设施。

废水类型名称/代码　指每套废水治理设施处理的废水种类，按不同的生产工序及废水水质分类，如酸碱废水、含重金属的废水等生产工艺废水；不同类型的废水经处理后混排（包括与工业废水混排的厂区生活污水）为综合污水。废水类型及代码见表 1。

表 1　废水类型及代码

代码	废水类型
FSLX01	酸碱废水
FSLX02	含油废水
FSLX03	含硫废水
FSLX04	含氨废水
FSLX05	含氟废水

代码	废水类型
FSLX06	含磷废水
FSLX07	含酚废水
FSLX08	酚氰废水
FSLX09	有机废水
FSLX10	含重金属废水
FSLX11	含重金属以外第一类污染物废水
FSLX12	含盐废水
FSLX13	含悬浮物废水
FSLX14	综合废水
FSLX15	其他废水

设计处理能力　指在计划期内，企业按设计规模建设的废水处理全部设施（包括各种设备和构筑物），既定的组织技术条件下、设施正常运行时，能处理的废水量。计量单位为立方米/日，保留整数。

处理方法名称/代码　根据废水处理的工艺方法，按"附录（五）　指标解释通用代码表"中表1填写，多种处理工艺方法的，每种工艺方法均需填报，按照处理工艺方法的先后次序填报。

年运行小时　指废水处理设施全年实际运行的小时数，保留整数。

年实际处理水量　指废水处理设施在调查年度实际处理的生产废水和厂区生活污水量，包括处理后外排的和处理后回用的废水量。虽经处理但未达到国家或地方排放标准的废水量也应计算在内。按处理本单位量和处理外单位量分别填报。计量单位为立方米，保留整数。

加盖密闭情况　仅限行业类别代码为2511、2519、2521、2522、2523、2614、2619、2621、2631、2652、2653、2710的行业填报；加盖密闭情况包括：1.无密闭，2.隔油段密闭，3.气浮段密闭，4.生化处理段密闭，其中选择2、3、4的可多选。

处理后废水去向　指废水经处理设施处理后的去向，包括：1.本厂回用，2.经排放口排出厂区，3.其他。其中经排放口排出厂区的，应填写对应的废水总排放口编号。

废水总排放口数　指废水经本厂污染治理设施处理或未经处理后，从厂区排出的排放口的个数。单独排放的生活污水、间接冷却水排放口应计入废水总排放口数量，仅填报废水总排放口编号、排水去向类型、排放口地理坐标，废水排放量、污染物产生量和排放量不填报。单独的雨水排放口不计数且不填报排放口信息。

废水总排放口编号　有排污许可证的企业，按照排污许可证载明的废水排放口编号填报，没有发放排污许可证的企业按照《排污单位编码规则》（HJ 608—2017），对废水排放口自行编号，不同排放口编号不得重复。

废水总排放口类型　指相应废水总排放口的类型，选择：1.工业废水或综合废水排放口，2.单独排放的生活污水，3.间接冷却水排放口。

排放口地理坐标　指普查单位废水排放口地理位置的经度、纬度。

废水排放量　指调查年度排到企业外部的工业废水量。包括生产废水、外排的直接冷却水、废气治理设施废水、超标排放的矿井地下水和与工业废水混排的厂区生活污水，不包括独立外排的间接冷却水（清浊不分流的间接冷却水应计算在内）。按厂界排放口分别填报。计量单位为立方米，保留整数。

直接冷却水：在生产过程中，为满足工艺过程需要，使产品或半成品冷却所用与之直接接触的冷却水（包括调温、调湿使用的直流喷雾水）。

间接冷却水：在工业生产过程中，为保证生产设备能在正常温度下工作，用来吸收或转移生产设备的多余热量所使用的冷却水（此冷却用水与被冷却介质之间由热交换器壁或设备隔开）。

废水污染物产生量　指生产过程中产生的未经过处理的废水中所含的化学需氧量、氨氮、总氮、总磷、石油类、挥发酚、氰化物等污染物和砷、铅、镉、铬、六价铬、汞等重金属本身的纯质量。根据废水治理设施前的进水水量与进入废水治理设施前的浓度监测数据核算，或采用产污系数核算。

废水污染物排放量　指调查年度企业排放的工业废水中所含化学需氧量、氨氮、总氮、总磷、石油类、挥发酚、氰化物等污染物和砷、铅、镉、铬、六价铬、汞等重金属本身的纯质量。

工业源废水污染物排放量为最终排入外环境的量。排水去向类型为城镇污水处理厂、进入其他单位和工业废水集中处理厂的调查单位，其废水污染物排放量为经污水处理厂（或其他单位）处理后最终排入外环境的排放量。

对于化学需氧量、氨氮、总氮、总磷、石油类、挥发酚、氰化物等污染物，其废水污染物排放量可通过工业企业的废水排放量与污水处理厂（或其他单位）符合核算要求的平均出口浓度计算得出；若无符合核算要求的污水处理厂（或其他单位）出口浓度监测数据，则根据污水处理厂（或其他单位）的废水处理工艺选择相应污染物排污系数进行核算。

对于重金属污染物指标，排水去向类型为工业废水集中处理厂和进入其他单位的企业，根据接纳其废水的单位废水处理设施是否具有去除重金属的工艺，确定重金属排放量核算方法：若接纳其废水的工业废水集中处理厂（或其他单位）废水处理设施具有去除重金属的工艺，则按接纳其废水的工业废水集中处理厂（或其他单位）符合核算要求的出口废水重金属浓度或废水处理工艺核算排放量；若接纳其废水的工业废水集中处理厂（或其他单位）废水处理设施无去除重金属的工艺，则不考虑对该企业重金属的去除。排水去向类型为城镇污水处理厂的企业，不考虑城镇污水处理厂对其重金属的去除。不考虑工业废水集中处理厂、城镇污水处理厂、其他单位对重金属去除的，按照下述方法进行核算。

废水排放去向为直接进入海域，直接进入江河湖、库等水环境，进入城市下水道（再入江河、湖、库），进入城市下水道（再入沿海海域），直接进入污灌农田，进入地渗或蒸发地，其他等几种类型的，化学需氧量、氨氮、总氮、总磷、石油类、挥发酚、氰化物等污染物根据废水总排放口符合核算要求的出口浓度监测数据或排污系数进行核算；砷、铅、镉、铬、六价铬、汞等污染物根据符合核算要求的出口浓度监测数据或排污系数核算排放量，其中根据出口监测数据核算排放量的，根据生产车间或生产车间治理设施出口浓度监测数据核算排放量。

注意：表中各种污染物的产生量和排放量按废水实际含有的污染物种类填报，确定不存在的可不填报。

（5）G103-1 表　工业企业锅炉/燃气轮机废气治理与排放情况

本表由辖区内有工业锅炉的企业填报。

若厂区内的生活锅炉已填报了生活源锅炉表的，无需填报。

统一社会信用代码：□□□□□□□□□□□□□□□□□□（□□）

组织机构代码：□□□□□□□□（□□）

单位详细名称（盖章）：　　　　　　　　　　　2017 年

表　　　号：　G103-1 表

制定机关：　国务院第二次全国污染源普查
　　　　　　领导小组办公室

批准机关：　国家统计局

批准文号：　国统制〔2018〕103 号

有效期至：　2019 年 12 月 31 日

指标名称	计量单位	代码	指标值	
			锅炉/燃气轮机 1	锅炉/燃气轮机 2
甲	乙	丙	1	2
一、电站锅炉/燃气轮机基本信息	—	—		
电站锅炉/燃气轮机编号	—	01		
电站锅炉/燃气轮机类型	—	02		
对应机组编号	—	03		
对应机组装机容量	万千瓦	04		
是否热电联产		05		
电站锅炉燃烧方式名称	—	06		
电站锅炉/燃气轮机额定出力	蒸吨/小时	07		
电站锅炉/燃气轮机运行时间	小时	08		
二、工业锅炉基本信息	—	—	—	—
工业锅炉编号		09		
工业锅炉类型		10		
工业锅炉用途		11	□　　□　　□　　1 生产 2 采暖 3 其他	□　　□　　□　　1 生产 2 采暖 3 其他
工业锅炉燃烧方式名称	—	12		
工业锅炉额定出力	蒸吨/小时	13		
工业锅炉运行时间	小时	14		
三、产品、燃料信息	—	—		
发电量	万千瓦时	15		
供热量	万吉焦	16		
燃料一类型	—	17		
燃料一消耗量	吨或万立方米	18		
其中：发电消耗量	吨或万立方米	19		
供热消耗量	吨或万立方米	20		
燃料一低位发热量	千卡/千克或千卡/标准立方米	21		
燃料一平均收到基含硫量	%或毫克/立方米	22		
燃料一平均收到基灰分	%	23		
燃料一平均干燥无灰基挥发分	%	24		

锅炉/燃气轮机类型代码表

代码	按燃料类型分
R1	燃煤锅炉
R2	燃油锅炉
R3	燃气锅炉
R4	燃生物质锅炉
R5	余热利用锅炉
R6	其他锅炉
R7	燃气轮机

锅炉燃烧方式及代码表

代码	燃煤锅炉	代码	燃油锅炉
RM01	抛煤机炉	RY01	室燃炉
RM02	链条炉	RY02	其他
RM03	其他层燃炉	代码	燃气锅炉
RM04	循环流化床锅炉	RQ01	室燃炉
RM05	煤粉炉	RQ02	其他
RM06	其他		
代码	生物质锅炉		
RS01	层燃炉		
RS02	其他		

热电联产企业必须填报，工业企业不要求填报，1 吉焦=10 亿焦

指标名称	计量单位	代码	指标值	
			锅炉/燃气轮机1	锅炉/燃气轮机2
甲	乙	丙	1	2
燃料二类型	—	25		
燃料二消耗量	吨或万立方米	26		
其中：发电消耗量	吨或万立方米	27		
供热消耗量	吨或万立方米	28		
燃料二低位发热量	千卡/千克或千卡/标准立方米	29		
燃料二平均收到基含硫量	%或毫克/立方米	30		
燃料二平均收到基灰分	%	31		
燃料二平均干燥无灰基挥发分	%	32		
其他燃料消耗总量	吨标准煤	33		
四、治理设施及污染物产生排放情况	—	—	—	—
排放口编号	—	34		
排放口地理坐标（相应设备对应的废气主要排口位置的经纬度）	—	35	经度：__度__分__秒 纬度：__度__分__秒	经度：__度__分__秒 纬度：__度__分__秒
排放口高度（离地面高度）	米	36		
脱硫设施编号	—	37		
脱硫工艺	—	38		
脱硫效率	%	39		
脱硫设施年运行时间	小时	40		
脱硫剂名称	—	41		
脱硫剂使用量	吨	42		
是否采用低氮燃烧技术	—	43	□　　1 是　2 否	□　　1 是　2 否
脱硝设施编号	—	44		
脱硝工艺	—	45		
脱硝效率	%	46		
脱硝设施年运行时间	小时	47		
脱硝剂名称	—	48		
脱硝剂使用量	吨	49		
除尘设施编号	—	50		
除尘工艺	—	51		
除尘效率	%	52		
除尘设施年运行时间	小时	53		
工业废气排放量	万立方米	54		
二氧化硫产生量	吨	55		
二氧化硫排放量	吨	56		
氮氧化物产生量	吨	57		
氮氧化物排放量	吨	58		
颗粒物产生量	吨	59		

多个锅炉共有一个排放口的，排放口信息重复填写；多个锅炉共有一套治理设施的，治理设施可重复填报，脱硫剂、脱硝剂使用量按燃料消耗进行分配。

两种及两种以上处理工艺组合使用的，每种工艺均需填报，按照处理工艺的先后次序填报。

指标名称	计量单位	代码	指标值	
			锅炉/燃气轮机1	锅炉/燃气轮机2
甲	乙	丙	1	2
颗粒物排放量	吨	60		
挥发性有机物产生量	千克	61		
挥发性有机物排放量	千克	62		
氨排放量	吨	63		
废气砷产生量	千克	64		
废气砷排放量	千克	65		
废气铅产生量	千克	66		
废气铅排放量	千克	67		
废气镉产生量	千克	68		
废气镉排放量	千克	69		
废气铬产生量	千克	70		
废气铬排放量	千克	71		
废气汞产生量	千克	72		
废气汞排放量	千克	73		

单位负责人：　　　　统计负责人（审核人）：　　　填表人：　　　　报出日期：20　年　月　日

说明：1. 本表由辖区内有工业锅炉的工业企业，以及所有在役火电厂、热电联产企业及工业企业的自备电厂、垃圾和生物质焚烧发电厂填报；
2. 尚未领取统一社会信用代码的填写原组织机构代码；
3. 单列只填写单台锅炉或燃气轮机信息，如工业锅炉、电站锅炉、燃气轮机超过2个，可自行增列填报；排放口的地理坐标中"秒"指标最多保留2位小数，产生量、排放量指标保留3位小数；审核关系：18=19+20，26=27+28。

附表1　燃料类型及代码（填报指标17）

能源名称	计量单位	代码	参考折标准煤系数/（吨标准煤/吨）	参考发热量
原煤	吨	1	—	—
无烟煤	吨	2	0.942 8	约6 000千卡/千克以上
炼焦烟煤	吨	3	0.9	约6 000千卡/千克以上
一般烟煤	吨	4	0.714 3	约4 500~5 500千卡/千克
褐煤	吨	0	0.428 6	约2 500~3 500千卡/千克
洗精煤（用于炼焦）	吨	6	0.9	约6 000千卡/千克以上
其他洗煤	吨	7	0.464 3~0.9	约2 500~6 000千卡/千克
煤制品	吨	8	0.528 6	约3 000~5 000千卡/千克
焦炭	吨	9	0.971 4	约6 800千卡/千克
其他焦化产品	吨	10	1.1~1.5	约7 700~10 500千卡/千克
焦炉煤气	万立方米	11	5.714~6.143*	约4 000~4 300千卡/立方米

能源名称	计量单位	代码	参考折标准煤系数/ （吨标准煤/吨）	参考发热量
高炉煤气	万立方米	12	1.286*	约 900 千卡/立方米
转炉煤气	万立方米	13	2.714*	约 1 900 千卡/立方米
发生炉煤气	万立方米	14	1.786*	约 1 250 千卡/立方米
天然气	万立方米	15	11.0～13.3*	约 7 700～9 300 千卡/立方米
液化天然气	吨	16	1.757 2	约 12 300 千卡/千克
煤层气	万立方米	17	11*	约 7 700 千卡/立方米
原油	吨	18	1.428 6	约 10 000 千卡/千克
汽油	吨	19	1.471 4	约 10 300 千卡/千克
煤油	吨	20	1.471 4	约 10 300 千卡/千克
柴油	吨	21	1.457 1	约 10 200 千卡/千克
燃料油	吨	22	1.428 6	约 10 000 千卡/千克
液化石油气	吨	23	1.714 3	约 12 000 千卡/千克
炼厂干气	吨	24	1.571 4	约 11 000 千卡/千克
石脑油	吨	25	1.5	约 10 500 千卡/千克
润滑油	吨	26	1.414 3	约 9 900 千卡/千克
石蜡	吨	27	1.364 8	约 9 550 千卡/千克
溶剂油	吨	28	1.467 2	约 10 270 千卡/千克
石油焦	吨	29	1.091 8	约 7 640 千卡/千克
石油沥青	吨	30	1.330 7	约 9 310 千卡/千克
其他石油制品	吨	31	1.4	约 9 800 千卡/千克
煤矸石（用于燃料）	吨	32	0.280 7	约 2 000 千卡/千克
城市生活垃圾（用于燃料）	吨	33	0.271 4	约 1 900 千卡/千克
生物燃料	吨标准煤	34	1	7 000 千卡/千克标准煤
工业废气（用于燃料）	吨	35	0.428 5	约 3 000 千卡/千克
其他燃料	吨标准煤	36	1	7 000 千卡/千克标准煤

附表 2 脱硫、脱硝、除尘、挥发性有机物处理工艺代码、名称（填报指标 38、45、51）

代码	脱硫工艺	代码	脱硝工艺	代码	除尘工艺	代码	挥发性有机物 处理工艺
—	炉内脱硫	—	炉内低氮技术	—	过滤式除尘	—	直接回收法
S01	炉内喷钙	N01	低氮燃烧法	P01	袋式除尘	V01	冷凝法
S02	型煤固硫	N02	循环流化床锅炉	P02	颗粒床除尘	V02	膜分离法
	烟气脱硫	N03	烟气循环燃烧	P03	管式过滤	—	间接回收法
S03	石灰石/石膏法	—	烟气脱硝	—	静电除尘	V03	吸收+分流
S04	石灰/石膏法	N04	选择性非催化还原法（SNCR）	P04	低低温	V04	吸附+蒸气解析

代码	脱硫工艺	代码	脱硝工艺	代码	除尘工艺	代码	挥发性有机物处理工艺
S05	氧化镁法	N05	选择性催化还原法（SCR）	P05	扳式	V05	吸附+氮气/空气解析
S06	海水脱硫法	N06	活性炭（焦）法	P06	管式	—	热氧化法
S07	氨法	N07	氧化/吸收法	P07	湿式除雾	V06	直接燃烧法
S08	双碱法	N08	其他	—	湿法除尘	V07	热力燃烧法
S09	烟气循环流化床法			P08	文丘里	V08	吸附/热力燃烧法
S10	旋转喷雾干燥法			P09	离心水膜	V09	蓄热式热力燃烧法
S11	活性炭（焦）法			P10	喷淋塔/冲击水浴	V10	催化燃烧法
S12	其他			—	旋风除尘	V11	吸附/催化燃烧法
				P11	单筒（多筒并联）旋风	V12	蓄热式催化燃烧法
				P19	多管旋风		生物降解法
				—	组合式除尘	V13	悬浮洗涤法
				P13	电袋组合	V14	生物过滤法
				P14	旋风+布袋	V15	生物滴滤法
				P15	其他	—	高级氧化法
						V16	低温等离子体
						V17	光解
						V18	光催化
						V19	其他

指标解释：

电站锅炉/燃气轮机编号　指用于相应发电机组运行的锅炉或燃气轮机的编号。有排污许可证的企业，按照排污许可证载明的编号填报，没有发放排污许可证的企业按照《排污单位编码规则》（HJ 608—2017）对锅炉进行编号，不同锅炉编号不得重复。

电站锅炉/燃气轮机类型　指相应的电站锅炉/燃气轮机的类型，按"附录（五）　指标解释通用代码表"中表3代码填报。

机组编号　指普查对象2017年度相应发电（供热）机组的编号。

机组装机容量　指相应的发电机组的发电容量。

是否热电联产　选择相应的发电机组是否是热电联产机组，即除发电外，是否还向用户供热。

电站锅炉燃烧方式　指相应的电站锅炉根据不同燃料类型的锅炉燃烧方式，按"附录（五）　指标解释通用代码表"中表4代码填报。

电站锅炉/燃气轮机额定出力　指相应的电站锅炉/燃气轮机每小时的额定出力，统一按单位"蒸吨/小时"填报。换算关系：60万大卡/小时≈1蒸吨/小时（t/h）≈0.7兆瓦（MW）。

年运行时间　指2017年度相应的发电机组的运行小时数。

工业锅炉编号　指普查对象 2017 年除电站锅炉外其他所有锅炉的编号。有排污许可证的企业，按照排污许可证载明的编号填报，没有发放排污许可证的企业按照《排污单位编码规则》（HJ 608—2017），对锅炉进行编号，不同锅炉编号不得重复。

工业锅炉型号　指相应工业锅炉铭牌上记载的型号，没有铭牌或铭牌上没有记录的，可不填。

工业锅炉类型　指相应工业锅炉的类型，按"附录（五）指标解释通用代码表"中表 3 代码填报。

工业锅炉用途　指相应工业锅炉的用途，多种用途的可多选。可选择：1.生产，2.采暖，3.其他。

燃烧方式　指相应工业锅炉的燃烧方式，按"附录（五）指标解释通用代码表"中表 4 代码填报。

工业锅炉额定出力　指相应工业锅炉每小时的额定出力，统一按单位"蒸吨/小时"填报。换算关系：60 万大卡/小时≈1 蒸吨/小时（t/h）≈0.7 兆瓦（MW）。

发电量　指 2017 年度相应发电机组全年实际发电量。

供热量　指 2017 年度相应电站锅炉除供应对应发电机组外，提供蒸汽或热水的总供热量。纯供热锅炉，其供热量按母管供热方式分配到其他机组。

燃料类型　指普查对象 2017 年度用作燃料的能源类型。主要燃料类型、代码和计量单位见"附录（五）指标解释通用代码表"中表 2。

燃料消耗量　指相应生产线或设施 2017 年度消耗的燃料量。

发电消耗量　指 2017 年度相应电站锅炉/燃气轮机用于发电耗用的燃料消耗量。

供热消耗量　指 2017 年度相应电站锅炉/燃气轮机除发电外用于供热耗用的燃料消耗量。

燃料低位发热量　指相应燃料 2017 年多次检测的单位低位发热量加权平均值；若无燃料分析数据，取所在地区平均低位发热量。

燃料平均收到基含硫量　指相应燃料 2017 年多次检测的收到基含硫量加权平均值；若无燃料分析数据，取所在地区平均含硫量。

燃料平均收到基灰分　指相应燃料 2017 年多次检测的收到基灰分加权平均值；若无燃料分析数据，取所在地区平均收到基灰分。气态燃料不填写。

燃料平均干燥无灰基挥发分　指相应燃料 2017 年多次检测的干燥无灰基挥发分加权平均值；若无燃料分析数据，取所在地区平均干燥无灰基挥发分。气态燃料不填写。

其他燃料消耗总量　指相应机组除本表中填报的两种燃料外的其他燃料总的消耗量，每类燃料均需折为标准煤。各类能源的折标系数可参考"附录（五）指标解释通用代码表"中表 2 选取。

排放口编号　指与相应设备所对应的排放口的编号。有排污许可证的企业，按照排污许可证载明的废气排放口编号填报，没有发放排污许可证的企业按照《排污单位编码规则》（HJ 608—2017）对废气排放口进行编号，不同排放口编号不得重复。

排放口地理坐标　指普查对象锅炉废气排放口地理位置的经度、纬度。

排放口高度　指相应废气排放口的离地高度。

脱硫、脱硝、除尘设施编号　有排污许可证的企业，按照排污许可证载明的脱硫、脱硝、除尘处理设施编号填报，没有发放排污许可证的企业按照《排污单位编码规则》（HJ 608—2017）对脱硫、脱硝、除尘处理设施进行编号，不同设施编号不得重复。

脱硫、脱硝、除尘工艺　指相应的脱硫、脱硝、除尘处理设施所采用的工艺名称。两种及两种以上处理工艺组合使用的，每种工艺均需填报，按照处理工艺的先后次序填报。工艺名称和代码按"附录（五）指标解释通用代码表"中表 5 代码填报。

脱硫、脱硝、除尘效率　指 2017 年度相应的脱硫、脱硝、除尘设施实际的污染物去除效率。根据相应设施的进口和出口污染物排放量或平均浓度计算去除效率，无进口污染物平均浓度的可应用产排污系数法计算产生量，用于计算去除效率。

脱硫、脱硝、除尘设施年运行时间　指 2017 年度相应的脱硫、脱硝、除尘处理设施实际运行小时数。

脱硫剂、脱硝剂名称、使用量　指 2017 年度相应的脱硫、脱硝设施运行时使用的药剂名称及其使用量。

是否采用低氮燃烧技术　按照 2017 年年末相应的工业锅炉或电站锅炉是否采用了低氮燃烧技术，选择"是"或"否"。

工业废气排放量　指 2017 年度普查对象排入空气中含有污染物的气体总量，以标态体积计。

颗粒物产生量　指生产过程中产生的未经过处理的废气中所含的烟尘及工业粉尘的总质量。烟尘是指通过燃烧煤、石煤、柴油、木柴、天然气等产生的烟气中的尘粒。通过有组织排放的，俗称烟道尘。工业粉尘指在生产工艺过程中排放的能在空气中悬浮一定时间的固体颗粒。如钢铁企业耐火材料粉尘、焦化企业的筛焦系统粉尘、烧结机的粉尘、石灰窑的粉尘、建材企业的水泥粉尘等。

废气污染物产生量　指 2017 年度普查对象相应生产线生产过程中产生的未经过处理的废气中所含的污染物的质量。废气污染物种类包括二氧化硫、氮氧化物、颗粒物、挥发性有机物、氨等。

废气污染物排放量　指 2017 年度普查对象在生产过程中排入大气的废气污染物的质量，包括有组织排放量和无组织排放量。

发电标准煤耗　指相应发电机组单位发电量耗用的折合标准煤的量。

（6）　G103-2 表　工业企业炉窑废气治理与排放情况

炉窑指在工业生产中用燃料燃烧或电能转换产生的热量，将物料或工件进行冶炼、焙烧、烧结、熔化、加热等工序的热工设备。

表　　　号：　G103-2 表
制定机关：　国务院第二次全国污染源普查领导小组办公室
批准机关：　国家统计局
批准文号：　国统制〔2018〕103 号
有效期至：　2019 年 12 月 31 日

统一社会信用代码：□□□□□□□□□□□□□□□□□□（□□）
组织机构代码：□□□□□□□□□（□□）
单位详细名称（盖章）：　　　　　　　　　　　2017 年

指标名称	计量单位	代码	指标值	
			炉窑 1	炉窑 2
甲	乙	丙	1	2
一、基本信息	—	—	—	—
炉窑类型	—	01		
炉窑编号	—	02		
炉窑规模	—	03		
炉窑规模的计量单位	—	04		
年生产时间	小时	05		
二、燃料信息				
燃料一类型	—	06		
燃料一消耗量	吨或万立方米	07		
燃料一低位发热量	千卡/千克或千卡/标准立方米	08		
燃料一平均收到基含硫量	%或毫克/立方米	09		
燃料一平均收到基灰分	%	10		
燃料一平均干燥无灰基挥发分	%	11		
燃料二类型	—	12		
燃料二消耗量	吨或万立方米	13		
燃料二低位发热量	千卡/千克或千卡/标准立方米	14		
燃料二平均收到基含硫量	%或毫克/立方米	15		
燃料二平均收到基灰分	%	16		
燃料二平均干燥无灰基挥发分	%	17		
其他燃料消耗总量	吨标准煤	18		
三、产品信息	—	—	—	—
产品名称	—	19		
产品产量		20		
产品产量的计量单位		21		
四、原料信息				
原料名称	—	22		
原料用量		23		
原料用量的计量单位		24		

用于生产某种产品的年生产能力，或在计划期内，该炉窑及配套设备在既定的组织技术条件下所能生产产品的产量或加工处理原料的量。

低位发热量、含硫量、灰分、干燥无灰基挥发分指标均按照普查对象提供的多次燃料分析检测报告填报加权平均值。若无燃料分析数据，取所在地平均值。

指相应炉窑除本表中填报的两种燃料外的其他燃料总消耗量，均需按照相应的折标系数折合为标准煤填报。

2017 年度使用相应炉窑进行生产的，有多种产品/原料的，选择最具代表性的产品/原料填报。产品/原料名称、计量单位按照国家清单填报。

指标名称	计量单位	代码	指标值	
			炉窑1	炉窑2
甲	乙	丙	1	2
五、治理设施及污染物产生排放情况	—	—	—	—
脱硫设施编号	—	25	有多个排放口，且治理设施有多套的，填写排放量占比最大的排放口污染治理设施情况，但排放量要填写相应炉窑所有排放口和无组织排放的排放量。	
脱硫工艺	—	26		
脱硫效率	—	27		
脱硫设施年运行时间	小时	28		
脱硫剂名称	—	29		
脱硫剂使用量	吨	30		
脱硝设施编号	—	31		
脱硝工艺	—	32		
脱硝效率	—	33		
脱硝设施年运行时间	小时	34		
脱硝剂名称	—	35		
脱硝剂使用量	吨	36		
除尘设施编号	—	37		
除尘工艺	—	38		
除尘效率	%	39		
除尘设施年运行时间	小时	44		
工业废气排放量	万立方米	45		
二氧化硫产生量	吨	46		
二氧化硫排放量	吨	47		
氮氧化物产生量	吨	48		
氮氧化物排放量	吨	49		
颗粒物产生量	吨	50	无有效监测数据的，该部分产排污量不可使用监测法；利用产排污系数法填报的，指标45~64暂时不用填报。	
颗粒物排放量	吨	51		
挥发性有机物产生量	千克	52		
挥发性有机物排放量	千克	53		
氨排放量	吨	54		
废气砷产生量	千克	55		
废气砷排放量	千克	56		
废气铅产生量	千克	57		
废气铅排放量	千克	58		
废气镉产生量	千克	59		
废气镉排放量	千克	60		
废气铬产生量	千克	61		
废气铬排放量	千克	62		
废气汞产生量	千克	63		
废气汞排放量	千克	64		

单位负责人：　　　　统计负责人（审核人）：　　填表人：　　　　报出日期：20　年　月　日

说明：1. 本表由辖区内有工业炉窑的工业企业填报；
　　　2. 尚未领取统一社会信用代码的填写原组织机构代码；
　　　3. 如需填报的炉窑数量超过2个，可自行复印表格填报；
　　　4. 产生量、排放量指标保留3位小数。

指标解释：

工业企业炉窑　指在工业生产中用燃料燃烧或电能转换产生的热量，将物料或工件进行冶炼、焙烧、熔化、加热等工序的热工设备。炼焦、烧结/球团、炼铁、炼钢、水泥熟料、石化等生产线涉及的炉窑填报 G103-3 表、G103-4 表、G103-5 表、G103-6 表、G103-7 表、G103-8 表、G103-9 表，除此之外，其他炉窑填报本表。

炉窑类型　指相应炉窑的类型，按表 1 填报。

表 1 工业炉窑类别及代码

代码	工业炉窑类别	代码	工业炉窑类别
01	熔炼炉	10	热处理炉
02	熔化炉	11	烧成窑
03	加热炉	12	干燥炉（窑）
04	管式炉	13	熔煅烧炉（窑）
05	接触反应炉	14	电弧炉
06	裂解炉	15	感应炉（高温冶炼）
07	电石炉	16	焚烧炉
08	煅烧炉	17	煤气发生炉
09	沸腾炉	18	其他工业炉窑

炉窑编号　指普查对象对相应炉窑的编号。有排污许可证的企业，按照排污许可证载明的编号填报，没有发放排污许可证的企业，按照《排污单位编码规则》（HJ 608—2017）对炉窑进行编号，不同炉窑编号不得重复。

炉窑规模　指普查对象相应炉窑用于生产某种产品的年生产能力，或在计划期内，该炉窑及其配套设备在既定的组织技术条件下，所能生产产品产量或加工处理原料的量。

年生产时间　指普查对象 2017 年度相应炉窑的实际正常生产小时数。

燃料消耗量　指普查对象 2017 年度用作相应炉窑生产所消耗的燃料量。

其他燃料消耗总量　指相应机组除本表中填报的两种燃料外的其他燃料总的消耗量，均需按相应的折标系数折合为标准煤填报消耗量。

产品名称、产量、计量单位　指普查对象 2017 年度使用相应炉窑进行生产的产品名称、计量单位、年实际产量。有多种产品的，选择最具代表性的产品填报，产品名称、计量单位按照生态环境部第二次全国污染源普查工作办公室提供的"附录（四）　工业行业污染核算用主要产品、原料、生产工艺分类目录"选取填报。

原料名称、用量、计量单位　指普查对象 2017 年度使用相应炉窑消耗的原料的名称、计量单位、年实际用量，有多种原料的，选择最具代表性的原料填报，原料名称、计量单位按照生态环境部第二次全国污染源普查工作办公室提供的"附录（四）　工业行业污染核算用主要产品、原料、生产工艺分类目录"选取填报。

治理设施及污染物产生排放情况　有多个排放口，且治理设施有多套的，填写排放量占比最大的排放口的污染治理设施情况，但排放量要填写相应炉窑所有排放口和无组织排放的排放量。

（7） G103-10 表　工业企业有机液体储罐、装载信息

涉有机液体储罐、装载的 12 个行业（具体见附表）填报本表。仅涉及储罐且容积未达到 20 平方米，不填报。

表　　号：　G103-10 表

制定机关：　国务院第二次全国污染源普查
　　　　　　领导小组办公室

统一社会信用代码：□□□□□□□□□□□□□□□□□□（□□）

组织机构代码：□□□□□□□□（□□）

单位详细名称（盖章）：　　　　　　　　　　2017 年

批准机关：　国家统计局

批准文号：　国统制〔2018〕103 号

有效期至：　2019 年 12 月 31 日

指标名称	计量单位	代码	指标值	
			物料 1	物料 2
甲	乙	丙	1	2
一、基本信息	—	—		
物料名称	—	01	参照附表填报。如无相关对应物质，则填入"其他（物质名称）"；如储罐内物料为混合物，可填报混合物主体物质或含量最高的物料。	
物料代码		02		
二、储罐信息	—	—		
储罐类型	—	03	□	□
储罐容积	立方米	04	只统计常压储罐，压力储罐不填报；储罐类型可填：固定顶罐、内浮顶罐、外浮顶罐；储存温度填报应精确至个位数，对于需伴热储存的物料，填报储存期间该储罐伴热温度的平均值，如为工艺生产中间罐储存的物料，可参考前序生产装置物料产出温度填报，其他情况下，常温储存物料按照该地区年度平均气温填报。	
储存温度	℃	05		
相同类型、容积、温度的储罐个数	个	06		
物料年周转量	吨	07		
挥发性有机物处理工艺	—	08		
三、装载信息	—	—		
年装载量	吨/年	09		
其中：汽车/火车装载量	吨/年	10		
汽车/火车装载方式	—	11	□	□
船舶装载量	吨/年	12		
船舶装载方式	—	13	□	□
挥发性有机物处理工艺	—	14		
四、污染物产生排放情况	—	—	—	—
挥发性有机物产生量	千克	15		
挥发性有机物排放量	千克	16		

单位负责人：　　　　　统计负责人（审核人）：　　　　填表人：　　　　　　　　　报出日期：20 　年　月　日

说明：1. 本表由辖区内有有机液体储罐的工业企业填报，指标解释中所列行业工业企业必填；

　　　2. 尚未领取统一社会信用代码的填写原组织机构代码；

　　　3. 相同储罐类型、相同容积的储罐合并填报储罐个数，同一储罐不同时间储存不同物料的可分别计数；

　　　4. 如需填报的物料类型数量超过 2 个，可自行复印表格填报；

　　　5. 储罐容积达到 20 立方米以上的填报储罐信息 03～08；

　　　6. 产生量、排放量保留 3 位小数；

　　　7. 审核关系：09=10+12。

指标解释：

表 1 内所列行业的工业企业必填本表。

表 1 涉有机液体储罐、装载主要行业

序号	行业代码	行业类别名称	序号	行业代码	行业类别名称
01	2511	原油加工及石油制品制造	07	2619	其他基础化学原料制造
02	2519	其他原油制造	08	2621	氮肥制造
03	2521	炼焦	09	2631	化学农药制造
04	2522	煤制合成气生产	10	2652	合成橡胶制造
05	2523	煤制液体燃料生产	11	2653	合成纤维单（聚合）体制造
06	2614	有机化学原料制造	12	2710	化学药品原料药制造

　　物料名称　指相应储罐储存的有机液体物料的名称，参照表 2 的分类名称填报。如无相关对应物质，则填入"其他（物质名称）"；如储罐内物料为混合物，可填报混合物主体物质或含量最高的物料。

表 2 储罐、装载的有机液体物料名称

代码	物料名称	代码	物料名称	代码	物料名称
01	原油	17	正壬烷	33	甲酸甲酯
02	重石脑油	18	正癸烷	34	乙酸乙酯
03	柴油	19	甲醇	35	丁酸乙酯
04	烷基化油	20	乙醇	36	丙酮
05	抽余油	21	正丁醇	37	苯
06	蜡油	22	环己醇	38	甲苯
07	渣油	23	乙二醇	39	邻二甲苯
08	污油	24	丙三醇	40	间二甲苯
09	燃料油	25	二乙苯	41	对二甲苯
10	汽油	26	苯酚	42	丙苯
11	航空汽油	27	苯乙烯	43	乙苯
12	轻石脑油	28	醋酸	44	正丙苯
13	航空煤油	29	正丁酸	45	异丙苯
14	正己烷	30	丙烯酸	46	MTBE
15	正庚烷	31	丙烯腈	47	乙二胺
16	正辛烷	32	醋酸乙烯	48	三乙胺

　　储罐类型　指相应储罐根据结构的不同所属的具体类型。按照：1.固定顶罐，2.内浮顶罐，3.外浮顶罐。卧式罐、方形罐按照固定顶罐填写，不统计压力储罐，分类填报。

储罐容积　指所能容纳有机液体的体积，可根据储罐设计指标填报。

储存温度　指储罐内储存物料实际储存的温度平均值（精确到个位数）。对于需伴热储存的物料，填报储存期间该储罐伴热温度的平均值；如为工艺生产中间罐储存的物料，可参考前序生产装置物料产出温度填报储罐温度；其他情况下，常温储存物料，按照该地区常年平均气温填报。

物料年周转量　指相应储罐在 2017 年度进入储罐储存的有机液体物料的累计总量。

年装载量　指相应物料 2017 年度在普查对象厂区内装载量。

汽车/火车装载方式　指有机液体采用汽车/火车运输时的装载方式。可选择：1.液下装载，2.底部装载，3.喷溅式装载，4.桶装，5.其他。

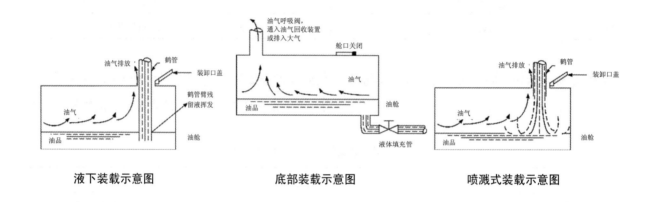

液下装载示意图　　　　　底部装载示意图　　　　　喷溅式装载示意图

船舶装载方式　指装载有机液体的船舶类型。可选择：1.轮船，2.驳船，3.远洋驳船。

挥发性有机物处理工艺　指减少控制有机液体物料装载过程逸散排放的挥发性有机物废气的处理工艺。按"附录（五）　指标解释通用代码表"中表 5 代码填报。

挥发性有机物产生量　指 2017 年度普查对象相应有机液体储罐使用过程中产生的未经过处理的废气中所含的挥发性有机物的质量。

挥发性有机物排放量　指 2017 年度普查对象相应有机液体储罐使用过程中排入大气的挥发性有机物的质量。

（8）G103-11 表 工业企业含挥发性有机物原辅材料使用信息

<table>
<tr><td rowspan="2">涉及含挥发性有机物的原辅材料年使用总量在1吨以上的主要行业工业企业必填此表。</td><td>表　　号：</td><td>G103-11 表</td></tr>
<tr><td>制定机关：</td><td>国务院第二次全国污染源普查
领导小组办公室</td></tr>
</table>

统一社会信用代码：□□□□□□□□□□□□□□□□□□（□□）　　　批准机关：　国家统计局

组织机构代码：□□□□□□□□（□□）　　　批准文号：　国统制〔2018〕103 号

单位详细名称（盖章）：　　　　　　　　　　　2017 年　　有效期至：　2019 年 12 月 31 日

指标名称	计量单位	代码	指标值	
			原辅材料名称 1	原辅材料名称 2
甲	乙	丙	1	2
含挥发性有机物的原辅材料类别 （可选择：涂料、油墨、胶黏剂、稀释剂、清洗剂、溶剂等）	—	01	□	□
含挥发性有机物的原辅材料名称	—	02		
含挥发性有机物的原辅材料代码	—	03		
含挥发性有机物的原辅材料品牌	—	04		
含挥发性有机物的原辅材料品牌代码 （涂料、油墨、胶黏剂需要填写品牌和代码）	—	05		
含挥发性有机物的原辅材料使用量	吨	06		
挥发性有机物处理工艺 （减少、控制有机液体物料装载过程逸散排放的挥发性有机物废气的处理工艺）	—	07		
挥发性有机物收集方式 （可选择：密闭管道、密闭空间、排气柜、外部集气罩、其他等收集方式）	—	08	□	□
挥发性有机物产生量	千克	09		
挥发性有机物排放量	千克	10		

单位负责人：　　　　　统计负责人（审核人）：　　　填表人：　　　　　报出日期：20　年　月　日

说明：1. 本表由辖区内使用含挥发性有机物原辅材料的工业企业填报，其中涉及含挥发性有机物的原辅材料年使用总量在 1 吨以上的主要行业工业企业必填，主要行业见指标解释；

　　　2. 尚未领取统一社会信用代码的填写原组织机构代码；

　　　3. 如需填报的含挥发性有机物的原辅材料超过 2 个，可自行复印表格填报，相同含挥发性有机物的原辅材料不同品牌分列填报；

　　　4. 产生量、排放量保留 3 位小数。

指标解释：

表 1 内所列行业必填本表。

表 1　填报含挥发性有机物原辅材料使用信息普查表的行业

序号	行业代码	行业类别名称	序号	行业代码	行业类别名称
01	1713	棉印染精加工	27	3130	钢压延加工
02	1723	毛染整精加工	28	3311	金属结构制造
03	1733	麻染整精加工	29	3331	集装箱制造
04	1743	丝印染精加工	30	3511	矿山机械制造
05	1752	化纤织物染整精加工	31	3512	石油钻采专用设备制造
06	1762	针织或钩针编织物印染精加工	32	3513	深海石油钻探设备制造
07	1951	纺织面料鞋制造	33	3514	建筑工程用机械制造
08	1952	皮鞋制造	34	3515	建筑材料生产专用机械制造
09	1953	塑料鞋制造	35	3516	冶金专用设备制造
10	1954	橡胶鞋制造	36	3517	隧道施工专用机械制造
11	1959	其他制鞋业	37	3611	汽柴油车整车制造
12	2021	胶合板制造	38	3612	新能源车整车制造
13	2022	纤维板制造	39	3630	改装汽车制造
14	2023	刨花板制造	40	3640	低速汽车制造
15	2029	其他人造板制造	41	3650	电车制造
16	2110	木质家具制造	42	3660	汽车车身、挂车制造
17	22	造纸和纸制品业	43	3670	汽车零部件及配件制造
18	23	印刷和记录媒介复制业	44	3731	金属船舶制造
19	2631	化学农药制造	45	3732	非金属船舶制造
20	2632	生物化学农药及微生物农药制造	46	3733	娱乐船和运动船制造
21	2710	化学药品原料药制造	47	3734	船用配套设备制造
22	2720	化学药品制剂制造	48	3735	船舶改装
23	2730	中药饮片加工	49	38	电气机械和器材制造业
24	2740	中成药生产	50	39	计算机、通信和其他电子设备制造业
25	2750	兽用药品制造	51	40	仪器仪表制造业
26	2761	生物药品制造			

　　含挥发性有机物的原辅材料类别　指普查对象 2017 年度使用的含有挥发性有机物的原辅材料的类别。按照：1.涂料，2.油墨，3.胶黏剂，4.稀释剂，5.清洗剂，6.溶剂，7.其他有机溶剂（包括涂布液、润版液、洗车水、助焊剂、除油剂等，请注明），分类填报类别名称。

　　含挥发性有机物的原辅材料名称及代码　指普查对象使用的含有挥发性有机物的原辅材料的名称。溶剂、清洗剂、稀释剂只需参考表 2 名称（包括但不限于），无须在普查表中明确具体名称。可参照表 2 选择填报，如无可对应名称，则填入"其他"。

表 2 含挥发性有机物的原辅材料类别及物料名称

代码	有机溶剂类别	名称	代码	有机溶剂类别	名称
V01	涂料	环氧富锌漆	V37	油墨	溶剂型凹版油墨
V02	涂料	环氧漆	V38	油墨	水性凸版油墨
V03	涂料	环氧面漆	V39	油墨	溶剂型凸版油墨
V04	涂料	丙烯酸面漆	V40	油墨	水性孔版油墨
V05	涂料	氯化橡胶面漆	V41	油墨	溶剂型孔版油墨
V06	涂料	聚氨酯面漆	V42	油墨	喷墨墨水
V07	涂料	沥青底架漆	V43	油墨	UV 油墨
V08	涂料	改性环氧底架漆	V44	胶黏剂	PVAc 及共聚物乳液水基胶黏剂
V09	涂料	水性环氧富锌漆	V45	胶黏剂	VAE 乳液水基型胶黏剂
V10	涂料	水性环氧漆	V46	胶黏剂	聚丙烯酸酯乳液水基型胶黏剂
V11	涂料	水性丙烯酸漆	V47	胶黏剂	聚氨酯类水基型胶黏剂
V12	涂料	水性环氧面漆	V48	胶黏剂	聚丙烯酸酯类溶剂型胶黏剂
V13	涂料	水性丙烯酸面漆	V49	胶黏剂	氯丁橡胶类溶剂型胶黏剂
V14	涂料	水性聚氨酯面漆	V50	胶黏剂	丁苯胶乳类胶黏剂
V15	涂料	硝基涂料（NC）	V51	稀释剂	天那水
V16	涂料	酸固化涂料（AC）	V52	稀释剂	乙醇
V17	涂料	不饱和树脂涂料（PE）	V53	稀释剂	甲苯
V18	涂料	聚氨酯中涂漆	V54	稀释剂	开油水
V19	涂料	电泳漆	V55	稀释剂	异佛尔酮
V20	涂料	醇酸漆	V56	清洗剂	甲醇
V21	涂料	环氧防腐油漆	V57	清洗剂	乙醇
V22	涂料	聚氨酯防腐油漆	V58	清洗剂	石油醚
V23	涂料	丙烯酸防腐油漆	V59	清洗剂	乙醚
V24	涂料	溶剂型三防漆	V60	清洗剂	丙酮
V25	涂料	UV 固化三防漆	V61	清洗剂	苯类
V26	涂料	聚氨酯三防漆	V62	溶剂	苯
V27	涂料	有机硅三防漆	V63	溶剂	二甲苯
V28	油墨	溶剂型油墨	V64	溶剂	丁酮
V29	油墨	植物大豆油墨	V65	溶剂	苯乙烯
V30	油墨	UV 固化油墨	V66	溶剂	丙烯酸
V31	油墨	醇溶性油墨	V67	溶剂	乙酸乙酯
V32	油墨	水性油墨	V68	溶剂	丙烯酸酯
V33	油墨	溶剂型平版油墨	V69	其他有机溶剂	有机酸助焊剂
V34	油墨	植物大豆平版油墨	V70	其他有机溶剂	松香助焊剂
V35	油墨	水性平版油墨	V71	其他有机溶剂	溶剂型除油剂
V36	油墨	水性凹版油墨	V72	其他有机溶剂	水基型除油剂

含挥发性有机物的原辅材料品牌及代码　指 2017 年度相应原辅材料的品牌，仅涂料、油墨、胶黏剂填入品牌，可按表 3 选择，如无可对应名称，则填入"其他"。

表 3　含挥发性有机物的原辅材料品牌

代码	品牌	代码	品牌	代码	品牌
PP01	中远关西涂料化工	PP25	佳鹰	PP49	东洋
PP02	中涂化工	PP26	瑞思特	PP50	上海牡丹
PP03	海虹老人涂料	PP27	科德	PP51	立宝
PP04	天津德威涂料	PP28	泰丽	PP52	江苏中润
PP05	金刚化工	PP29	都芳	PP53	广东天龙
PP06	立邦漆	PP30	来威	PP54	杭华
PP07	多乐士	PP31	光明	PP55	珠海乐通
PP08	嘉宝莉	PP32	灯塔	PP56	苏州科斯伍德
PP09	三棵树	PP33	湘江漆	PP57	中山恒美
PP10	华润漆	PP34	大桥	PP58	乐通
PP11	百事得	PP35	威士伯	PP59	苏州科斯伍德
PP12	数码彩	PP36	永新	PP60	天津东洋
PP13	恒美	PP37	KCC	PP61	富乐
PP14	君子兰	PP38	佐敦	PP62	国胶
PP15	紫荆花	PP39	兰陵	PP63	德莎
PP16	施彩乐	PP40	双虎	PP64	永乐
PP17	PPG	PP41	宣伟	PP65	西卡
PP18	菊花漆	PP42	中益	PP66	成铭
PP19	金力泰	PP43	洋紫荆	PP67	永大
PP20	新华丽	PP44	美宁	PP68	3M
PP21	恒隆	PP45	美吉	PP69	赢创
PP22	飞扬	PP46	杜比	PP70	道康宁
PP23	后浪	PP47	正鸿高科		
PP24	Chiboom	PP48	百利宝		

含挥发性有机物的原辅材料使用量　指 2017 年度相应原辅材料的使用量。

挥发性有机物处理工艺　指减少控制有机液体物料装载过程逸散排放的挥发性有机物废气的处理工艺。按"附录（五）　指标解释通用代码表"中表 5 代码填报。

挥发性有机物收集方式　指挥发性有机物经收集进入处理设施的具体方式，从以下五种方式中选择其一：

1. 密闭管道：挥发性有机物通过密闭管道直接排入处理设施。

2. 密闭空间：挥发性有机物在密闭空间区域内无组织排放，但通过抽风设施排入处理设施，无组织排放区域处于负压操作状态，并设有压力监测器。

3. 排气柜：挥发性有机物在非密闭空间区域内无组织排放，但通过抽风设施排入处理设施，且采用集气柜作为废气收集系统。

4. 外部集气罩：挥发性有机物在非密闭空间区域内无组织排放，但通过抽风设施排入处理设施，且采用外部吸（集、排）气罩作为废气收集系统。

5. 其他收集方式：除上述四种方式以外的其他方式。

挥发性有机物产生量　指 2017 年度普查对象相应挥发性有机物使用过程中产生的未经过处理的废气中所含的挥发性有机物的质量。

挥发性有机物排放量　指 2017 年度普查对象挥发性有机物使用过程中排入大气的挥发性有机物的质量。

（9）G103-12 表　工业企业固体物料堆存信息

应填写此表的固体废料如下：

煤炭（非褐煤）、褐煤、煤矸石、碎焦炭、石油焦、铁矿石、烧结矿、球团矿、块矿、混合矿石、尾矿、石灰岩、陈年石灰石、各种石灰石产品、芯球、表土、炉渣、烟道灰、油泥、污泥、含油碱渣。

表　　号：　G103-12 表

制定机关：　国务院第二次全国污染源普查领导小组办公室

批准机关：　国家统计局

统一社会信用代码：□□□□□□□□□□□□□□□□□□（□□）

组织机构代码：□□□□□□□□（□□）

批准文号：　国统制〔2018〕103 号

单位详细名称（盖章）：　　　　　　　　　　2017 年

有效期至：　2019 年 12 月 31 日

指标名称	计量单位	代码	指标值	
			堆场 1	堆场 2
甲	乙	丙	1	2
一、基本信息	—	—	—	—
堆场编号	—	01		
堆场名称（企业自行编码、命名）	—	02		
堆场类型[敞开式堆放、半敞开式堆放、密闭式堆放、其他方式（需注明）]	—	03	□	□
堆存物料[原料、中间产品、产品、其他方式（需注明）]	—	04	□□	□□
堆存物料类型	—	05	□	
占地面积	平方米	06		
最高高度	米	07		
日均储存量（日均堆放量）	吨	08		
物料最终去向[原料、中间产品、产品、其他方式（需注明）]	—	09	□	□
二、运载信息	—	—	—	—
年物料运载车次	车	10		
单车平均运载量	吨/车	11		
三、控制设施及污染物产生排放情况	—	—	—	—
粉尘控制措施（洒水、围挡、化学剂、编织布覆盖、出入车辆冲洗、其他）	—	12	□	□
粉尘产生量	吨	13		
粉尘排放量	吨	14		
挥发性有机物产生量	千克	15		
挥发性有机物排放量	千克	16		

单位负责人：　　　　　统计负责人（审核人）：　　　　填表人：　　　　　　报出日期：20 　年 　月 　日

说明：1. 本表由辖区内有固体物料堆存的工业企业填报；

2. 尚未领取统一社会信用代码的填写原组织机构代码；

3. 如需填报的堆场数量超过 2 个，可自行复印表格填报；

4. 产生量、排放量保留 3 位小数。

指标解释：

堆场编号　指普查对象至 2017 年年末用于堆存固体物料的固定场所对应的编号。

堆场类型　指相应堆场堆放料堆的方式。可选择：1.敞开式堆放，2.密闭式堆放，3.半敞开式堆放，4.其他（请注明）。

堆存物料　指相应堆场堆放的具体固体物料。可以选择：01.煤炭（非褐煤），02.褐煤，03.煤矸石，04.碎焦炭，05.石油焦，06.铁矿石，07.烧结矿，08.球团矿，09.块矿，10.混合矿石，11.尾矿，12.石灰岩，13.陈年石灰石，14.各种石灰石产品，15.芯球，16.表土，17.炉渣，18.烟道灰，19.油泥，20.污泥，21.含油碱渣。

堆存物料类型　可选择：1.中间产品，2.原料，3.产品，4.其他（请注明）。

占地面积、最高高度、日均存储量　指相应堆场的占地面积、料堆的最高高度以及堆场 2017 年度平均每日堆放量。

物料最终去向　按照：1.成品外送，2.中间料参与反应，3.其他（请注明），分类填报物料最终去向。

年物料运载车次、单车平均运载量　指 2017 年度相应堆场物料运载的车次数和平均每一车的物料运载量。

粉尘控制措施　指相应堆场采取的粉尘排放控制措施。按照：1.洒水，2.围挡，3.化学剂，4.编织布覆盖，5.出入车辆冲洗，6.其他，分类填报。

粉尘、挥发性有机物产生量　指 2017 年度普查对象相应堆场产生的未经过处理的废气中所含的粉尘、挥发性有机物的质量。

粉尘、挥发性有机物排放量　指 2017 年度普查对象相应堆场排入大气的粉尘、挥发性有机物的质量。

（10）G103-13 表　工业企业其他废气治理与排放情况

表　　　号：　G103-13 表

制定机关：　国务院第二次全国污染源普查
　　　　　　　领导小组办公室

统一社会信用代码：□□□□□□□□□□□□□□□□□□（□□）　　批准机关：　国家统计局

组织机构代码：□□□□□□□□（□□）　　　　　　批准文号：　国统制〔2018〕103 号

单位详细名称（盖章）：　　　　　　　　　2017 年　　有效期至：　2019 年 12 月 31 日

指标名称	计量单位	代码	指标值
甲	乙	丙	1
一、产品/原料信息 （最多填三项主要产品、原料，计量单位需根据实际情况填写）	—	—	—
产品一名称	—	01	
产品一产量		02	
产品二名称	—	03	
产品二产量		04	
产品三名称	—	05	
产品三产量		06	
原料一名称	—	07	
原料一用量		08	
原料二名称	—	09	
原料二用量		10	
原料三名称	—	11	
原料三用量		12	
二、厂内移动源信息（指厂内自用，未在公安交通管理部门登记的机动车和移动机械）	—	—	—
挖掘机保有量	台	13	
推土机保有量	台	14	
装载机保有量	台	15	
柴油叉车保有量	台	16	
其他柴油机械保有量	台	17	
柴油消耗量（指 2017 年度厂内移动车辆）	吨	18	
三、治理设施及污染物产生排放情况 （已报废的设施不统计，备用设施需统计）	—	—	—
脱硫设施数	套	19	
脱硝设施数	套	20	
除尘设施数	套	21	
挥发性有机物处理设施数	套	22	
氨治理设施数	套	23	
工业废气排放量	万立方米	24	

指标名称	计量单位	代码	指标值
甲	乙	丙	1
二氧化硫产生量	吨	25	
二氧化硫排放量	吨	26	
氮氧化物产生量	吨	27	
氮氧化物排放量	吨	28	
颗粒物产生量	吨	29	
颗粒物排放量	吨	30	
挥发性有机物产生量	千克	31	
挥发性有机物排放量	千克	32	
氨产生量	吨	33	
氨排放量	吨	34	
废气砷产生量	千克	35	
废气砷排放量	千克	36	
废气铅产生量	千克	37	
废气铅排放量	千克	38	
废气镉产生量	千克	39	
废气镉排放量	千克	40	
废气铬产生量	千克	41	
废气铬排放量	千克	42	
废气汞产生量	千克	43	
废气汞排放量	千克	44	

单位负责人：　　　　　统计负责人（审核人）：　　　填表人：　　　　　报出日期：20　年　月　日

说明：1. 本表由辖区内有废气污染物产生与排放的工业企业填报；

2. 尚未领取统一社会信用代码的填写原组织机构代码；

3. 普查对象若填报 G103-1 表至 G103-12 表中的一张或多张表后，仍有未包含的废气排放环节，须将未包含的废气情况填报在本表；或普查对象无 G103-1 表至 G103-12 表所涉及的排污环节，但有废气排放的，须填报本表；

4. 指标 02、04、06、08、10、12 的计量单位按照"附录（四）工业行业污染核算用主要产品、原料、生产工艺分类目录"填报；

5. 厂内移动源仅填报厂内自用，未在交管部门登记的机动车和机械；

6. 产生量、排放量保留 3 位小数。

指标解释:

有 G103-1 表至 G103-12 表以外其他废气的工业企业,填报本表。

产品名称　指该表中产生废气及废气污染物涉及的产品名称,最多填 3 项主要产品。产品名称根据生态环境部第二次全国污染源普查工作办公室提供的"附录(四)　工业行业污染核算用主要产品、原料、生产工艺分类目录"填报。

产品产量　指调查年度内,该产品的年实际产生量。

原料名称　指该表中产生废气及废气污染物涉及的原料名称,最多填 3 项主要原料。原料名称根据生态环境部第二次全国污染源普查工作办公室提供的"附录(四)　工业行业污染核算用主要产品、原料、生产工艺分类目录"填报。

原料用量　指调查年度内,该原料的年实际消耗量。

厂内移动源　指厂内自用,未在公安交通管理部门登记的机动车和移动机械。

保有量　指相同类型的厂内移动车辆的保有数量。

柴油消耗量　指 2017 年度厂内移动车辆的柴油消耗量。

废气治理设施数　指调查年度普查对象用于减少排向大气的污染物或对污染物加以回收利用的废气治理设施总数,包括脱硫、脱硝、除尘、去除挥发性有机物、去除氨的废气治理设施。已报废的设施不统计在内,备用纳入统计并计数。

工业废气排放量　指 2017 年度普查对象排入空气中含有污染物的气体总量,以标态体积计。

废气污染物产生量　指 2017 年度普查对象相应生产线生产过程中产生的未经过处理的废气中所含的污染物的质量。废气污染物种类包括二氧化硫、氮氧化物、颗粒物、挥发性有机物、氨,以及废气中砷、铅、镉、铬、汞。

颗粒物产生量指生产过程中产生的未经过处理的废气中所含的烟尘及工业粉尘的总质量。烟尘是指通过燃烧煤、石煤、柴油、木柴、天然气等产生的烟气中的尘粒。通过有组织排放的,俗称烟道尘。工业粉尘指在生产工艺过程中排放的能在空气中悬浮一定时间的固体颗粒。如钢铁企业耐火材料粉尘、焦化企业的筛焦系统粉尘、烧结机的粉尘、石灰窑的粉尘、建材企业的水泥粉尘等。

废气重金属产生量指普查对象生产过程中产生的未经过处理的废气中分别所含的砷、铅、镉、铬、汞及其化合物的总质量(以元素计)。

废气污染物排放量　指 2017 年度普查对象在生产过程中排入大气的废气污染物的质量,包括有组织和无组织排放量。废气重金属排放量指排入大气的砷、铅、镉、铬、汞及其化合物的总质量(以元素计)。

（11）G104-1 表　工业企业一般工业固体废物产生与处理利用信息

表　　号：　G104-1 表
制定机关：　国务院第二次全国污染源普查
　　　　　　领导小组办公室
批准机关：　国家统计局
批准文号：　国统制〔2018〕103 号
有效期至：　2019 年 12 月 31 日

统一社会信用代码：□□□□□□□□□□□□□□□□□□（□□）
组织机构代码：□□□□□□□□（□□）
单位详细名称（盖章）：　　　　　　　　　　　2017 年

指标名称	计量单位	代码	指标值	
			固体废物 1	固体废物 2
甲	乙	丙	1	2
一般工业固体废物名称	—	01		
一般工业固体废物代码（详见说明第 4 条）	—	02		
一般工业固体废物产生量	吨	03		
一般工业固体废物综合利用量（通过回收、加工、循环、交换等方式利用）	吨	04	一般情况下，企业一般固体废物处置方式为焚烧或填埋，无符合标准的贮存场。	
其中：自行综合利用量	吨	05		
其中：综合利用往年贮存量	吨	06		
一般工业固体废物处置量	吨	07		
其中：自行处置量	吨	08		
其中：处置往年贮存量	吨	09		
一般工业固体废物贮存量	吨	10		
一般工业固体废物倾倒丢弃量（倾倒或丢弃到固体废物污染防治设施、场所以外的量）	吨	11		
一般工业固体废物贮存处置场情况（仅针对符合《一般工业固体废物贮存、处置场污染控制标准》的永久性集中堆放场所。）				
一般工业固体废物贮存处置场类型	—	12	□　1 灰场　2 渣场　3 矸石场　4 尾矿库　5 其他	
贮存处置场详细地址	—	13	＿＿＿＿＿＿县（区、市、旗）＿＿＿＿＿乡（镇）＿＿＿＿＿街（村）、门牌号	
贮存处置场地理坐标	—	14	经度：＿＿度＿＿分＿＿秒　纬度：＿＿度＿＿分＿＿秒	
处置场设计容量	立方米	15		
处置场已填容量	立方米	16		
处置场设计处置能力	吨/年	17		
尾矿库环境风险等级（仅尾矿库填报）	—	18		
尾矿库环境风险等级划定年份	—	19	□□□□年	
一般工业固体废物综合利用设施情况				
综合利用方式	—	20	□　1 金属材料回收　2 非金属材料回收　3 能量回收　4 其他方式	
综合利用能力	吨	21	若企业有自行综合利用部分，如实填写。	
本年实际综合利用量	吨	22		

单位负责人：　　　　　　统计负责人（审核人）：　　　　填表人：　　　　　　报出日期：20 　年 　月 　日

说明：1. 本表由辖区内有一般工业固体废物产生的工业企业填报；

　　　2. 尚未领取统一社会信用代码的填写原组织机构代码；

　　　3. 如需填报的固体废物种类数量超过 2 个，一般工业固体废物贮存处置场超过 1 个，可自行复印表格填报；

　　　4. 一般工业固体废物名称及代码：SW01.冶炼废渣，SW02.粉煤灰，SW03.炉渣，SW04.煤矸石，SW05.尾矿，SW06.脱硫石膏，SW07.污泥，SW09.赤泥，SW10.磷石膏，SW99.其他废物；

　　　5. 若一般工业固体废物贮存处置场类型为 4.尾矿库，需要填报 18、19 两项指标；

　　　6. 审核关系：03=04−06+07−09+10+11，15≥16。

指标解释：

一般工业固体废物　指在工业生产活动中产生的除危险废物以外的丧失原有利用价值或者虽未丧失利用价值但被抛弃或者放弃的、固态、半固态和置于容器中的气态的物品、物质以及法律、行政法规规定纳入固体废物管理的物品、物质。

一般工业固体废物根据其性质分为两种：

（1）第Ⅰ类一般工业固体废物按照固体废物鉴别标准及技术规范进行浸出试验而获得的浸出液中，任何一种污染物的浓度均未超过 GB 8978—1996 最高允放排放浓度，且 pH 在 6～9 范围之内的一般工业固体废物；

（2）第Ⅱ类一般工业固体废物按照固体废物鉴别标准及技术规范进行浸出试验而获得的浸出液中，有一种或一种以上的污染物浓度超过 GB 8978—1996 最高允许排放浓度，或者是 pH 在 6～9 范围之外的一般工业固体废物。

一般工业固体废物名称、代码　按表 1 填报一般工业固体废物所对应的名称及代码。

表 1　一般工业固体废物名称和代码

代码	名称	代码	名称
SW01	冶炼废渣	SW06	脱硫石膏
SW02	粉煤灰	SW07	污泥
SW03	炉渣	SW09	赤泥
SW04	煤矸石	SW10	磷石膏
SW05	尾矿	SW99	其他废物

一般工业固体废物产生量　指 2017 年度普查对象实际产生的一般工业固体废物的量。

一般工业固体废物综合利用量　指 2017 年度普查对象通过回收、加工、循环、交换等方式，从固体废物中提取或者使其转化为可以利用的资源、能源和其他原材料的固体废物量（包括当年利用的往年工业固体废物累计贮存量），如用作农业肥料、生产建筑材料、筑路等。包括本单位综合利用或委托给外单位综合利用的量。

自行综合利用量　指普查对象在 2017 年度利用自建综合利用设施或生产工艺自行综合利用一般工业固体废物的量。

综合利用往年贮存量　指普查对象在 2017 年度对往年贮存的工业固体废物进行综合利用的量。原则上，普查对象实际综合利用、处置量之和超过产生量时，才考虑综合利用、处置往年贮存量。

一般工业固体废物处置量　指 2017 年度普查对象将工业固体废物焚烧和用其他改变工业固体废物的物理、化学、生物特性的方法，达到减少或者消除其危险成分的活动，或者将工业固体废物最终置于符合环境保护规定要求的填埋场的活动中所消纳固体废物的量（包括当年处置的往年工业固体废物累计贮存量）。包括本单位处置或委托给外单位处置的量。

自行处置量　指普查对象在 2017 年度利用自建贮存处置设施（或场所）自行处置一般工业固体废物的量。

处置往年贮存量　指普查对象在 2017 年度对往年贮存的工业固体废物进行处置的量。原则上，综合利用、处置量之和超过产生量时，方考虑综合利用、处置往年贮存量。

一般工业固体废物贮存量　指截至 2017 年年末，普查对象以综合利用或处置为目的，将固体废物暂时贮存或堆存在专设的贮存设施或专设的集中堆存场所内的量。粉煤灰、钢渣、煤矸石、尾矿等的贮存量是指排入灰场、渣场、矸石场、尾矿库等贮存的量。专设的固体废物贮存场所或贮存设施指符合环保要求的贮存场，即选址、设计、建设符合《一般工业固体废物贮存、处置场污染控制标准》（GB 18599—2001）等相关环保法律法规要求，具有防扩散、防流失、防渗漏、防止污染大气和水体措施的场所和设施。

一般工业固体废物倾倒丢弃量　指 2017 年度普查对象将所产生的固体废物倾倒或者丢弃到固体废物污染防治设施、场所以外的量。

一般工业固体废物贮存处置场　指将一般工业固体废物置于符合《一般工业固体废物贮存、处置场污染控制标准》（GB 18599—2001）规定的永久性的集中堆放场所。如用于接纳粉煤灰、钢渣、煤矸石、尾矿等固体废物的灰场、渣场、矸石场、尾矿库等。

处置场设计容量和处置场设计处置能力　普查对象根据贮存处置场建设环境影响评价报告中设计容量和年设计处置能力填报。

处置场已填容量　指截至 2017 年年底处置场已填固体废物的量。

尾矿库环境风险等级及划定年份　企业自行或者委托相关技术机构按照《尾矿库环境风险评估技术导则（试行）》（HJ 740—2015）划定的尾矿库环境风险等级。

综合利用方式　填写：1.金属材料回收，2.非金属材料回收，3.能量回收，4.其他方式。

综合利用能力　指在计划期内，企业（或某生产线）参与废物综合利用的全部设备和构筑物，在既定的组织技术条件下所能加工利用的废物的量。普查对象按设施设计的综合利用（或处理）能力填报。

本年实际综合利用量　指 2017 年全年普查对象该设施的实际综合利用量。

（12）G104-2 表　工业企业危险废物产生与处理利用信息

表　　号：　G104-2 表
制定机关：　国务院第二次全国污染源普查
　　　　　　领导小组办公室

统一社会信用代码：□□□□□□□□□□□□□□□□□□（□□）　　批准机关：　国家统计局
组织机构代码：□□□□□□□□（□□）　　　　　　　　　　批准文号：　国统制〔2018〕103 号
单位详细名称（盖章）：　　　　　　　　　　　　2017 年　　有效期至：　2019 年 12 月 31 日

指标名称	计量单位	代码	指标值	
			危险废物1	危险废物2
甲	乙	丙	1	2
危险废物名称	—	01	根据企业实际情况，按照《国家危险废物名录（2016 版）》中对应的危险废物名称和类别代码填报，可参考企业危废转运合同及危废转运联单。	
危险废物代码	—	02		
上年末本单位实际贮存量	吨	03		
危险废物产生量	吨	04		
送持证单位量	吨	05		
接收外来危险废物量	吨	06		
自行综合利用量	吨	07	自行综合利用量、自行处置量、危险废物倾倒丢弃量三项指标中某一项不为0的，都要严格审核。	
自行处置量	吨	08		
本年末本单位实际贮存量	吨	09		
综合利用处置往年贮存量	吨	10		
危险废物倾倒丢弃量	吨	11		
危险废物自行填埋处置情况				
填埋场详细地址	—	12	_____县（区、市、旗）_____乡（镇）_____街（村）、门牌号	
填埋场地理坐标	—	13	经度：___度___分___秒　纬度：___度___分___秒	
设计容量	立方米	14		
已填容量	立方米	15		
设计处置能力	吨/年	16		
本年实际填埋处置量	吨	17		
危险废物自行焚烧处置情况				
焚烧装置的具体位置	—	18	_____县（区、市、旗）_____乡（镇）_____街（村）、门牌号	
焚烧装置的地理坐标	—	19	经度：___度___分___秒　纬度：___度___分___秒	
设施数量	台	20		
设计焚烧处置能力	吨/年	21		
本年实际焚烧处置量	吨	22		
危险废物综合利用/处置情况（自行填埋、焚烧处置的除外）				
危险废物自行综合利用/处置方式	—	23		
危险废物自行综合利用/处置能力	吨/年	24		
本年实际综合利用/处置量	吨	25		

单位负责人：　　　　　统计负责人（审核人）：　　　　　填表人：　　　　　报出日期：20　年　月　日

说明：1. 本表由辖区内有危险废物产生的工业企业填报；

　　　2. 尚未领取统一社会信用代码的填写原组织机构代码；

　　　3. 如需填报的危险废物种类数量超过 2 个，可自行复印表格填报；

　　　4. 审核关系：03+04−05+06=07+08+09+11，07+08=17+22+25，14≥15。

指标解释:

危险废物名称　指 2017 年度普查对象涉及的列入国家危险废物名录或者根据国家规定的危险废物鉴别标准和鉴别方法认定的,具有爆炸性、易燃性、反应性、毒性、腐蚀性、易传染性疾病等危险特性之一的废物(医疗废物属于危险废物)。按《国家危险废物名录(2016 版)》填报。

危险废物代码　指 2017 年度普查对象实际产生的危险废物所对应的代码。按《国家危险废物名录(2016 版)》中对应的危险废物类别代码填报。

上年末本单位实际贮存量　指截至 2016 年年末,本单位实际贮存的危险废物的量。

危险废物产生量　指 2017 年度普查对象实际产生的危险废物的量。包括利用处置危险废物过程中二次产生的危险废物的量。

送持证单位量　指 2017 年度普查对象将所产生的危险废物运往持有危险废物经营许可证的单位综合利用、进行处置或贮存的量。危险废物经营许可证根据《危险废物经营许可证管理办法》由相应管理部门审批颁发。

接收外来危险废物量　指普查对象为持有危险废物经营许可证的工业企业(不含危险废物集中式污染治理设施),2017 年度接收的来自外单位的危险废物的量。

自行综合利用量　指 2017 年度普查对象从危险废物中提取物质作为原材料或者燃料的活动中消纳危险废物的量。包括本单位自行综合利用的本单位产生的和接收外单位的危险废物量。

自行处置量　指 2017 年度普查对象将危险废物焚烧和用其他改变工业固体废物的物理、化学、生物特性的方法,达到减少或者消除其危险成分的活动,或者将危险废物最终置于符合环境保护规定要求的填埋场的活动中所消纳危险废物的量。包括本单位自行处置的本单位产生和接收外单位危险废物量。

本年末本单位实际贮存量　指截至 2017 年年末,普查对象将危险废物以一定包装方式暂时存放在专设的贮存设施内的量。专设的贮存设施应符合《危险废物贮存污染控制标准》(GB 18597—2001)等相关环保法律法规要求,具有防扩散、防流失、防渗漏、防止污染大气和水体措施的设施。包括本单位自行贮存的本单位产生的和接收外单位的危险废物量。

综合利用处置往年贮存量　指2017年度普查对象对往年贮存的危险废物进行综合利用和处置的量。

危险废物倾倒丢弃量　指 2017 年度普查对象本单位危险废物未按规定要求综合利用、处置、贮存的量,包括本单位产生的和接受外来的危险废物,不包括送持证单位的危险废物。

填埋场、焚烧装置的详细地址和地理坐标　指普查对象自行建设的填埋处置的填埋场、焚烧装置的详细地址和经纬度。

焚烧装置设施数量　指 2017 年度实际拥有的自行建设运行的危险废物焚烧装置设施总数量,按整套装置计数。

危险废物自行综合利用/处置方式　指普查对象本单位综合利用或处置危险废物的方式,按表1选择填报代码。

表 1 危险废物的利用/处置方式

代码	说明
危险废物（不含医疗废物）利用方式	
R1	作为燃料（直接燃烧除外）或以其他方式产生能量
R2	溶剂回收/再生（如蒸馏、萃取等）
R3	再循环/再利用不是用作溶剂的有机物
R4	再循环/再利用金属和金属化合物
R5	再循环/再利用其他无机物
R6	再生酸或碱
R7	回收污染减除剂的组分
R8	回收催化剂组分
R9	废油再提炼或其他废油的再利用
R15	其他
危险废物（不含医疗废物）处置方式	
D1	填埋
D9	物理化学处理（如蒸发、干燥、中和、沉淀等），不包括填埋或焚烧前的预处理
D10	焚烧
D16	其他
其他方式	
C1	水泥窑协同处置
C2	生产建筑材料
C3	清洗（包装容器）
医疗废物处置方式	
Y10	医疗废物焚烧
Y11	医疗废物高温蒸汽处理
Y12	医疗废物化学消毒处理
Y13	医疗废物微波消毒处理
Y16	医疗废物其他处置方式

危险废物自行综合利用/处置能力 指普查对象本单位建设并运行的废物综合利用或处置设施的全部设备，在计划周期内和既定的组织技术条件下所能利用或处置废物的量。

（13）G105 表　工业企业突发环境事件风险信息

表　　号：　G105 表

制定机关：　国务院第二次全国污染源普查

　　　　　　领导小组办公室

统一社会信用代码：□□□□□□□□□□□□□□□□□□（□□）　　批准机关：　国家统计局

组织机构代码：□□□□□□□□（□□）　　　　　　　　　批准文号：　国统制〔2018〕103 号

单位详细名称（盖章）：　　　　　　　　　2017 年　　有效期至：　2019 年 12 月 31 日

指标名称	计量单位	代码	指标值	
甲	乙	丙	风险物质 1	风险物质 2
一、突发环境事件风险物质信息	—	—	企业的生产原料、产品、中间产品、副产品、催化剂、辅助生产物料、燃料、"三废"污染物等涉及环境风险物质，或存在本表附表中提到的风险工艺/设备，需填报此表。	
风险物质名称	—	01		
CAS 号	—	02		
活动类型	—	03		
存在量	吨	04		
二、突发环境事件风险生产工艺信息	—	—	风险工艺/设备类型 1	风险工艺/设备类型 2
工艺类型名称	—	05		
套数	套	06		
三、环境风险防控措施信息	—	—	—	
毒性气体泄漏监控预警措施	—	07	□ 1. 不涉及有毒有害气体的 2. 具备有毒有害气体厂界泄漏监控预警系统 3. 不具备有毒有害气体厂界泄漏监控预警系统	
截流措施情况	—	08	□ 1. 满足：（1）环境风险单元设防渗漏、防腐蚀、防淋溶、防流失措施；且（2）装置围堰与罐区防火堤（围堰）外设排水切换阀，正常情况下通向雨水系统的阀门关闭，通向事故存液池、应急事故水池、清净废水排放缓冲池或污水处理系统的阀门打开；且（3）前述措施日常管理及维护良好，有专人负责阀门切换或设置自动切换设施，保证初期雨水、泄漏物和受污染的消防水排入污水系统 2. 有任意一个环境风险单元的截流措施不符合上述任意一条要求的	
事故废水收集措施	—	09	□ 1. 按相关设计规范设置应急事故水池、事故存液池或清净废水排放缓冲池等事故排水收集设施，并根据相关设计规范、下游环境风险受体敏感程度和易发生极端天气情况，设计事故排水收集设施的容量；且确保事故排水收集设施在事故状态下能顺利收集泄漏物和消防水，日常保持足够的事故排水缓冲容量；且通过协议单位或自建管线，能将所收集废水送至厂区内污水处理设施处理 2. 有任意一个环境风险单元的事故排水收集措施不符合上述任意一条要求	

指标名称	计量单位	代码	指标值	
甲	乙	丙	风险物质1	风险物质2
清净废水系统风险防控措施	—	10	□ 1. 满足：（1）不涉及清净废水；或（2）厂区内清净废水均可排入废水处理系统；或清污分流，且清净废水系统具有下述所有措施：①具有收集受污染的清净废水的缓冲池（或收集池），池内日常保持足够的事故排水缓冲容量；池内设有提升设施或通过自流能将所收集物送至厂区内污水处理设施处理；且②具有清净废水系统的总排口监视及关闭设施，有专人负责在紧急情况下关闭清净废水总排口，防止受污染的清净废水和泄漏物进入外环境 2. 涉及清净废水，有任意一个环境风险单元的清净废水系统风险防控措施不符合上述（2）要求的	
雨水排水系统风险防控措施	—	11	□ 1.（1）厂区内雨水均进入废水处理系统；或雨污分流，且雨水排水系统具有下述所有措施：①具有收集初期雨水的收集池或雨水监控池；池出水管上设置切断阀，正常情况下阀门关闭，防止受污染的雨水外排；池内设有提升设施或通过自流能将所收集物送至厂区内污水处理设施处理。②具有雨水系统总排口（含泄洪渠）监视及关闭设施，在紧急情况下有专人负责关闭雨水系统总排口（含与清净废水共用一套排水系统情况），防止雨水、消防水和泄漏物进入外环境。（2）如果有排洪沟，排洪沟不得通过生产区和罐区，或具有防止泄漏物和受污染的消防水等流入区域排洪沟的措施 2. 不符合上述要求的	
生产废水处理系统风险防控措施	—	12	□ 1. 满足：（1）无生产废水产生或外排；或（2）有废水外排时：①受污染的循环冷却水、雨水、消防水等排入生产废水系统或独立处理系统；②生产废水排放前设监控池，能够将不合格废水送废水处理设施处理；③如企业受污染的清净废水或雨水进入废水处理系统处理，则废水处理系统应设置事故水缓冲设施；④具有生产废水总排口监视及关闭设施，有专人负责启闭，确保泄漏物、受污染的消防水、不合格废水不排出厂外 2. 涉及废水外排，且不符合上述（2）中任意一条要求的	
依法获取污水排入排水管网许可	—	13	□ 1. 是　　　　2. 否	
厂内危险废物环境管理	—	14	□ 1. 不涉及危险废物 2. 不具备完善危险废物管理措施	
四、突发环境事件应急预案编制信息	—	—		
是否编制突发环境事件应急预案	—	15	□ 1. 是　　　　2. 否	
是否进行突发环境事件应急预案备案	—	16	□ 1. 是　　　　2. 否	
突发环境事件应急预案备案编号	—	17		
企业环境风险等级	—	18		
企业环境风险等级划定年份	—	19	□□□□年	

单位负责人：　　统计负责人（审核人）：　　填表人：　　　　报出日期：20　年　月　日

说明：1. 本表由辖区内生产或使用环境风险物质的工业企业填报；
2. 尚未领取统一社会信用代码的填写原组织机构代码；
3. 涉及《企业突发环境事件风险分级方法》（HJ 941—2018）附录 A 中物质和以及该分级方法表 1 中风险工艺/设备的工业企业填报，详见指标解释；
4. 如需填报的风险物质种类、风险工艺/设备类型数量超过 2 个，可自行复印表格填报。

指标解释:

风险物质名称、CAS 号 为《企业突发环境事件风险分级方法》（HJ 941—2018）中附录 A 发环境事件风险物质及临界量清单中相应的化学品名称和 CAS 号，见"附录（六）"。普查对象生产原料、产品、中间产品、副产品、催化剂、辅助生产物料、燃料、"三废"污染物等涉及的环境风险物质都应纳入调查。

活动类型 指涉及风险物质的活动方式，可选择：1.生产，2.使用，3.其他。

存在量 指某风险物质在厂界内的存在量，混合或稀释的风险物质按其组分比例折算成纯物质，如存在量呈动态变化，则按年度内最大存在量计算。

风险工艺/设备类型及数量 指普查对象是否涉及《企业突发环境事件风险分级方法》（HJ 941—2018）中表 1 中的风险工艺/设备类型，以及本厂相应类型工艺/设备本厂总的数量。当年停产但尚有复产能力的，也应计数。

表 1 风险工艺/设备类型

类别	风险工艺/设备类型
1	涉及光气及光气化工艺、电解工艺（氯碱）、氯化工艺、硝化工艺、合成氨工艺、裂解（裂化）工艺、氟化工艺、加氢工艺、重氮化工艺、氧化工艺、过氧化工艺、胺基化工艺、磺化工艺、聚合工艺、烷基化工艺、新型煤化工工艺、电石生产工艺、偶氮化工艺
2	其他高温或高压、涉及易燃易爆等物质的工艺过程：高温指工艺温度≥300℃，高压指压力容器的设计压力（p）≥10.0MPa，易燃易爆等物质是指按照 GB 30000.2—2013 至 GB 30000.13—2013 所确定的化学物质
3	具有国家规定限期淘汰的工艺名录和设备：《产业结构调整指导目录》中有淘汰期限的淘汰类落后生产工艺装备

环境风险防控措施信息 指普查对象环境风险防控措施实施情况，具体按照表 2 选择符合本企业的情形，填报所对应的指标值。

表 2 环境风险防控措施信息

调查指标	指标值	对应情形
毒性气体泄漏监控预警措施	1	不涉及《企业突发环境事件风险分级方法》（HJ 941—2018）中附录 A 中有毒有害气体
	2	具备有毒有害其他厂界泄漏监控预警系统
	3	不具备有毒有害其他厂界泄漏监控预警系统
截流措施	1	环境风险单元设防渗漏、防腐蚀、防淋溶、防流失措施；且装置围堰与罐区防火堤（围堰）外设排水切换阀，正常情况下通向雨水系统的阀门关闭，通向事故存液池、应急事故水池、清净废水排放缓冲池或污水处理系统的阀门打开；且前述措施日常管理及维护良好，有专人负责阀门切换或设置自动切换设施，保证初期雨水、泄漏物和受污染的消防水排入污水系统
	2	有任意一个环境风险单元（包括可能发生液体泄漏或产生液体泄漏物的危险废物贮存场所）的截流措施不符合上述任意一条要求的

调查指标	指标值	对应情形
事故废水收集措施	1	按相关设计规范设置应急事故水池、事故存液池或清净废水排放缓冲池等事故排水收集设施，并根据相关设计规范、下游环境风险受体敏感程度和易发生极端天气情况，设计事故排水收集设施的容量；且确保事故排水收集设施在事故状态下能顺利收集泄漏物和消防水，日常保持足够的事故排水缓冲容量；且通过协议单位或自建管线，能将所收集废水送至厂区内污水处理设施处理
	2	有任意一个环境风险单元（包括可能发生液体泄漏或产生液体泄漏物的危险废物贮存场所）的事故排水收集措施不符合上述任意一条要求的
清净废水系统风险防控措施	1	不涉及清净废水
	1	涉及清净废水，厂区内清净废水均可排入废水处理系统，或清污分流，且清净废水系统具有下述所有措施：①具有收集受污染的清净废水的缓冲池（或收集池），池内日常保持足够的事故排水缓冲容量；池内设有提升设施或通过自流能将所收集物送至厂区内污水处理设施处理；且②具有清净废水系统的总排口监视及关闭设施，有专人负责在紧急情况下关闭清净废水总排口，防止受污染的清净废水和泄漏物进入外环境
	2	涉及清净废水，有任意一个环境风险单元的清净废水系统风险防控措施不符合上述1要求的
雨水排水系统风险防控措施	1	厂区内雨水均进入废水处理系统；或雨污分流，且雨水排水系统具有下述所有措施：①具有收集初期雨水的收集池或雨水监控池，池出水管设置切断阀，正常情况下阀门关闭，防止受污染的雨水外排，池内设有提升设施或通过自流能将所收集物送至厂区内污水处理设施处理。②具有雨水系统总排口（含泄洪渠）监视及关闭设施，在紧急情况下有专人负责关闭雨水系统总排口（含与清净废水共用一套排水系统情况）防止雨水、消防水和泄漏物进入外环境。如果有排洪沟，排洪沟不得通过生产区和罐区，或具有防止泄漏物和受污染的消防水等流入区域排洪沟的措施
	2	不符合上述要求的
生产废水处理系统风险防控	1	无生产废水产生或外排
	1	有废水外排时①受污染的循环冷却水、雨水、消防水等排入生产废水系统或独立处理系统；②生产废水排放前设监控池，能够将不合格废水送废水处理设施处理；③如企业受污染的清净废水或雨水进入废水处理系统处理，则废水处理系统应设置事故水缓冲设施；④具有生产废水总排口监视及关闭设施，有专人负责启闭，确保泄漏物、受污染的消防水、不合格废水不排出厂外
	2	涉及废水外排，且不符合上述1中任意一条要求的
是否依法获取污水排入排水管网许可*	1	是
	2	否
厂内危险废物环境管理	1	不涉及危险废物的，或针对危险废物分区贮存、运输、利用、处置具有完善的专业设施和风险防控措施
	2	不具备完善的危险废物贮存、运输、利用、处置设施和风险防控措施

注：*仅限于排入城镇污水处理厂的企业填报。

是否编制突发环境事件应急预案　指普查对象是否按照生态环境行政管理部门要求编制突发环境事件应急预案。

是否进行突发环境事件应急预案备案及备案编号　指普查对象最新的突发环境事件应急预案是否到生态环境行政管理部门进行应急预案备案及备案编号。

企业环境风险等级及划定年份　企业自行或者委托相关技术机构按照《企业突发环境事件风险评估指南》（环办〔2014〕34号）或者《企业突发环境事件风险分级方法》（HJ 941—2018）划定的环境风险等级。

（14）G106-1 表　工业企业污染物产排污系数核算信息

表　　号：　　G106-1 表

制定机关：　　国务院第二次全国污染源普查

　　　　　　　领导小组办公室

统一社会信用代码：□□□□□□□□□□□□□□□□□□（□□）

组织机构代码：□□□□□□□□□（□□）

单位详细名称（盖章）：　　　　　　　　2017 年

批准机关：　　国家统计局

批准文号：　　国统制〔2018〕103 号

有效期至：　　2019 年 12 月 31 日

指标名称	代码	核算环节 1	核算环节 2	核算环节 3	……
甲	乙	1	2	3	……
对应的普查表号	01				
对应的排放口名称/编号	02				
核算环节名称	03	企业所有排污环节、污染物均应完整填写。核算环节名称指涉及污染物产生、治理、排放，需单独核算污染物产生量或排放量的一个生产工序、设备或生产单元的名称。			
原料名称	04				
产品名称	05				
工艺名称	06				
生产规模等级	07				
生产规模的计量单位	08				
产品产量	09				
产品产量的计量单位	10				
原料/燃料用量	11				
原料/燃料用量的计量单位	12				
污染物名称	13				
污染物产污系数及计量单位	14				
污染物产污系数中参数取值	15				
污染物产生量及计量单位	16				
污染物处理工艺名称	17				
污染物去除效率/排污系数及计量单位	18				
污染治理设施实际运行参数一名称	19				
污染治理设施实际运行参数一数值	20				
污染治理设施实际运行参数一计量单位	21				
污染治理设施实际运行参数二名称	22				
污染治理设施实际运行参数二数值	23				
污染治理设施实际运行参数二计量单位	24				
污染治理设施实际运行参数三名称	25				
污染治理设施实际运行参数三数值	26				
污染治理设施实际运行参数三计量单位	27				
污染物排放量	28	排污许可证执行报告排放量指经管理部门认可的 2017 年排污许可证执行报告中年度排放量数据。			
污染物排放量计量单位	29				
排污许可证执行报告排放量	30				

单位负责人：　　　　统计负责人（审核人）：　　　　填表人：　　　　报出日期：20　年　月　日

说明：1. 本表由采用产排污系数法核算污染物产生量和排放量的工业企业填报；仅限采用产排污系数法核算的污染物指标填报此表；

　　　2. 填报的核算环节超过 4 个或污染物种类超过 1 种的，可自行复印表格填报。

指标解释：

对应的普查表号 指该核算环节核算的污染物及其相应信息对应普查报表目录中的那一张表。

对应的排放口名称/编号 指该核算环节对应的普查表中，若区分具体排放口的，填报对应的排放口的名称和编号。

核算环节名称 涉及污染物产生、治理、排放，需单独核算污染物产生量或排放量的一个生产工序、设备或生产单元的名称，如：烧结机机头、烧结机一般排放口、工业炉窑无组织排放等。

产品名称、原料名称等指标 按照"附录（四） 工业行业污染核算用主要产品、原料、生产工艺分类目录"选择填报。

排污许可证执行报告排放量 指经管理部门认可的2017年排污许可证执行报告中年度排放量数据。

（15）G106-2 表　工业企业废水监测数据

表　　号：　G106-2 表
制定机关：　国务院第二次全国污染源普查
　　　　　　领导小组办公室

统一社会信用代码：□□□□□□□□□□□□□□□□□□（□□）
组织机构代码：□□□□□□□□□（□□）
单位详细名称（盖章）：　　　　　　　　　　　　　2017 年

批准机关：　国家统计局
批准文号：　国统制〔2018〕103 号
有效期至：　2019 年 12 月 31 日

指标名称	计量单位	代码	指标值	监测方式
甲	乙	丙	1	2
对应的普查表号	一	01		一
对应的排放口名称/编号	一	02		
进口水量	立方米	03		
出口水量	立方米	04	废水污染物监测频次低于每季度 1 次的，季节性生产企业期内监测数据少于 4 次或不足每月 1 次的，无须填报本表。每个排放口监测点位填报 1 张表。监测方式包括：1.在线监测，2.企业自测（手工），3.委托监测，4.监督监测。	
经总排放口排放的水量	立方米	05		
化学需氧量进口浓度	毫克/升	06		
化学需氧量出口浓度	毫克/升	07		
氨氮进口浓度	毫克/升	08		□
氨氮出口浓度	毫克/升	09		□
总氮进口浓度	毫克/升	10		□
总氮出口浓度	毫克/升	11		□
总磷进口浓度	毫克/升	12		□
总磷出口浓度	毫克/升	13		□
石油类进口浓度	毫克/升	14		□
石油类出口浓度	毫克/升	15		□
挥发酚进口浓度	毫克/升	16		□
挥发酚出口浓度	毫克/升	17		□
氰化物进口浓度	毫克/升	18		□
氰化物出口浓度	毫克/升	19		□
总砷进口浓度	毫克/升	20		□
总砷出口浓度	毫克/升	21		□
总铅进口浓度	毫克/升	22		□
总铅出口浓度	毫克/升	23		□
总镉进口浓度	毫克/升	24		□
总镉出口浓度	毫克/升	25		□
总铬进口浓度	毫克/升	26		□
总铬出口浓度	毫克/升	27		□
六价铬进口浓度	毫克/升	28		□
六价铬出口浓度	毫克/升	29		□
总汞进口浓度	毫克/升	30		□
总汞出口浓度	毫克/升	31		□

单位负责人：　　　　　　统计负责人（审核人）：　　　　填表人：　　　　　　　　　报出日期：20　年　月　日

说明：1. 有符合核算污染物产生量和排放量监测数据的企业填报本表，每个排放口监测点位填报 1 张表；如需填报的排
　　　　 放口监测点位数量超过 1 个，可自行复印表格填报；
　　　 2. 尚未领取统一社会信用代码的填写原组织机构代码；
　　　 3. 污染物浓度按年平均浓度填报，并按监测方法对应的有效数字填报；
　　　 4. 监测方式指获取监测数据的监测活动方式。按：1.在线监测，2.企业自测（手工），3.委托监测，4.监督监测，将
　　　　 代码填入表格内；
　　　 5. 监测结果未检出的填 "0"。

指标解释：

对应的普查表号　指使用监测数据核算某个排放口的废水污染物，及相应信息对应普查报表目录中的那一张表。

对应废水总排放口名称/编号　指相应监测点位的废水排放对应的废水总排放口名称/编号，与 G102 表中的排放口名称/编号保持一致。

进口水量　指进入废水治理设施前的废水总量。计量单位为立方米，保留整数。

出口水量　指相应监测点位排出口的水量。计量单位为立方米，保留整数。

经总排放口排放的水量　指监测点位对应排放口排出的废水，最终经企业总排放口排放的水量。

污染物浓度　指该监测点位污染物的实际监测浓度。污染物种类包括：化学需氧量、氨氮、总氮、总磷、石油类、挥发酚、氰化物、总砷、总铅、总镉、总铬、六价铬、总汞，计量单位为毫克/升。有效数字按监测方法所对应的实际有效数字填报。同一排放口监测点位对应多个进口监测点位的，进口监测数据用多个监测点位监测数据的加权均值。

（16）G106-3 表　工业企业废气监测数据

<table>
<tr><td></td><td style="text-align:right">表　　号：</td><td>G106-3 表</td></tr>
<tr><td></td><td style="text-align:right">制定机关：</td><td>国务院第二次全国污染源普查
领导小组办公室</td></tr>
<tr><td>统一社会信用代码：□□□□□□□□□□□□□□□□□□（□□）</td><td style="text-align:right">批准机关：</td><td>国家统计局</td></tr>
<tr><td>组织机构代码：□□□□□□□□□（□□）</td><td style="text-align:right">批准文号：</td><td>国统制〔2018〕103 号</td></tr>
<tr><td>单位详细名称（盖章）：　　　　　　　　　　　　2017 年</td><td style="text-align:right">有效期至：</td><td>2019 年 12 月 31 日</td></tr>
</table>

指标名称	计量单位	代码	指标值
甲	乙	丙	1
对应的普查表号	—	01	仅限有自动监测数据的企业填报本表。 每个排放口监测点位填报 1 张表。 相应监测点位对应的废气排放口名称、编号应与相应普查表中的排放口名称、编号保持一致。 监测结果在检出限以下的，按 0 计算。 无进口监测浓度的可以不填。
对应的排放口名称/编号	—	02	
平均流量	立方米/小时	03	
年排放时间	小时	04	
二氧化硫进口浓度	毫克/立方米	05	
二氧化硫出口浓度	毫克/立方米	06	
氮氧化物进口浓度	毫克/立方米	07	
氮氧化物出口浓度	毫克/立方米	08	
颗粒物进口浓度	毫克/立方米	09	
颗粒物出口浓度	毫克/立方米	10	
挥发性有机物进口浓度	毫克/立方米	11	
挥发性有机物出口浓度	毫克/立方米	12	
氨进口浓度	毫克/立方米	13	
氨出口浓度	毫克/立方米	14	
砷及其化合物进口浓度	毫克/立方米	15	
砷及其化合物出口浓度	毫克/立方米	16	
铅及其化合物进口浓度	毫克/立方米	17	
铅及其化合物出口浓度	毫克/立方米	18	
镉及其化合物进口浓度	毫克/立方米	19	
镉及其化合物出口浓度	毫克/立方米	20	
铬及其化合物进口浓度	毫克/立方米	21	
铬及其化合物出口浓度	毫克/立方米	22	
汞及其化合物进口浓度	毫克/立方米	23	
汞及其化合物出口浓度	毫克/立方米	24	

单位负责人：　　　　　统计负责人（审核人）：　　　　填表人：　　　　　　报出日期：20　年　月　日

说明：1. 仅限有自动监测数据的企业填报本表，每个排放口监测点位填报 1 张表；如需填报的排放口监测点位数量超过 1 个，可自行复印表格填报；

　　　2. 尚未领取统一社会信用代码的填写原组织机构代码；

　　　3. 污染物浓度按年平均浓度填报，并按监测方法对应的有效数字填报；

　　　4. 挥发性有机物可用非甲烷总烃等可以表征挥发性有机物的监测指标代替；

　　　5. 监测结果未检出的填"0"。

指标解释：

对应的普查表号 指使用监测数据核算某个排放口的废气污染物，及相应信息对应普查报表目录中的那一张表。

对应排放口名称/编号 指相应监测点位对应的废气排放口的名称/编号，与相应普查表中的排放口名称/编号保持一致。

平均流量 按所有有效监测数据的废气平均流量。计量单位为立方米/小时，保留整数。

年排放时间 指废气排放的实际小时数。保留整数。

污染物浓度 指所有有效监测结果实测浓度的小时平均值。计量单位为毫克/立方米，有效数字按监测方法所对应的实际有效数字填报。同一排放口监测点位对应多个进口监测点位的，进口监测数据用多个监测点位监测数据的加权均值。

（17）G107 表　伴生放射性矿产企业含放射性固体物料及废物情况

表　　号：　G107 表

制定机关：　国务院第二次全国污染源普查
领导小组办公室

批准机关：　国家统计局

统一社会信用代码：□□□□□□□□□□□□□□□□□□（□□）
组织机构代码：□□□□□□□□□（□□）
填报单位详细名称（盖章）：
曾用名：　　　　　　　　　　　　　2017 年

批准文号：　国统制〔2018〕103 号

有效期至：　2019 年 12 月 31 日

指标名称	计量单位	代码	指标值	
甲	乙	丙	1	2
企业运行状态	—	01	□1. 运行　2. 停产　3. 关闭	—
含放射性固体物料	—	—		—
原矿	—	—	原矿1	原矿2
原矿名称/代码	—	02		
原矿产生量	吨	03		
精矿	—	—	精矿1	精矿2
精矿名称/代码	—	04		
精矿产生量	吨	05		
含放射性固体废物	—	—	—	—
固体废物名称/代码	—	06	企业应根据各省（自治区、直辖市）辐射监测机构提供的筛选结果，对放射性指标达到筛选条件的固体物料进行填报。	
固体废物产生量	吨	07		
固体废物综合利用量	吨	08		
其中：内部综合利用量	吨	09		
送外部综合利用量	吨	10		
接收外来固体废物综合利用量	吨	11		
固体废物处理处置方式名称/代码	—	12		
固体废物处理处置量	吨	13		
其中：固体废物内部处理处置量	吨	14		
固体废物送外部处理处置量	吨	15		
接收外来固体废物处理处置量	吨	16		
固体废物累计贮存量	吨	17		

单位负责人：　　　　　统计负责人（审核人）：　　　　填表人：　　　　　　　报出日期：20　年　月　日

说明：1. 本表由达到伴生放射性矿普查详查标准的企业填报；
　　　2. 尚未领取统一社会信用代码的填写原组织机构代码；
　　　3. 涉及的含放射性固体物料、固体废物种类超过 2 种，可自行复印表格填报。

指标解释：

企业运行状态　指企业或单位运行、停产或关闭状态。在运行的标记为"运行"；全年停产的标记为"停产"；生产设施已移除或厂区已废弃的标记为"关闭"。

含放射性固体物料　指伴生放射性矿普查企业达到详查标准的主要固体物料，主要填写产出物料，不填写用作原料的物料，一般为原矿和精矿。对于采矿企业，主要为原矿；对于选矿企业、采选联合企业和采选冶联合企业，主要为原矿、精矿；对于冶炼企业，不填写此项；对于其他类型企业，如仅对矿物原料物理加工（破碎、粉磨等）的企业，填写为原矿。企业应根据各省（自治区、直辖市）辐射监测机构提供的筛选结果，对放射性指标达到筛选条件的固体物料进行填报。

原矿名称/代码　指伴生放射性矿普查企业达到详查标准的原矿名称和代码，分别按表 1 填写。

表 1　含放射性主要原矿及精矿名称和代码

代码	名称	代码	名称	代码	名称
093201	稀土原矿	081001	铁矿石原矿	093102	钼精矿
093202	稀土精矿	081002	铁精矿	091301	镍原矿
093901	铌/钽原矿	089001	钒原矿	091302	镍精矿
093902	铌/钽精矿	089002	钒精矿	093905	锗原矿
093903	锆石	102001	磷酸盐原矿	093906	锗精矿
093904	锆精矿	061001	原煤矿	093907	钛原矿
091401	锡原矿	069001	煤矸石	093908	钛精矿
091402	锡精矿	069002	石煤	092101	金原矿
091201	铅/锌原矿	091601	铝原矿	092102	金精矿
091202	铅/锌精矿	091602	铝精矿	999901	其他 1
091101	铜原矿	101301	铝钒土	999902	其他 2
091102	铜精矿	093101	钼原矿	999903	其他 3

注：其他 1、其他 2、其他 3 按普查物料名称填报，如有更多，序号顺延。

原矿产生量　指伴生放射性矿普查企业达到详查标准的各类原矿 2017 年度或近年的年平均产生量，停产、关闭企业可填写设计量。计量单位为吨，保留整数。

精矿名称/代码　指伴生放射性矿普查企业达到详查标准的精矿名称和代码，分别按表 1 填写。

精矿产生量　指伴生放射性矿普查企业达到详查标准的精矿 2017 年度或近年的年平均产生量，停产企业可填写设计量。计量单位为吨，保留整数。

含放射性固体废物　指伴生放射性矿普查企业达到详查标准的固体废物，企业应根据各省（自治区、直辖市）辐射监测机构提供的筛选结果，对放射性指标达到筛选条件的固体废物进行填报。

固体废物名称/代码　指伴生放射性矿普查企业达到详查标准的固体废物名称和代码，分别按表 2 填写。

表 2   含放射性固体废物的名称和代码

代码	名称	代码	名称	代码	名称	代码	名称
FSSW0101	稀土矿冶炼废渣	FSSW0204	锡矿废石	FSSW0307	镍矿冶炼炉渣	FSSW0509	钒矿尾矿
FSSW0102	铌/钽矿冶炼废渣	FSSW0205	铅/锌矿废石	FSSW0308	铁矿冶炼炉渣	FSSW0510	磷酸盐矿尾矿
FSSW0103	锆石和氧化锆矿冶炼废渣	FSSW0206	铜矿废石	FSSW0309	钒冶炼炉渣	FSSW0511	煤矿尾矿
FSSW0104	锡矿冶炼废渣	FSSW0207	镍矿废石	FSSW0310	磷酸盐矿冶炼炉渣	FSSW0512	铝矿尾矿
FSSW0105	铅/锌矿冶炼废渣	FSSW0208	铁矿废石	FSSW0311	煤矿冶炼炉渣	FSSW0513	钼矿尾矿
FSSW0106	铜矿冶炼废渣	FSSW0209	钒矿废石	FSSW0312	铝矿冶炼炉渣	FSSW0514	金矿尾矿
FSSW0107	镍矿冶炼废渣	FSSW0210	磷酸盐矿废石	FSSW0313	钼矿冶炼炉渣	FSSW0515	锗矿尾矿
FSSW0108	铁矿冶炼废渣	FSSW0211	煤矿废石	FSSW0314	金矿冶炼炉渣	FSSW0516	钛矿尾矿
FSSW0109	钒矿冶炼废渣	FSSW0212	铝矿废石	FSSW0315	锗矿冶炼炉渣	FSSW0601	脱硫石膏
FSSW0110	磷酸盐矿冶炼废渣	FSSW0213	钼矿废石	FSSW0316	钛矿冶炼炉渣	FSSW0701	污泥
FSSW0111	煤矿冶炼废渣	FSSW0214	金矿废石	FSSW0401	煤矸石	FSSW0901	赤泥
FSSW0112	铝矿冶炼废渣	FSSW0215	锗矿废石	FSSW0501	稀土矿尾矿	FSSW1001	磷石膏
FSSW0113	钼矿冶炼废渣	FSSW0216	钛矿废石	FSSW0502	铌/钽矿尾矿	FSSW1101	稀土酸溶渣
FSSW0114	金矿冶炼废渣	FSSW0301	稀土矿冶炼炉渣	FSSW0503	锆石和氧化锆矿尾矿	FSSW1102	稀土中和渣
FSSW0115	锗矿冶炼废渣	FSSW0302	铌/钽矿冶炼炉渣	FSSW0504	锡矿尾矿	FSSW6001	其他废渣 1
FSSW0116	钛矿冶炼废渣	FSSW0303	锆石和氧化锆矿冶炼炉渣	FSSW0505	铅/锌矿尾矿	FSSW6002	其他废渣 2
FSSW0201	稀土矿废石	FSSW0304	锡矿冶炼炉渣	FSSW0506	铜矿尾矿	FSSW6003	其他废渣 3
FSSW0202	铌/钽矿废石	FSSW0305	铅/锌矿冶炼炉渣	FSSW0507	镍矿尾矿		
FSSW0203	锆石和氧化锆矿废石	FSSW0306	铜矿冶炼炉渣	FSSW0508	铁矿尾矿		

注：其他废渣 1、2、3 按普查企业废渣实际名称填报。

固体废物产生量   指伴生放射性矿普查企业达到详查标准的固体废物 2017 年实际产生的各类含放射性固体废物的量，2017 年 1 月 1 日前已停产、关闭的企业，不填写产生量。计量单位为吨，保留整数。

固体废物综合利用量   指伴生放射性矿普查企业 2017 年全年通过综合利用消纳的达到详查标准的固体废物的量。包括本单位利用，委托、提供给外单位利用和接收外来固体废物综合利用的量。计量单位为吨，保留整数。

内部综合利用量   指伴生放射性矿普查企业 2017 年通过内部综合利用达到详查标准的废物量。计量单位为吨，保留整数。

送外部综合利用量   指伴生放射性矿普查企业 2017 年通过送外部综合利用达到详查标准的废物量。计量单位为吨，保留整数。

接收外来固体废物综合利用量　指伴生放射性矿普查企业 2017 年接收综合利用达到详查标准的外来固体废物的量。计量单位为吨，保留整数。

固体废物处理处置方式名称/代码　指伴生放射性矿普查企业达到详查标准的固体废物，暂时或永久贮存、堆存在专设的贮存设施和专设的集中堆存场所内，达到减少或者消除其有害成分影响的处理处置方式。名称及代码见表 3。

表 3　含放射性固体废物处理处置方式名称及代码

代码	名称	代码	名称
Z1	建库室内暂存	C3	填埋处置
Z2	建库露天暂存	C4	倾倒丢弃
C1	露天建库处置（如尾矿库、废石场等）	Q1	其他 1
C2	临时堆场处置	Q2	其他 2

注：其他 1、其他 2 按普查单位设施实际名称填报。

固体废物处理处置量　指伴生放射性矿普查企业 2017 年全年处理处置的达到详查标准的固体废物的量。包括本单位处理处置，委托、提供给外单位处理处置和接收外来固体废物处理处置的量。计量单位为吨，保留整数。

固体废物内部处理处置量　指伴生放射性矿普查企业 2017 年通过内部处理处置达到详查标准的废物量。计量单位为吨，保留整数。

固体废物送外部处理处置量　指伴生放射性矿普查企业 2017 年通过送外部处理处置达到详查标准的废物量。计量单位为吨，保留整数。

接收外来固体废物处理处置量　指伴生放射性矿普查企业 2017 年接收处理处置达到详查标准的外来固体废物的量。计量单位为吨，保留整数。

固体废物累计贮存量　伴生放射性矿普查企业截至 2017 年底达到详查标准的含放射性固体废物实际保有量，包括停产和关闭企业。计量单位为吨，保留整数。

（18）G108 表　园区环境管理信息

表　　号：　G108 表
制定机关：　国务院第二次全国污染源普查
领导小组办公室
批准机关：　国家统计局
批准文号：　国统制〔2018〕103 号
2017 年 有效期至：　2019 年 12 月 31 日

01.园区名称	工业园区名称和代码按照《中国开发区审核公告目录（2018 年版）》统一填报。
02.园区代码	经由省级人民政府正式批复设立，但不在目录上的工业园区，仍须填报。
03.区划代码	□□□□□□
04.详细地址	＿＿＿＿＿＿＿省（自治区、直辖市）＿＿＿＿＿＿＿地（区、市、州、盟） ＿＿＿＿＿＿＿县（区、市、旗）＿＿＿＿＿＿＿乡（镇）
05.联系方式	联系人：　　　　　　　　　　电话号码：
06.园区边界拐点坐标	拐点 1：经度：＿＿＿度＿＿＿分＿＿＿秒　纬度：＿＿＿度＿＿＿分＿＿＿秒 拐点 2：经度：＿＿＿度＿＿＿分＿＿＿秒　纬度：＿＿＿度＿＿＿分＿＿＿秒 …… 拐点 N：经度：＿＿＿度＿＿＿分＿＿＿秒　纬度：＿＿＿度＿＿＿分＿＿＿秒
07.园区级别	□　　1. 国家级　　　　2. 省级
08.园区类型	行业类：化工□　纺织印染□　电镀工业□　冶金工业□　制药□　制革□　其他□ 综合类：经济技术开发区□　高新技术产业开发区□　海关特殊监管区□ 边境/跨境经济合作区□　其他类型开发区□
09.批准面积	＿＿＿＿＿＿公顷
10.批准部门	
11.批准时间	□□□□年□□月
12.企业数量	注册工业企业数量：＿＿＿＿＿家　　园区内实际生产的企业数量：＿＿＿＿＿家
13.主导行业及占比	行业名称：　　　　代码□□□　产值占比： 行业名称：　　　　代码□□□　产值占比： 行业名称：　　　　代码□□□　产值占比：
14.是否清污分流	□　　1. 是（选择"是"填第15项、第16项）　　2. 否（选择"否"只填第16项）
15.清水系统排水去向	排水去向类型： 受纳水体名称：　　　　　　　　受纳水体代码：
16.污水系统排水去向	排水去向类型： 受纳水体名称：　　　　　　　　受纳水体代码：
17.有无集中生活污水处理厂	□　　1. 有（选择"有"则须填18项）　　　　2. 无
18.集中式生活污水处理厂	名称： 统一社会信用代码：□□□□□□□□□□□□□□□□□□（□□） 尚未领取统一社会信用代码的填写原组织机构代码：□□□□□□□□□（□□）
19.有无集中工业污水处理厂	□　　1. 有（选择"有"则须填20项）　　　　2. 无

20.集中工业污水处理厂	名称： 统一社会信用代码：□□□□□□□□□□□□□□□□□□（□□） 尚未领取统一社会信用代码的填写原组织机构代码：□□□□□□□□（□□） 接入的工业企业数量：＿＿＿＿＿＿家				
21.有无集中危险废物处置厂	□　　　　1. 有（选择"有"则须填第 22 项）　　　　2. 无				
22.集中危险废物处置厂	名称： 统一社会信用代码：□□□□□□□□□□□□□□□□□□（□□） 尚未领取统一社会信用代码的填写原组织机构代码：□□□□□□□□（□□）				
23.有无集中供热设施	□　　　　1. 有（选择"有"则须填第 24 项）　　　　2. 无				
24.集中供热单位	名称： 统一社会信用代码：□□□□□□□□□□□□□□□□□□（□□） 尚未领取统一社会信用代码的填写原组织机构代码：□□□□□□□□（□□） 使用集中供热的企业数量：＿＿＿＿＿＿家				
25.园区环境管理机构名称					
26.一企一档建设	□　　　　1. 有　　　　　　　　　　　2. 无				
27.大气环境自动监测站点（可多选）	有□	数量： 监测项目：二氧化硫□ 氮氧化物□ 颗粒物□ 其他□		是否联网	是□ 否□
	无□	手工监测频次： 监测项目：二氧化硫□ 氮氧化物□ 颗粒物□ 其他□			
28.水环境自动监测站点（可多选）	有□	数量： 监测项目：化学需氧量□ 氨氮□ 总磷□ 石油类□ 其他□		是否联网	是□ 否□
	无□	手工监测频次： 监测项目：化学需氧量□ 氨氮□ 总磷□ 石油类□ 其他□			
29.编制园区应急预案	□　　　　1. 有　　　　　　　　　　　2. 无				
30.污染源信息公开平台	□　　　　1. 有　　　　　　　　　　　2. 无				

单位负责人：　　　　　统计负责人（审核人）：　　　填表人：　　　　　报出日期：20　年　月　日

说明：1. 本表由园区管理部门填报；

2. 园区涉及两个及两个以上县（市、区）时，填写开发区所在的地级市的区划代码和详细地址；

3. 按《国民经济行业分类》（GB/T 4754—2017）分类填写主导行业的中类名称和代码，中类行业代码为 3 位数字；

4. 填报单位需另附注册登记在园区内的全部工业企业清单，清单内容包括企业名称、统一社会信用代码或组织机构代码、生产地点是否位于园区内等信息。

指标解释：

园区名称及代码　指经有关部门批准正式使用的工业园区全称。工业园区名称和代码按照《中国开发区审核公告目录（2018 年版）》统一填报。经由省级人民政府正式批复设立，但不在目录上的工业园区，仍须填报，园区名称以省级人民政府批复名称为准。

详细地址　指园区管委会所在地的详细地址。要求写明所在的省（自治区、直辖市）、地（区、市、州、盟）、县（区、市、旗）、乡（镇）。开发区涉及两个及两个以上县（市、区）的，填写园区所在的地级市。

联系方式　指园区环保联系人或负责提供普查信息的人员姓名、电话等。

园区边界拐点坐标 指园区边界所有拐点的地理坐标，按拐点分别填报。

园区级别 指园区是国家级园区或省级园区。

园区类型 指根据园区规划以及实际主导产业，确定园区的类型，主要包括行业类和综合类 2 个大类。其中，行业类分为化工、纺织印染、电镀工业、冶金工业、制药、制革等，综合类分为经济技术开发区、高新技术产业开发区、海关特殊监管区、边境/跨境经济合作区。如果不属于上述类型，则为其他类型开发区。

批准面积 指园区批准划定的面积。计量单位为公顷，保留 2 位小数。

批准部门 指普查对象是由哪个部门批准成立的。

批准时间 指园区的批准设立的时间。

注册工业企业数量 指在园区注册登记的工业企业数量。

园区内实际生产的企业数量 指在园区内实际进行生产活动的工业企业数量。不包括在园区注册但实际生产设施或厂房等在园区外的工业企业。

主导行业及占比 指园区内企业所属行业情况。行业名称和代码按《国民经济行业分类》（GB/T 4754—2017）分类填写，填写中类名称和代码。填报园区内前三位的主导行业及产值占比。

是否清污分流 指园区是否对园区内产生的污水与清水分别进行了收集处理。清水系统、污水系统还需分别填写排水去向类型代码、受纳水体名称以及受纳水体代码。

集中式污染治理设施名称及组织机构代码 指园区自建处理园区生产废水、生活污水、危险废物的集中式污染治理设施的名称和组织机构代码，应与相应的集中式污染治理设施单位填报的普查表保持一致。

集中供热设施 指园区自建为多家企业提供供热的单位或设施。需填报名称、组织机构代码、使用集中供热的企业数。不包括为居民生活提供热源的集中供热设施。

一企一档建设 指园区内的企业是否建立了"一企一档"制度。"一企一档"制度是指为每一个排污企业建立一套环境管理档案，即企业环保档案，主要包括：环评审批材料、环保"三同时"验收材料、排污许可证、排污申报材料、排污收费材料、环境应急管理预案、环保规章制度、环境监察监测记录、企业工作照片及其他相关资料等。

大气环境自动监测站点 指园区内设置的大气环境自动监测站点的情况，包括监测站点的数量，具体的监测项目，以及是否与园区管理部门或当地的环保管理部门联网。如果园区内未设置大气环境自动监测站点，则列出手工监测频次以及相应的监测项目。请在相应的内容后打钩。

水环境自动监测站点 指园区内设置的水环境自动监测站点的情况，包括监测站点的数量，具体的监测项目，以及是否与园区管理部门或当地的环境管理部门联网。如果园区内未设置水环境自动监测站点，则列出手工监测频次以及相应的监测项目。请在相应的内容后打钩。

编制园区应急预案 指园区是否编制了应急预案管理。

污染源信息公开平台 指园区有无污染源信息公开平台。

3.2 农业污染源

3.2.1 普查表填报范围识别

规模畜禽养殖场定义为饲养数量达到一定规模的养殖单元，其中：生猪≥500头（出栏）、奶牛≥100头（存栏）、肉牛≥50头（出栏）、蛋鸡≥2 000羽（存栏）、肉鸡≥10 000羽（出栏）。N101-2表中养殖量指标根据养殖场实际情况，生猪、肉牛和肉鸡填写全年总出栏数量，奶牛和蛋鸡填写年末存栏数量，如年末无存栏量，则存栏量按"0"填写。

农业源普查数据采集分为规模畜禽养殖场入户调查与区县主管部门填报两大类别。规模畜禽养殖场入户调查均采用移动终端采集数据，另限定特殊区域可使用电子表和纸质表。移动终端和电子表通过联网上传普查信息系统。纸质表通过手工录入普查信息系统。由区县主管部门负责填报的普查数据先由农业部门向普查办报送，报送方式自行协商确定，再由区县普查办通过环保专网逐级上报。

3.2.2 普查表填报和审核

（1）普查表填报

普查对象根据实际生产涉及的生产现状和污染治理或排放情况，选择填报相应的普查表，不涉及的普查内容无须填报。

规模畜禽养殖场填报规模畜禽养殖场基本情况（N101-1表）、规模畜禽养殖场养殖规模与粪污处理情况（N101-2表）。普查表填报的责任主体是普查对象，普查对象应如实填报普查表，对所填报数据的真实性负责。普查员现场指导普查对象填报，并利用移动数据采集终端现场核实普查对象地理坐标。

县（区、市、旗）农业部门填报县（区、市、旗）种植业基本情况（N201-1表）、县（区、市、旗）种植业播种、覆膜与机械收获面积情况（N201-2表）、县（区、市、旗）农作物秸秆利用情况（N201-3表）；县（区、市、旗）畜牧部门填报县（区、市、旗）规模以下养殖户养殖量及粪污处理情况（N202表）；县（区、市、旗）渔业部门填报县（区、市、旗）水产养殖基本情况（N203表）。

（2）普查质量控制与数据审核

①普查员对普查表的内容、指标填报是否齐全，以及是否符合普查制度的规定和要求等进行现场审核。

在普查对象填报普查表过程中，普查员应根据企业提供的生产经营记录、物料（含水、电及其他能源）消耗记录、原辅材料凭证、污染处理设施建设与运行记录等资料，对普查表填报的准确性、真实性进行核查。普查员现场发现填报错误、逻辑错误或填报信息不全、不合理的情况，应及时予以纠正。

②普查对象对普查表中所填数据资料确认签章。

③普查指导员在普查员现场审核的基础上，对普查表中数据的合理性和逻辑性进行全面审核。

④县（区、市、旗）普查机构应组织相关部门专家对辖区内填报的普查数据进行会审，地市级普查机构参与指导审核。普查机构应组织相关部门专家对普查对象随机进行现场质量控制，以验证普查

表填报和普查员核查的准确性。普查质量负责人根据现场填报和数据审核中发现的问题，组织拟订解决方案。

3.2.3　污染物产生量和排放量核算

农业源采用系数法核算污染物产生量和排放量。产生和排放系数统一由国务院第二次全国污染源普查领导小组办公室提供，原则上不得采用其他系数。

种植业氮磷流失量采用流失系数法，以该县（区、市、旗）各种种植模式的种植面积分别与该种植模式流失系数相乘，得到的乘积进行加和，测算全县（区、市、旗）种植业氮磷的流失量。

种植业氨气排放量采用排放系数法，以该县（区、市、旗）氮肥的用量乘以该地区氮肥施用氨排放系数，测算全县（区、市、旗）种植业氨气的排放量。

种植业挥发性有机物排放潜力采用散发潜力系数法，以该县（区、市、旗）某种作物的种植面积，与该作物某农药单位面积使用量及该农药挥发性有机物散发潜力系数相乘，得到的乘积进行加和，测算全县（区、市、旗）种植业挥发性有机物的排放潜力。

通过理论分析和实地监测相结合的方法，对我国不同作物种类、不同区域的秸秆草谷比、可收集系数和"五料化"利用比例进行测定，结合普查和统计数据，测算农作物秸秆产量、秸秆可收集资源量、各种利用途径的秸秆利用量。

地膜通过农田地膜的使用量与残留率、回收率等系数测算地膜残留情况。

畜禽养殖业水污染物产生量通过产生系数法测算，某种动物的存/出栏量与对应的水污染物产生系数相乘，得到某种动物的水污染物产生量，将该县（区、市、旗）所有种类动物的水污染物产生量加和，测算全县（区、市、旗）畜禽养殖的水污染物产生量；畜禽养殖水污染物排放量通过排放系数法测算，该县（区、市、旗）某种粪污处理工艺条件下的养殖量与某种粪污处理工艺下的排放系数相乘，测算全县（区、市、旗）畜禽养殖的水污染物排放量。

畜禽养殖氨气排放量通过排放系数法测算，以该县（区、市、旗）某种畜禽的养殖量与相应的氨气排放系数相乘，各种畜禽氨气排放量加和，测算全县（区、市、旗）畜禽养殖的氨气排放量。

水产养殖水污染物排放量通过排放系数法测算，以该县（区、市、旗）某种水产品的产量与相应的排放系数相乘，各种水产品的排放量加和，测算全县（区、市、旗）水产养殖水污染物的排放量。

3.2.4 农业源填报说明

（1）N101-1 表 规模畜禽养殖场基本情况

<table>
<tr><td>表头应加盖养殖场公章。
若企业清查表中信息填错，应在普查表中改正过来，按照正确信息填写。
通常情况一个养殖场同时养殖多畜种的不多，如果养殖多个畜种的每一畜种填写一张表。</td><td>表　　号：　N101-1 表
制定机关：　国务院第二次全国污染源普查
　　　　　　领导小组办公室
批准机关：　国家统计局
批准文号：　国统制〔2018〕103 号
有效期至：　2019 年 12 月 31 日</td></tr>
</table>

2017 年

需与营业执照一致	01.统一社会信用代码	92410421**********（□□）（18 位，91 或 92 开头）（没有统一社会信用代码和组织结构代码的，将普查对象识别码填入统一信用代码指标内） 尚未领取统一社会信用代码的填写原组织机构代码：□□□□□□□□□（□□）
	02.养殖场名称及曾用名	养殖场名称：（未进行工商注册的，填养殖场负责人姓名） 曾用名：（按实际情况填写，有则填，没有则不填）
场大门所在位置的经纬度,秒保留两位小数	03.法定代表人	（按营业执照填写法人代表姓名，无法定代表人的填写负责人姓名）
	04.区划代码	（所在村的行政区划代码）
	05.详细地址	_____省（自治区、直辖市）　_____地（区、市、州、盟） _____县（区、市、旗）　_____乡（镇） 街（村）、门牌号（若无门牌号，写：在村委会东南西北多少米）
	06.企业地理坐标	经度：____度____分____秒　纬度：____度____分____秒
	07.联系方式	联系人：　　　　电话号码：（指实际提供表上信息人员）
	08.养殖种类	1. 生猪　2. 奶牛　3. 肉牛　4. 蛋鸡　5. 肉鸡　（可多选）
	09.圈舍清粪方式	1. 人工干清粪　2. 机械干清粪　3. 垫草垫料　4. 高床养殖　5. 水冲粪　6. 水泡粪
	● 如果圈舍清粪方式有两种或两种以上，原则上只填一种，就填主要的。	方式　　　　　　　　　参考要点 1. 人工干清粪 2. 机械干清粪　有刮粪板，并且在用的；（如未使用，属于人工干清粪） 3. 垫草垫料　牛床垫料或者生猪异位发酵床均属于此项 4. 高床养殖 5. 水冲粪 6. 水泡粪
	10.圈舍通风方式	1. 封闭式（有风机）　　2. 开放式（无风机）
	11.原水存储设施	设施类型　1. 土坑　2. 砖池（无水泥抹面）　3. 水泥池（水泥抹面防渗处理或钢筋混凝土池子都算）　4. 贴膜防渗池 池口方式　1. 封闭式（黑膜沼气或塑料薄膜覆盖，只要是加盖的）　2. 开放式（如为开放式），池口面积：　　平方米 容积：　　立方米

12.尿液废水处理工艺	1. 固液分离 2. 肥水贮存 3. 厌氧发酵 4. 好氧处理 5. 液体有机肥生产 6. 氧化塘处理 7. 人工湿地 8. 膜处理 9. 无处理 10. 其他（请注明）（可多选，按工艺流程填序号）	
	方式 参考要点	
	1. 固液分离 有固液分离机	
	2. 肥水贮存	
	3. 厌氧发酵 沼气池、厌氧发酵罐或黑膜沼气	
	4. 好氧处理 有好氧、曝气设施。如有增氧机或者池底架设有加气的管道	
	5. 液体有机肥生产 须以生产许可证为准	
	6. 氧化塘处理 指开放式的储存池；深度一般在 2 米以内，因为超过 2 米会产生大量的厌氧反应	
	7. 人工湿地	
	8. 膜处理 如渗透膜、反渗透膜、陶瓷膜	
	9. 无处理 没有任何处理，即无任何设施，直接排放	
	10. 其他	
13.尿液废水处理设施	1. 固液分离机 2. 沼液贮存池 3. 厌氧发酵池/罐 4. 好氧池/曝气池 5. 场内液肥生产线 6. 氧化塘 7. 多级沉淀池 8. 膜处理装置 9. 其他（请注明）（可多选） 方式 参考要点 1. 固液分离机 2. 沼液贮存池 3. 厌氧发酵池/罐 4. 好氧池/曝气池 5. 场内液肥生产线 6. 氧化塘 7. 多级沉淀池 8. 膜处理装置 9. 其他	

12 项、13 项、14 项是对应关系，所以不要漏选，也不要多选。

必须是场区内的情况，场区外的不算。

14.尿液废水处理利用方式及比例		指标合计必须100%
• 对于有统计数据的养殖场，百分比为养殖场统计数据；对于统计数据不完整或没有统计数据的养殖场百分比可采用估算值。 • 养鸡场没有尿液，但是蛋鸡淘汰以及肉鸡出栏后清洗、消毒污水肯定存在，因此建议以年为统计单元，汇总测算。	1. 肥水利用 % 2. 沼液还田 % 3. 场内生产液体有机肥 % 4. 异位发酵床 % 5. 鱼塘养殖 % 6. 场区循环利用 % 7. 委托处理 % 8. 达标排放 % 9. 直接排放 % 10. 其他（请注明）（可多选） 方式 参考要点 1. 肥水利用 2. 沼液还田 必须自有农田、林地或租赁流转的农田、林地 3. 场内生产液体有机肥 4. 异位发酵床 主要指生猪 5. 鱼塘养殖 自有鱼塘 6. 场区循环利用 7. 委托处理 必须有合同或协议 8. 达标排放 要提供有关部门检测结果 9. 直接排放 12 项尿液废水处理工艺中"无处理"与直接排放对应。（如果 12 项填的有"肥水储存"，就不能直接排放。因为肥水储存也是一种处理方式） 10. 其他	

15.粪便存储设施	是否防雨　1.是　　2.否　　　　是否防渗　1.是　　2.否　　　容积：　　立方米 项目　　　　参考要点 是否防雨　　有棚子；若棚子破损率>30%，则为不防雨 是否防渗　　地面硬化处理加水泥抹面（只有砖无水泥则不防渗）；牛或蛋鸡的晾粪棚若无墙体，或铺有防渗膜，按0.5～1米进行估算容积
16.粪便处理工艺	1. 堆肥发酵 2. 有机肥生产 3. 生产沼气 4. 生产垫料 5. 生产基质 6. 其他（请注明） 项目　　　　　参考要点 1. 堆肥发酵 2. 有机肥生产　必须要有生产许可证 3. 生产沼气 4. 生产垫料　　奶牛场一般有；生猪异位发酵床 5. 生产基质　　生产菌类，如蘑菇、双孢菇等；必须是自己场内有配套生产菌类的设备（粪便拉出去给别人生产的不算） 6. 其他
17.粪便处理利用方式及比例	1. 农家肥　% 2. 场内生产有机肥　% 3. 沼渣还田　% 4. 生产牛床垫料　% 5. 作为栽培基质　% 6. 作为燃料　% 7. 鱼塘养殖　% 8. 委托处理　% 9. 场外丢弃　% 10. 其他（请注明）（可多选） 项目　　　　　参考要点 1. 农家肥 2. 场内生产有机肥 3. 沼渣还田　　必须自有农田、林地或租赁流转的农田、林地 4. 生产牛床垫料 5. 作为栽培基质 6. 作为燃料 7. 鱼塘养殖　　自有鱼塘 8. 委托处理　　要有合同或协议 9. 场外丢弃　　扔到外边没有人管的 10. 其他
18.污水排放受纳水体	受纳水体名称：淮河流域（河流或支流名称） 受纳水体代码：（如无废水外排，不填；如果14项选的"直接排放"或"达标排放"，此项必须填）
19.养殖场是否有锅炉	1. 是　　2. 否 注：选择"是"，须按照非工业企业单位锅炉污染及防治情况S103表填报锅炉信息 （看锅炉铭牌或者相关手续，额定出力在1蒸吨/小时以上或者0.7兆瓦（MW）的，都算有锅炉，选择"是"；普查员将有锅炉养殖场的场名、地址、经纬度第一时间报给县区畜牧局，县区畜牧局第一时间报给市畜牧局，由环保部门进行锅炉情况填报）

左侧批注：16项、17项是对应关系，所以不要漏选，也不要多选。

如果由相关单位公司回收，则肯定有协议或者收费，按第三方处理填报；如果由周边居民运走，则需要明确是否有协议，或者是否能保证常年运行，如果是，则可以统计为还田。

对粪便简单堆肥后外售的，按照农家肥处理。

指标合计必须是100%

必须是场区内的情况，场区外的不算。

指标名称	计量单位	代码	指标值		
			饲养阶段		
甲	乙	丙	1	2	3
饲养阶段名称	—	20	能繁母猪	保育猪	育成育肥猪
饲养阶段代码	—	21			
存栏量	头（羽）	22			
体重范围	千克/头（羽）	23			
采食量（填写范围）	千克/天·头（羽）	24	3～3.5	0.7～1.2	2.2～2.7
饲养周期	天	25	365	50	120
项目	参考指数				
饲养阶段	生猪　能繁母猪（Z1）：经产母猪或 80 公斤以上的后备母猪；保育猪（Z2）：30 公斤以下；育成育肥猪（Z3）：30 公斤以上 奶牛　成乳牛（N1）：产奶牛；育成牛（N2）：1 周岁以上；犊牛（N3）：1 周岁以下 肉牛　母牛（R1）：经产母牛或 1 岁半以上母牛；育成育肥牛（R2）和犊牛（R3）：若是买外面的牛，饲养一段时间又卖出去的架子牛，300 公斤以上为育成育肥牛，300 公斤以下为犊牛；若是自养牛，1 岁以上为育成育肥牛，1 岁以下为犊牛 蛋鸡　产蛋鸡（J2）：14 周龄以上；育雏育成鸡（J1）：14 周龄以下。（有经验的也可以 1.5～2 公斤为界进行划分产蛋鸡和育雏育成鸡） 肉鸡（J3）商品周期				
存栏量	不同饲养阶段动物存栏的数量，均填写年平均存栏数量，比如蛋鸡 1—6 月存栏 1 000 只，7—12 月无，那么平均存栏量为（1 000×6+0×6）/12=500 育肥猪一年出栏 1 000 头，出栏两批，存栏量为 1 000÷2=500。				
采食量	● 采食量：填写范围 ● 如果养殖场同一畜种，采食多种饲料，需要统计饲料总和。 生猪　母猪：3～3.5 公斤；育肥猪：2.7 公斤左右；保育猪：0.7～1.2 公斤 奶牛　成乳牛 20～30 公斤；育成牛 10～20 公斤；犊牛 3～10 公斤 肉牛　母牛 17～25 公斤；育肥牛 8～15 公斤；犊牛 3～7 公斤 蛋鸡　0.1 公斤（2 两） 肉鸡　0.1 公斤（2 两）				
饲养周期	生猪　能繁母猪 365 天；保育猪：50～80 天；育肥猪：120～150 天 奶牛　成乳牛 365 天，育成牛 365 天，犊牛 365 天，仅限自繁自养。外买的按实际填写 肉牛　母牛 365 天，育肥牛 365 天，犊牛 365 天，仅限自繁自养。外买的按实际填写 蛋鸡　育雏育成鸡：按实际填写；产蛋鸡 365 天 肉鸡　45 天				
其他情况	肉种鸡场：按蛋鸡填；专门饲养青年鸡场：按肉鸡填				

单位负责人：指普查对象（该单位）的负责人姓名，不一定是法定代表人，可以是厂长，也可以是分管环保或分管填报普查表部门的副厂长

统计负责人（审核人）：指该单位负责环保或普查表填报部门的负责人

填表人指普查对象（该单位）填报该表的具体人员姓名

报出日期：20 年　月　日

指普查对象（该单位）负责人最终签字日期

说明：1. 本表由辖区内规模畜禽养殖场填报；

2. 饲养阶段名称及代码：生猪分为能繁母猪（代码：Z1）、保育猪（代码：Z2）、育成育肥猪（代码：Z3）3 个阶段，奶牛分为成乳牛（代码：N1）、育成牛（代码：N2）、犊牛（代码：N3）3 个阶段，肉牛分为母牛（代码：R1）、育成育肥牛（代码：R2）、犊牛（代码：R3）3 个阶段，蛋鸡分为育雏育成鸡（代码：J1）和产蛋鸡（代码：J2）2 个阶段，肉鸡（代码：J3）1 个阶段。

指标解释：

规模畜禽养殖场 是指饲养数量达到一定规模的养殖单元，其中：生猪≥500头（出栏）、奶牛≥100头（存栏）、肉牛≥50头（出栏）、蛋鸡≥2 000羽（存栏）、肉鸡≥10 000羽（出栏）。

养殖场名称 指经有关部门批准正式使用的单位全称，按工商部门登记的名称填写；未进行工商注册的，可填报畜禽养殖场负责人姓名。填写时要求使用规范化汉字。

清粪方式 根据养殖场实际情况填报，人工干清粪是指畜禽粪便和尿液一经产生便分流，干粪由人工的方式收集、清扫、运走，尿及冲洗水则从下水道流出；机械干清粪是指畜禽粪便和尿液一经产生便分流，干粪利用专用的机械设备收集和运走，尿及冲洗水则从下水道流出；垫草垫料是指稻壳、木屑、作物秸秆或者其他原料以一定厚度平铺在畜禽养殖舍地面，畜禽在其上面生长、生活的养殖方式；高床养殖是指动物以及动物粪便不与垫草垫料直接接触，饲养过程动物粪便落在垫草垫料上，通过垫草垫料对动物粪尿进行吸收，进一步处理；水冲粪是指畜禽粪尿污水混合进入缝隙地板下的粪沟，每天一次或数次放水冲洗圈舍的清粪方式，冲洗后的粪水一般顺粪沟流入粪便主干沟，进入地下贮粪池或用泵抽吸到地面贮粪池；水泡粪是指畜禽舍的排粪沟中注入一定量的水，粪尿、冲洗和饲养管理用水一并排放缝隙地板下的粪沟中，储存一定时间后，待粪沟装满后，打开出口的闸门，将沟中粪水排出。

圈舍通风方式 根据养殖场实际情况填报，通风方式分为封闭式（机械通风）和开放式（自然通风）两种。

原水存储设施 指用于临时存储养殖舍排放尿液废水的设施。一般包括土坑、砖池、水泥池或贴膜防渗池。

尿液废水处理工艺 养殖场用于污水处理的工艺过程，一般包括固液分离、肥水贮存、厌氧发酵、好氧处理、液体有机肥生产、氧化塘处理、人工湿地、膜处理或其他工艺，请根据实际情况按顺序填写所采用的工艺流程。如果没有任何处理，则选择无处理。

尿液废水处理设施 与养殖场污水处理工艺所配套的设施和设备。

尿液废水处理利用方式及比例 养殖污水处理利用的方式，包括肥水利用、沼液还田、场内生产液体有机肥、异位发酵床、鱼塘养殖、场区循环利用、委托处理、达标排放、直接排放或其他方式，并填写对应处理方式所占比例。委托处理是指养殖场委托第三方进行尿液废水的处理处置。

粪便处理工艺 养殖场采用的粪便处理利用工艺，一般包括堆肥发酵、有机肥生产、生产沼气、生产垫料、生产基质或其他。

粪便处理利用方式及比例 粪便处理利用方式，包括作为农家肥、场内生产有机肥、生产牛床垫料、栽培基质、燃料、鱼塘养殖、委托处理、场外丢弃或其他方式，并填写对应处理方式所占比例。其中：作为栽培基质是指畜禽粪便混合菌渣或者其他农作物秸秆，进行一定的无害化处理后，生产基质盘或基质土，应用于栽培果菜的利用方式；委托处理是指养殖场委托第三方进行粪便处理处置。

受纳水体 指养殖场废水最终排入的水体。根据第二次全国污染源普查工作办公室确定的"附录（三） 河流名称与代码"填报受纳水体名称与代码。

饲养阶段名称 生猪分为能繁母猪、保育猪、育成育肥猪3个阶段，奶牛分为成乳牛、育成牛、犊牛 3 个阶段，肉牛分为母牛、育成育肥牛、犊牛 3 个阶段，蛋鸡分为育雏育成鸡和产蛋鸡 2 个阶段，肉鸡 1 个阶段。

存栏量   不同饲养阶段动物存栏的数量。

体重范围   不同饲养阶段动物的体重，单位为千克/头（羽），填写范围。

采食量   不同阶段动物每头每天的采食量，单位为千克/〔天·头（羽）〕，填写范围。

饲养周期   该养殖场不同阶段动物的养殖天数。

（2）N101-2 表　规模畜禽养殖场养殖规模与粪污处理情况

<table>
<tr><td></td><td>表　　号：</td><td>N101-2 表</td></tr>
<tr><td></td><td>制定机关：</td><td>国务院第二次全国污染源普查
领导小组办公室</td></tr>
</table>

统一社会信用代码：□□□□□□□□□□□□□□□□□□（□□）　　批准机关：　国家统计局

组织机构代码：□□□□□□□□（□□）　　批准文号：　国统制〔2018〕103 号

养殖场名称（盖章）：与 N101-1 表保持一致　　2017　有效期至：　2019 年 12 月 31 日

指标名称	计量单位	代码	指标值
甲	乙	丙	1
一、生产设施	—	—	—
圈舍建筑面积（只统计用于动物生产养殖的面积，不包括饲料加工厂、仓库、办公设施、工人宿舍、运动场等） 建议：把场区占地总面积备注在旁边。	平方米	01	
二、养殖量	—	—	—
生猪（全年出栏量）	头	02	
奶牛（年末存栏量）	头	03	
肉牛（全年出栏量）	头	04	
蛋鸡（年末存栏量）	羽	05	
肉鸡（全年出栏量）	羽	06	

- 养殖量和圈舍建筑面积对应。参考系数如下（**以实际情况为准**）

　生猪：1 平方米/头；奶牛：10 平方米/头；肉牛：4 平方米/头；蛋鸡 15 只/平方米（4 叠层：25 只/平方米，8 叠层：40 只/平方米）；肉鸡 10 只/平方米

- 奶牛、蛋鸡填**年末存栏量**。如年末无存栏量，就填 0。

三、污水和粪便产生及利用情况	—	—	—
污水产生量	吨/年	07	
污水利用量	吨/年	08	
粪便收集量	吨/年	09	
粪便利用量	吨/年	10	

（图注：数据不要求太精确，由估算得出，如实填写就行。）

- 污水产生量

①产生量约是水表量的 70%～90%，根据清粪工艺不同，允许有浮动，但不可能大于水表值。

　如果没有水表，根据灌塔容积和自动上水次数估算。

②每头（只）污水产生量，参考系数如下（**以实际情况为准**）

　生猪：2～4 吨/年；奶牛：20～40 吨/年（如有挤奶厅，量会增加）；肉牛：5～15 吨/年（如有运动场，量会减少）；蛋鸡 0.03～0.05 吨/年；肉鸡 0.003～0.005 吨/年

- 污水利用量

①参考系数如下（**以实际情况为准**）。

②达标排放和直接排放不计入利用量。

- 粪便收集量

①每头（只）粪污收集量，参考系数如下（**以实际情况为准**）

　生猪：0.2～0.5 吨/批次；奶牛 10～15 吨/年；肉牛：5～8 吨/年；蛋鸡 0.03～0.05 吨/年；肉鸡 0.003～0.005 吨/批次

②粪车按 1 立方米为 1 吨估算。

- 粪便利用量

场外丢弃不计入。

四、养殖场粪污利用配套农田和林地情况	—	—	—
农田面积	亩	11	
大田作物	亩	12	
其中：小麦	亩	13	
玉米	亩	14	
水稻	亩	15	
谷子	亩	16	
其他作物	亩	17	
蔬菜	亩	18	
经济作物	亩	19	
果园	亩	20	
草地面积	亩	21	
林地面积	亩	22	

- 外售属于第三方处理，不属于养殖场配套的农田利用，因此不填写；
- 流转土地以合同、协议为准。
- 大田、蔬菜和经济作物填写播种面积（如 10 亩地，每年种小麦、玉米各一次，就是 10×2=20 亩；若是每年种蔬菜 3 茬，就是 10×3=30 亩）。
  果园、草地、林地等填写种植面积。
- 土地承载力参考系数如下（**以实际情况为准**）
  生猪：5 头/亩；奶牛：0.5 头/亩；肉牛：1 头/亩；蛋鸡 150 只/亩；肉鸡 300 只/亩

单位负责人：指普查对象（该单位）的负责人姓名，不一定是法定代表人，可以是厂长，也可以是分管环保或分管填报普查表部门的副厂长

统计负责人（审核人）：指该单位负责环保或普查表填报部门的负责人

填表人：指普查对象（该单位）填报该表的具体人员姓名

报出日期：20　年10月　日

指普查对象（该单位）负责人最终签字日期

说明：1. 本表由辖区内规模畜禽养殖场填报；

　　　2. 尚未领取统一社会信用代码的填写原组织机构代码；

　　　3. 12～19 项指标为播种面积，20～22 项指标为种植面积。

指标解释：

圈舍建筑面积　养殖场场区内生产设施及配套设施的建筑面积，不包括活动区等。

养殖量　生猪、肉牛和肉鸡填写全年总出栏数量，奶牛和蛋鸡填写年末存栏数量，如年末无存栏量，则存栏量按"0"填写。

污水产生量　养殖场正常生产过程中产生的污水总量。

污水利用量　采用一定的方式进行利用的污水量，达标排放、未利用直接排放不属于利用范围。

粪便收集量　养殖场收集的粪便总量。

粪便利用量　养殖场采用各种方式利用粪便的量，场外丢弃不属于利用范围。

养殖场粪污利用配套农田和林地　包括养殖场自有土地，或通过土地承包、流转、租赁的农田和林地，以及与周边农户签订用肥协议用于粪污消纳利用的农田和林地面积。

3.3 生活污染源

3.3.1 普查表填报范围识别

城市 包括直辖市和地级市。

市区 指直辖市和地级市市辖区内：①街道办事处所辖地域；②城市公共设施、居住设施和市政公用设施等连接到的其他镇（乡）地域；③常住人口在 3000 人以上独立的工矿区、开发区、科研单位、大专院校等特殊区域。其他建制镇指位于市辖区范围内，但不在上述市区范围的建制镇。

县域 包括县、县级市、旗等县级行政区，但不包括市辖区。范围：县城和其他建制镇。县城指：①县（市、旗）政府驻地的镇、乡或街道办事处地域；②县（市、旗）公共设施、居住设施和市政公用设施等连接到的其他镇（乡）地域；③县（市、旗）域内常住人口在 3 000 人以上独立的工矿区、开发区、科研单位、大专院校等特殊区域。其他建制镇指位于县（市、旗）行政区范围内，但不在上述县城范围的建制镇。

重点区域社区 指京津冀及周边地区（2+26+1），包含北京市，天津市，河北省石家庄、唐山、邯郸、邢台、保定、沧州、廊坊、衡水市以及雄安新区，山西省太原、阳泉、长治、晋城市，山东省济南、淄博、济宁、德州、聊城、滨州、菏泽市，河南省郑州、开封、安阳、鹤壁、新乡、焦作、濮阳市；汾渭平原（11+1），包含山西省晋中、运城、临汾、吕梁市，河南省洛阳、三门峡市，陕西省西安、铜川、宝鸡、咸阳、渭南市以及杨凌示范区等。

行政村 全国各地的所有行政村。

S102 表仅由行政村填写，社区不需填写。

入户调查发现遗漏的生活源锅炉或入河（海）排污口，应按照《关于开展第二次全国污染源普查生活源锅炉清查工作的通知》（环普查〔2017〕188 号）和《关于开展第二次全国污染源普查入河（海）排污口普查与监测工作的通知》（国污普〔2018〕4 号）要求，填报 S103 表、S104 表或 S105 表，据实纳入普查。

S106 表由第二次全国污染源普查工作办公室委托抽样调查单位组织填报，无须地方开展。

S201 表、S202 表由直辖市、地（区、市、州、盟）普查机构组织本级城乡建设统计主管部门、交通运输主管部门和统计部门填报。这两个表的主要数据来源为"城市（县城）和村镇建设统计调查"，根据该统计制度的区域与层级划分，结合城市建设和污水排放特征。所有市辖区（包括与中心城区不连接的市辖区）均纳入 S201 表（城市生活污染基本信息）填写；S202 表（县域城镇生活污染基本信息）仅填写市辖区外的县、县级市、旗的县城或城区，以及所辖的建制镇情况。

3.3.2 普查表填报与审核

（1）普查表的填报

重点区域生活源社区（行政村）燃煤使用情况（S101 表）由重点区域所有社区居民委员会和行政村村民委员会填报。重点区域指京津冀及周边地区，包括北京市，天津市，河北省石家庄、唐山、邯郸、邢台、保定、沧州、廊坊、衡水市以及雄安新区，山西省太原、阳泉、长治、晋城市，山东省济南、淄博、济宁、德州、聊城城、滨州、菏泽市，河南省郑州、开封、安阳、鹤壁、新乡、焦作、濮阳市；汾渭平原，包含山西省晋中、运城、临汾、吕梁市，河南省洛阳、三门峡市，陕西省西安、铜川、宝鸡、咸阳、渭南市以及杨凌示范区。

行政村生活污染基本信息（S102表）由行政村村民委员会填报。

生活源农村居民能源使用情况抽样调查（S106表）由抽样调查单位确定抽样调查的农户并组织填报。

城市生活污染基本信息（S201表）、县域城镇生活污染基本信息（S202表）由直辖市和地（区、市、州、盟）第二次全国污染源普查领导小组组织填报。人口情况、用水情况、能源使用情况等数据由本级城乡建设统计主管部门根据"城市（县城）和村镇建设统计调查"数据填报，公路长度由本级交通运输主管部门根据"交通运输综合统计"数据填报，房屋竣工面积等其他指标由本级统计部门或城乡建设统计主管部门填报。

入户调查时发现漏报的生活源锅炉、入河（海）排污口应补充填报非工业企业单位锅炉污染及防治情况（S103表）和入河（海）排污口情况（S104表）。

（2）普查质量控制与数据审核

优先利用已有统计数据和部门行政管理记录获取相关信息。

各级污染源普查机构按照领导小组职责分工协调同级相关部门密切配合生活源普查工作，提供相关数据和资料。

普查表填报人员应确保填报信息的完整性，并妥善保存信息获取过程中的相关记录或依据。普查表审核人员负责审查填报信息的规范性和合理性，确保满足技术规定和普查表填报要求。

各级污染源普查机构应加强普查表填报人员和审核人员的培训，对本辖区生活源普查数据质量全面负责。

3.3.3　污染物产生量和排放量核算

根据城镇居民生活用水数据、折污系数、入河（海）排污口水质监测结果以及集中式污染治理设施普查获得的城镇污水处理厂进水水质数据，经产污系数校核后，利用城镇常住人口、城镇人均日生活用水量、折污系数和城镇生活污水平均浓度相乘核算城镇生活污水与污染物产生量；根据集中式污染治理设施普查结果，估算城镇污水处理厂、工业污水集中处理厂和其他污水处理设施对城镇生活源水污染物的去除量，获取城镇生活污水与污染物的排放量。

根据农村常住人口、农村人均日生活用水量以及厕所类型、粪尿处理情况和生活污水排放去向等信息，利用农村常住人口与产排污系数相乘，核算农村生活污水与污染物产生量；根据农村集中式生活污水处理设施普查结果，结合农村集中式生活污水处理设施的排污系数，获取农村生活污水与污染物的排放量。

通过重点调查获取重点区域城镇居民能源使用情况，通过抽样调查获取农村居民能源使用情况，结合生活源锅炉普查结果，利用排污系数核算重点区域城乡居民能源使用的大气污染物排放量。

针对建筑涂料与胶黏剂使用、沥青道路铺装、餐饮油烟、干洗、日用品使用五类其他城乡居民生活和第三产业污染源，根据常住人口数量、房屋竣工面积、人均住房（住宅）建筑面积以及沥青公路和城市道路长度等统计数据，利用排污系数核算挥发性有机物排放量。

产排污系数统一由国务院第二次全国污染源普查领导小组办公室提供，核算生活源污染物排放量不得采用其他各类产排污系数或经验系数。

3.3.4　生活污染源填报说明

（1）非工业企业单位锅炉污染及防治情况

表　号：S103 表

制定机关：国务院第二次全国污染源普查
领导小组办公室

批准机关：国家统计局

批准文号：国统制〔2018〕103 号

有效期至：2019 年 12 月 31 日

企业盖章位置

2017 年

01.统一社会信用代码	□□□□□□□□□□□□□□□□（□□）（18 位，91 或 92 开头） 尚未领取统一社会信用代码的填写原组织机构代码：□□□□□□□□（□□）			
02.单位名称	**********公司			（按实际生产地址填写）
锅炉产权单位（选填）	产权单位信息请按照实际情况填写			
03.详细地址	＿＿＿＿＿＿＿＿省（自治区、直辖市）＿＿＿＿＿＿＿＿＿＿地（区、市、州、盟） ＿＿＿＿＿＿县（区、市、旗）＿＿＿＿＿＿乡（镇） ＿＿＿＿＿＿＿＿＿＿＿＿＿＿＿＿＿＿街（村）、门牌号			
04.联系方式	联系人：　　　　　　　电话号码：			
05.地理坐标	经度：＿＿＿度＿＿＿分＿＿＿秒　纬度：＿＿＿度＿＿＿分＿＿＿秒			
06.拥有锅炉数量	□□台　　（锅炉设备位置的经纬度）			

锅炉污染及防治情况

指标名称	计量单位	代码	锅炉 1	锅炉 2	……
甲	乙	丙	1	2	3
一、锅炉基本信息	—	—	—	—	—
锅炉用途	—	07			
锅炉投运年份	—	08			
锅炉编号	—	09			
锅炉型号	—	10			
锅炉类型	—	11			
额定出力	吨/小时	12			
锅炉燃烧方式	—	13			
年运行时间	月	14			
二、锅炉运行情况	—	—	—	—	—
燃料煤类型	—	15			

（代码 07 批注）M1 供水，M2 供暖，M3 洗浴，M4 烘干，M5 餐饮，M6 高温消毒，M7 农业，M8 制冷，M9 其他。有上述多种用途的情况，可以多选，以"/"分开。

（代码 09 批注）用字母 GL（代表锅炉）及其内部编号组成锅炉编号，如 GL1，GL2，GL3……

指标名称	计量单位	代码	锅炉 1	锅炉 2	……
甲	乙	丙	1	2	3
燃料煤消耗量	吨	16			
燃料煤平均含硫量	%	17			
燃料煤平均灰分	%	18			
燃料煤平均干燥无灰基挥发分	%	19			
燃油类型	—	20			
燃油消耗量	吨	21			
燃油平均含硫量	%	22			
燃气类型	—	23			
燃料气消耗量	米^3	24			
生物质燃料类型	—	25			
生物质燃料消耗量	吨	26			
三、锅炉治理设施	—	—	—	—	—
除尘设施编号	用字母 QC/QS/QN（分别代表除尘/脱硫/脱硝设施）及其内部编号组成，如 QC1、QC2……、QS1、QS2……QN1、QN2……两台或多台锅炉使用同一套设施的，填报的设施编号必须一致。	27			
除尘工艺名称		28			
脱硫设施编号		29			
脱硫工艺名称		30			
脱硝设施编号		31			
脱硝工艺名称		32			
在线监测设施安装情况	—	33			
排气筒编号	—	34			
排气筒高度	米	35			
粉煤灰、炉渣等固废去向	—	36			
四、污染物情况	—	—	—	—	—
颗粒物产生量	吨	37			
颗粒物排放量	吨	38			
二氧化硫产生量	吨	39			
二氧化硫排放量	吨	40			
氮氧化物产生量	吨	41			
氮氧化物排放量	吨	42			
挥发性有机物产生量	千克	43			
挥发性有机物排放量	千克	44			

单位负责人：　　　　统计负责人（审核人）：　　　填表人：　　　　　报出日期：20　年　月　日

说明：本表由拥有或实际使用锅炉的非工业企业单位填报。

指标解释：

锅炉用途　填报锅炉使用主要用途，根据实际情况填写：M1 供水，M2 供暖，M3 洗浴，M4 烘干，M5 餐饮，M6 高温消毒，M7 农业，M8 制冷，M9 其他。有上述多种用途的情况，可以多选，以"/"分开。

锅炉投运年份　填写锅炉正式投入使用年份，如 1999 年。改造后锅炉按照改造后投入使用年份。

锅炉编号　用字母 GL（代表锅炉）及其内部编号组成锅炉编号，如 GL1、GL2、GL3……注意：仅对普查范围内在用及备用锅炉编号。

锅炉型号　按照锅炉铭牌上的型号填报，锅炉型号不明或铭牌不清填"0"。

锅炉类型　锅炉类型按"附录（五）　指标解释通用代码表"中表 3 代码填报，仅填写燃煤锅炉、燃油锅炉、燃气锅炉或燃生物质锅炉。

额定出力　统一按蒸吨单位（t/h）填报。换算关系：60 万大卡/小时≈1 蒸吨/小时（t/h）≈0.7 兆瓦（MW）。指标保留 1 位小数。

锅炉燃烧方式　根据不同燃料类型的锅炉燃烧方式，按"附录（五）　指标解释通用代码表"中表 4 名称和代码填报。

年运行时间　填写调查年度锅炉全年的实际运行月份。指标保留整数。

燃料消耗量　指调查年度该锅炉实际消耗的能源量。

燃料煤平均含硫量　指调查年度多次监测的燃料煤收到基含硫量加权平均值；若无煤质分析数据，取所在地区平均含硫量。指标保留 1 位小数。

燃料煤平均灰分　指调查年度多次监测的燃料煤收到基灰分加权平均值；若无煤质分析数据，取所在地区平均灰分。指标保留 1 位小数。

燃料煤平均干燥无灰基挥发分　调查年度燃料煤加权平均干燥无灰基挥发分；若无煤质分析数据，取所在地区平均干燥无灰基挥发分。指标保留 1 位小数。

燃油平均含硫量　指调查年度多次监测的燃油含硫量加权平均值；若无燃油分析数据，取所在地区平均含硫量；若燃油种类为醇基燃料可不填。指标保留 1 位小数。

除尘/脱硫/脱硝设施编号　用字母 QC/QS/QN（分别代表除尘/脱硫/脱硝设施）及其内部编号组成，如 QC1、QC2……QS1、QS2……QN1、QN2……两台或多台锅炉使用同一套设施的，填报的设施编号必须一致。

除尘/脱硫/脱硝工艺名称　指相应的脱硫、脱硝、除尘设施所采用的工艺方法，按"附录（五）　指标解释通用代码表"中表 5 代码填报。无任何设施的现场填写直排，数据汇总时设施编号与工艺名称均为空。两种及以上处理工艺组合使用的，每种工艺均需填报，按照处理设施的先后次序填报。选择"其他"的，需填写具体方式名称。

脱硫设施指专门设计、建设的去除烟气二氧化硫的设施。水膜除尘、除尘脱硫一体化、仅添加硫转移剂等无法连续稳定去除二氧化硫的，均不视为脱硫设施。

在线监测设施安装情况　指锅炉废气污染治理设施末端是否安装污染物在线监测设施，是否与环境管理部门联网，根据实际情况，按照如下选项填报代码：ZX1 未安装，ZX2 安装未联网，ZX3 安装并联网。

排气筒编号　用字母 YC 代表锅炉排气筒与烟囱编号，如 YC1、YC2、YC3……两台或多台锅炉使用同一排气筒的，填报的排气筒编号必须一致。

排气筒高度　指排气筒、烟囱（或锅炉房）所在的地面至废气出口的高度。指标保留 1 位小数。

粉煤灰、炉渣等固废去向　按照粉煤灰、炉渣、脱硫石膏等固体废物收集方式填写代码：SJ1 集中收集处置，SJ2 直接排放环境，SJ3 其他。

污染物情况　污染物产生量与排放量根据产排污系数核算。安装污染源自动在线监测系统且在线数据经过有效性审核认定的，污染物排放量可优先采用自动监测数据进行核算。

（2）入河（海）排污口情况

表　　号：S104 表

制定机关：国务院第二次全国污染源普查
　　　　　领导小组办公室

批准机关：国家统计局

批准文号：国统制〔2018〕103 号

有效期至：2019 年 12 月 31 日

2017 年

01.排污口名称		
02.排污口编码	□□□□□□□□□	排污口所在地的经纬度
03.所在地区区划代码	□□□□□□□□□□□□	
04.排污口类别	□　　1. 入河排污口　　　2. 入海排污口	
05.地理坐标	经度：_____度_____分_____秒　　纬度：_____度_____分_____秒	
06.设置单位		
07.排污口规模	□　　1. 规模以上　　　2. 规模以下	
08.排污口类型	□　　1. 工业废水排污口　　2. 生活污水排污口　　3. 混合废污水排污口　　4. 其他_____	
09.入河（海）方式	□　　1. 明渠　　　2. 暗管　　　3. 泵站　　　4. 涵闸　　　5. 其他_____	
10.受纳水体	受纳水体名称：　　　　　　　　　　受纳水体代码：	

单位负责人：　　　　统计负责人（审核人）：　　　填表人：　　　联系电话：　　　报出日期：20　年　月　日

说明：本表由县级或以上普查机构组织填报，统计范围为市区、县城和镇区范围内所有入河（海）排污口。

指标解释：

排污口名称　参照《入河排污口管理技术导则》（SL 532—2011）的命名规则填报排污口名称，具体如下：

1. 对于企业（工厂）排污口，在排污单位名称前加该排污口所在地的行政区名称，并冠以企业（工厂）排污口的名称，例如：××县××啤酒厂企业（工厂）排污口。

2. 对于生活污水排污口，在排污口所在地地名（或者是街道名）、具有显著特征的建筑物名称前加该排污口所在地的行政区名称，并冠以生活污水排污口的名称，例如：××县望城门生活污水排污口。

3. 对于混合废污水排污口，在排污口所在地地名（或者是街道名）具有显著特征的建筑物名称前加入该排污口所在地的行政区名称，并冠以混合废污水排污口的名称，例如：××市一号码头混合废污水排污口。污水处理厂可参照企业排污口名称的确定方法。

4. 对于其他排污口，参照企业（工厂）排污口或生活污水排污口的命名方法，并冠以能够表明废污水性质的排污口名称，例如：××县××畜禽养殖场排污口、××县××路农田退水排污口。

5. 对于同一地区或者同一排污单位出现相同的排污口，在各种名称前加序号区分。例如：××县××酒厂 1 号工业入河（海）排污口；××县××酒厂 2 号工业入河（海）排污口。

排污口编码　按照《入河排污口管理技术导则》（SL 532—2011）编码规则对排污口编码，具体如下：由全国的行政区代码加序号组成，共 9 位，1～2 位表示的是省（自治区、直辖市）名称；3～4 位表示的是地（市、州、盟）名称；5～6 位表示的是县（市、区、旗）名称；7～9 位表示入河（海）排污口的序号。

示例：入河（海）排污口编码：340301A01 代表的意思是××省××市辖区第 A01 号入河（海）排污口。其中 1～2 位的 34 表示的是××省；3～4 位的 03 表示的是××市；5～6 位的 01 表示的是市辖区；7～9 位 A01 表示的是第 A01 号入河（海）排污口。

所在地区区划代码 指排污口所在地区的统计用 12 位区划代码。

排污口类别 选择填写入河排污口或入海排污口，其中入河排污口包括排入河流、湖泊、水库等地表水体的排污口。

地理坐标 填写排污口所在地地理位置的经度、纬度，按"度分秒"形式填写，其中"秒"保留 2 位小数。

设置单位 有明确设置单位的排污口填写设置单位全称。经行政许可设置或备案的排污口，按许可批复或备案文件确定的设置单位填写；多个固定源共用一个排污口时，填写为主设置单位或排污量最大的单位。未经行政许可设置或备案，且确实无明确设置单位的排污口填写"无"。

排污口规模 分为"规模以上"和"规模以下"；其中，"规模以上"指日排废污水≥300 立方米或年排废污水≥10 万立方米，"规模以下"指日排废污水量＜300 立方米或年排废污水量＜10 万立方米。

排污口类型 根据排放废污水的性质，排污口类型分为工业废水入河（海）排污口，生活污水入河（海）排污口、混合废污水入河（海）排污口和其他排污口 4 种。工业废水入河（海）排污口指接纳企业生产废水的入河（海）排污口。生活污水入河（海）排污口指接纳生活污水的入河（海）排污口。混合废污水入河（海）排污口指接纳市政排水系统废污水或污水处理厂尾水的入河（海）排污口；对于接纳远离城镇、不能纳入污水收集系统的居民区、风景旅游区、度假村、疗养院、机场、铁路车站等，以及其他企事业单位或人群聚集地排放的污水，如氧化塘、渗水井、化粪池、改良化粪池、无动力地埋式污水处理装置和土地处理系统处理工艺等集中处理方式的入河（海）排污口，视为混合废污水入河（海）排污口。其他排污口指接纳除工业废水和生活污水以外，且废污水性质单一的入河（海）排污口，如城镇区域内的畜禽养殖场排污口等，应填写具体废污水种类。

入河（海）方式 按实际情况填写明渠、暗管、泵站、涵闸和其他。明渠指采用地表可见的渠道排放污水的方式，可分为天然明渠和人工明渠两种。暗管指利用地下管道或渠道排放污水的形式。泵站指利用泵站控制排放污水的形式。涵闸指利用闸门控制流量和调节水位来排放污水入河湖的形式。其他指不符合上述条件的入河（海）方式，并在后面横线说明情况。

受纳水体 指普查对象废水最终排入的水体。根据生态环境部第二次全国污染源普查工作办公室确定的"附录（三） 河流名称与代码"填报受纳水体名称与代码。

（3）入河（海）排污口水质监测数据

表　　号：S105 表
制定机关：国务院第二次全国污染源普查
领导小组办公室
批准机关：国家统计局
批准文号：国统制〔2018〕103 号
有效期至：2019 年 12 月 31 日

排污口名称：
排污口编码：□□□□□□□□□
填报单位名称（盖章）：　　　　　　　　2017 年

指标名称	计量单位	代码	已有监测结果						补充监测结果					
			枯水期			丰水期			枯水期			丰水期		
甲	乙	丙	1	2	3	1	2	3	1	2	3	1	2	3
监测时间	—	01												
污水排放流量	米³/小时	02												
化学需氧量浓度	毫克/升	03												
五日生化需氧量浓度	毫克/升	04												
氨氮浓度	毫克/升	05												
总氮浓度	毫克/升	06												
总磷浓度	毫克/升	07												
动植物油浓度	毫克/升	08												
其他	毫克/升	09												

单位负责人：　　统计负责人（审核人）：　　填表人：　　联系电话：　　　　报出日期：20　年　月　日

说明：1. 本表由县级或以上普查机构组织填报；

2. 枯水期和丰水期每次采样的监测结果应在相应水期的 1、2、3 列中填写；

3. 第 02 项保留 1 位小数，第 03～09 项指标按监测分析方法对应的有效数字填报；

4. 审核关系：05≤06。

指标解释：

监测时间　精确至小时，填写实施采样的 201×年××月××日××时。其中，"已有监测结果"指 2017 年 1 月 1 日至 2018 年 3 月 20 日开展监测，并符合《关于开展第二次全国污染源普查入河（海）排污口普查与监测工作的通知》（国污普〔2018〕4 号）要求的数据结果；"补充监测结果"指 2018 年 3 月 20 日后开展监测的数据结果，如部分指标补充监测的应分别在"已有监测结果"和"补充监测结果"相应水期和次数列中填写（下同）。

污水排放流量　按排污口当次监测的废水流量折算为小时流量填报，计量单位为米³/小时。

污染物排放浓度　填写实测浓度，测定结果的表示按照所采用分析方法中的要求。采集流量比例混合样品的，在相应监测时间的行内均填写同一浓度值。当测定结果低于分析方法检出限时，报所使用方法的检出限值，并在检出限值后加 L。

其他　各地可根据水污染防治需求，对工业废水排放量较大的排污口增加相应的特征指标，并在甲列中填写指标名称。

3.4 集中式污染治理设施

3.4.1 普查表填报范围识别

集中式污染治理设施普查对象及填报对象见表4。

表4　集中式污染治理设施普查对象及填报对象

序号	普查对象	填报对象
1	集中式污水处理厂	城镇污水处理厂
2		工业污水集中处理厂
3		农村集中式污水处理设施
4		其他污水处理设施
5	生活垃圾集中处置场（厂）	生活垃圾填埋场
6		生活垃圾焚烧厂
7		生活垃圾堆肥场
8		其他方式处理生活垃圾的处理厂
9		餐厨垃圾处理厂
10	危险废物集中处理置场（厂）	危险废物集中处置厂
11		医疗废物集中处置厂
12		其他企业协同处置

①集中式污水处理厂

所有城镇污水处理厂、工业污水集中处理厂、其他污水处理设施均须填报集中式污水处理厂普查表，设计处理能力≥10吨/日（或服务人口≥100人，或服务家庭≥20户）的农村集中式污水处理设施。

以下任何一种情况不纳入普查范围：

a. 企业自建自用的污水处理厂；

b. 渗水井、化粪池（含改良化粪池）；

J101-1表和J101-2表：所有污水处理厂均须填报；

J101-3表：按集中式污染治理设施普查技术规定要求的监测频次开展污水监测，且数据有效性符合要求的填报该表，未开展监测或监测频次、数据有效性不符合要求的，不填。

S103表：如果污水处理厂有用于供热的生活锅炉或生产锅炉，须填报本表。

各类型污水处理厂需填报的普查表见表5。

表 5   各类型污水处理厂需填报的普查表

填报对象	J101-1 表	J101-2 表	J101-3 表		S103 表	
			有监测*	无监测	有锅炉	无锅炉
城镇污水处理厂	√	√	√	×	√	×
工业污水集中处理厂	√	√	√	×	√	×
农村集中式污水处理设施	√	√	√	×	√	×
其他污水处理设施	√	√	√	×	√	×

注：* 有监测指监测频次及数据有效性等符合要求的监测，不符合要求的监测不填。

②生活垃圾集中处置场（厂）

生活垃圾集中处置场（厂）普查范围是县级及以上生活垃圾处理厂，有条件的地区可以开展县级以下垃圾处理厂普查。以下几种情况不在规定的普查范围内，不需要填报普查表。

a. 建筑垃圾处理厂和粪便处理厂；

b. 水泥窑协同处置生活垃圾厂；

c. 单纯进行油脂分离、提炼，未对提炼出的油脂及提炼后的废渣进行资源化、无害化处理的企业单位；

d.单位或居民区设置的小型厨余垃圾处理设备。

餐厨垃圾处理如果和堆肥、填埋厂在一起，则不单独填表。

垃圾焚烧发电厂只填报 J102-1 表和 J102-2 表，其他表不需填报。该厂监测信息、排放信息均填报至工业源普查表中。

J102-1 表：所有生活垃圾集中处置场（厂）均须填报。

J102-2 表：所有生活垃圾集中处置场（厂）均须填报。

J104-1 表：按《集中式污染治理设施普查技术规定》要求的监测频次开展污水监测，且数据有效性符合要求的填报本表，未开展监测或监测频次、数据有效性不符合要求的，不填。

J104-2 表：按《集中式污染治理设施普查技术规定》要求的监测频次开展废气监测，且数据有效性符合要求的填报本表，未开展监测或监测频次、数据有效性不符合要求的，不填。

J104-3 表：所有生活垃圾集中处置场（厂）均须填报。

S103 表：生活垃圾集中处置场（厂）如果有单独的供热锅炉（不包括垃圾焚烧炉供热）且单独排放，则须填报 S103 表。

各类型生活垃圾集中处置场（厂）填报的普查表见表 6。

表 6　各类型生活垃圾处置场（厂）需填报的普查表 ^{a)}

填报对象	J102-1 表	J102-2 表	J104-1 表	J104-2 表	J104-3 表	S103 表 ^{d)}
生活垃圾填埋场	√	√	有监测 ^{b)}：√	×	√	有锅炉：√
生活垃圾焚烧厂	√	√	无监测：×	√	√	无锅炉：×
生活垃圾焚烧发电厂	√	√	×	×	√	×
生活垃圾堆肥场	√	√	有监测：√	×	√	有锅炉：√
餐厨垃圾处理厂	√	√	无监测：×	c)	√	无锅炉：×
其他方式处理生活垃圾的处理厂	√	√			√	

注：a) √表示需要填报本表，×表示不需要填报本表。

b) 有监测指监测频次及数据有效性等符合要求的监测。

c) 处理工艺中涉及废气产生和排放，则须填报本表，反之则不填。

d) 有锅炉指用于供热的生活锅炉或生产锅炉，不包括烧垃圾的焚烧炉。

③危险废物集中处理处置厂

所有危险废物处置厂和医疗废物处置厂均须填报 J103-1 表和 J103-2 表，协同处置危险废物的工业企业根据企业的生产活动确定须填报的普查表。

符合以下任何一种情况的处置厂均不纳入普查：

a. 企业单位和医院内部自建自用且不提供社会化有偿服务的危险废物处理（处置）装置；如果医院自建自用的危险废物处置设施，有危险废物经营许可证，且处理的医疗废物占本县（市）医疗废物产生量 60%以上，可纳入普查范围。

b. 只具有收集和转运危险废物的企业。

具备处置和综合利用危险废物活动的工业企业，根据下面的要求填报相应的普查表：

a. 处置或综合利用危险废物是企业全部生产活动的，只填集中式普查表；

b. 综合利用只是企业生产活动的一部分，只填工业源普查表；

c. 处置只是企业生产活动的一部分（即协同处置），集中式普查表和工业源普查表均须填报。该企业须填写 J103-1 表（基本信息）和 J103-2 表（运行情况），不填 J104-1 表（废水监测）、J104-2 表（废气监测）和 J104-3 表（污染物排放量）。

危险废物处置厂和医疗废物处置厂（不包括协同处置厂）如果有单独的供热锅炉且单独排放，还须填报 S103 表。

J103-1 表：所有危险废物集中处置厂均须填报。

J103-2 表：所有危险废物集中处置厂均须填报。

J104-1 表：按《集中式污染治理设施普查技术规定》要求的监测频次开展污水监测，且数据有效性符合要求的填报本表，未开展监测或监测频次、数据有效性不符合要求的，不填。

J104-2 表：按《集中式污染治理设施普查技术规定》要求的监测频次开展废气监测，且数据有效性符合要求的填报该表，未开展监测或监测频次、数据有效性不符合要求的，不填。

J104-3 表：所有生活垃圾处置厂均须填报。

S103 表：危险废物集中处置场（厂）如果有单独的供热锅炉（不包括危险废物焚烧炉供热）且单独排放，则须填报 S103 表。

各类型危险废物集中处理处置厂需填报的普查表见表 7。

表 7　各类型危险废物集中处理处置厂需填报的普查表 a)

填报对象	J103-1 表	J103-2 表	J104-1 表	J104-2 表	J104-3 表	S103 表 d)
危险废物集中处置厂	√	√	有监测 b)：√	×	√	有锅炉：√
医疗废物集中处置厂	√	√	无监测：×	√	√	无锅炉：×
其他企业协同处置	√	√	×	c)	×	×

注：a）√表示需要填报本表，×表示不需要填报本表。
　　b）有监测指监测频次及数据有效性等符合要求的监测。
　　c）处理工艺中涉及废气产生和排放，则须填报本表，反之则不填。
　　d）有锅炉指用于供热的生活锅炉或生产锅炉，不包括烧危险废物的焚烧炉。

3.4.2　普查表填报与审核

（1）普查表的填报

普查表由普查对象填写。普查对象应按规定和要求如实填报，对所填报的信息和数据的真实性负责。

普查对象应提供与普查相关的基础资料，以备核实普查表填报内容的真实性和准确性。主要包括：厂区平面布置图，排水管网图，主要工艺流程图，2017 年度主要物料（或排放污染物的前体物）使用量数据，水平衡图，生产报表，煤（油、燃气）、电、水等收费票据，产污、治污设施运行记录，环评、清洁生产报告及各种监测报告单；普查对象认为其他能够证明其填报数据真实性、可靠性的资料。

普查对象厂区内如有锅炉，须填报非工业企业单位锅炉污染及防治情况（S103 表）。

生活垃圾焚烧发电厂和协同处置危险废物的企业须填报集中式污染治理设施普查表，污染物排放量可填写到工业污染源普查表中。

普查员或普查指导员需利用移动数据采集终端现场核实普查对象地理坐标，补充采集排放口等地理坐标。

（2）普查表的审核

普查员指导普查对象填报普查表，并对普查表的内容、指标填报是否齐全，以及是否符合普查制度的规定和要求等进行审核。

普查指导员在普查员审核的基础上，对普查表中数据的合理性和逻辑性进行全面审核。

（3）各级普查机构应对辖区内普查对象填报数据进行集中或抽样审核。由普查机构统一录入的普查数据，应由专人或第三方机构进行全面复核。上级普查机构应该对下级普查机构的填报录入数据开展抽样复核。

（4）审核过程中发现的问题，各级普查机构应指导普查对象核实确认并纠正错误。未经普查对象核实确认，各级普查机构不得随意更改普查对象上报数据。

3.4.3 污染物产生量和排放量核算

集中式污染治理设施废水、废气污染物产生量和排放量主要采用监测数据法和产排污系数法核算，二次污染产生的固体废物和危险废物产生量根据实际运行台账记录获取。

污染物产生量和排放量核算方法使用顺序依次为：监测数据法、产排污系数法。

监测数据法核算污染物产生量和排放量的优先顺序为：自动监测数据、自行监测数据（手工）、监督性监测数据。

（1）监测数据法

监测数据法是依据对普查对象产生和外排废水、废气（流）量及其污染物的实际监测浓度，计算出废气、废水排放量及各种污染物产生量和排放量。

①核算方法：

$$污染物排放量=污染物年加权平均浓度×废水或废气年排放量$$

废水排放量：有累计流量计的，以年累计废水流量为废水排放量；没有累计流量计的，通过监测的瞬时排放量（均值）和年生产时间进行核算；没有监测废水流量而有废水污染物浓度监测的，可按水平衡测算出废水排放量。

废气排放量：通过监测的瞬时排放量（均值）和年排放时间进行核算。

②监测数据使用规范性要求：

自动监测数据

自动监测设备的建设、安装符合有关技术规范、规定的要求，2017 年度全年按照相应技术规范规定的要求进行质量保证/控制，定期校准、校验和运行维护，季度有效捕集率不低于 75%的，且保留全年历史数据的自动监测数据的，可用于污染物产生量和排放量核算。

与各地环保部门联网的自动监测设备，环保部门最终确认的自动监测数据可作为核算排放量的有效数据使用。

企业自测数据

2017 年度内由企业自行监测或委托有资质机构按照《排污单位自行监测指南总则》（HJ 819—2017）等有关监测技术规范和监测分析标准方法监测获得的数据。每个季度至少监测 1 次；非连续性生产企业生产期间至少每月监测 1 次，全年监测总次数不少于 4 次。

监测数据符合上述要求，方可用于核算污染物产生量与排放量；并须提供符合监测数据有效性要求的全部监测数据台账，与普查表同时报送普查机构，以备数据审核使用。若进口或出口监测数据不符合有效性认定要求，不得采用监测数据核算污染物产生量或排放量。

监督性监测数据

2017 年度内由县（区、市、旗）及以上环保部门按照监测技术规范要求进行监督性监测获得的数据。

每个季度至少监测 1 次；季节性生产企业生产期间至少每月监测 1 次，每年监测总次数不少于 4 次。

实际监测时企业的生产工况符合相关监测技术规定要求。若废水流量无法监测，可使用企业安装的流量计数据，或通过水平衡核算废水排放量。

采用监测数据法得到污染物产生量和排放量，要用产排污系数法进行核算校核。

（2）产排污系数法

产排污系数统一由国务院第二次全国污染源普查领导小组办公室提供，不得采用其他各类产排污系数或经验系数。

同一家企业不同污染物可采用不同的核算方法。

如两种方法核算的污染物产生量和排放量相对误差大于 20%，应核实企业的生产工况及生产工艺，确定污染物排放量的计算方法是否正确，同时核查产排污系数选取是否正确。

如监测数据、系数核算排放量均符合相关技术规定要求，同时产排污系数的应用正确，则取监测数据法和产排污系数法核算结果中污染物排放量大的数据作为认定数据上报。

（3）运行管理台账记录

固体废物产生量、处理量、综合利用量等，根据普查对象日常运行台账记录，统计汇总相关数据。

污水处理厂污泥、危险废物炉渣、焚烧飞灰等固体废物和危险废物等可按运行管理的统计报表填报。如果普查对象未对污泥、炉渣、飞灰进行计量（称重），所填结果需与产排污系数核算结果进行校核。

（1）集中式污水处理厂基本情况

表　号：J101-1 表

制定机关：国务院第二次全国污染源普查领导小组办公室

批准机关：国家统计局

批准文号：国统制〔2018〕103 号

有效期至：2019 年 12 月 31 日

企业盖章位置

2017 年

01.统一社会信用代码	□□□□□□□□□□□□□□□□□□（□□）（18 位，91 或 92 开头） 尚未领取统一社会信用代码的填写原组织机构代码：□□□□□□□□（□□）	
02.单位详细名称	**********污水处理厂	
03.运营单位名称	运营单位信息请按照实际情况填写	
04.法定代表人		按实际生产地址填写
05.区划代码	□□□□□□□□□□□□	
06.详细地址	_____省（自治区、直辖市）_____地（区、市、州、盟） _____县（区、市、旗）_____乡（镇） _____街（村）、门牌号	
07.企业地理坐标	经度：____度____分____秒　纬度：____度____分____秒	
08.联系方式	联系人：_____　　　电话号码：_____	单位正门所在位置的经纬度
09.污水处理设施类型	□ 1. 城镇污水处理厂　　　　　　　2. 工业污水集中处理厂 3. 农村集中式污水处理设施　　　4. 其他污水处理设施	
10.建成时间	□□□□年□□月	
11.污水处理方法（1）	名称：　　　　　　　　代码：□□□□	
污水处理方法（2）	名称：　　　　　　　　代码：□□□□	
污水处理方法（3）	名称：　　　　　　　　代码：□□□□	
12.排水去向类型	□ 表 2　排水去向类型代码表	
13.排水进入环境的地理坐标	经度：____度____分____秒　纬度：____度____分____秒	
14.受纳水体	名称：　　　　　　　　代码：	
15.是否安装在线监测 （未安装不填）	进口（多选）□ □ □ □ □ □ 1. 流量　2. 化学需氧量　3. 氨氮　4. 总氮　5. 总磷　6. 重金属 出口（多选）□ □ □ □ □ □ 1. 流量　2. 化学需氧量　3. 氨氮　4. 总氮　5. 总磷　6. 重金属	

表 2　排水去向类型代码表

代码	排水去向类型	代码	排水去向类型
A	直接进入海域	F	直接进入污灌农田
B	直接进入江河湖、库等水环境	G	进入地渗或蒸发地
C	进入城市下水道（再入江河、湖、库）	H	进入其他单位
D	进入城市下水道（再入沿海海域）	L	进入工业废水集中处理厂
E	进入城市污水处理厂	K	其他

16.有无再生水处理工艺	□ 1. 有 2. 无（选择"有"，须填报 J101-2 表第 06～09 项指标）
17.污泥稳定化处理（自建）	□ 1. 有 2. 无
其中：污泥厌氧消化装置	□ 1. 有 2. 无（选择"有"，须填报 J101-2 表第 11、12 项指标）
18.污泥稳定化处理方法	□ 1. 一级厌氧 2. 二级厌氧 3. 好氧消化 4. 堆肥 5. 其他
19.厂区内是否有锅炉	□ 1. 有 2. 无 （选择"有"，须按照非工业企业单位锅炉污染及防治情况 S103 表填报锅炉信息）

单位负责人：   统计负责人（审核人）：   填表人：   报出日期：20　年　月　日

说明：1. 本表由辖区内城镇污水处理厂、工业污水集中处理厂、农村集中式污水处理设施和其他污水处理设施填报；

　　　2. 排水去向类型为 A、B、F、G、K 中任何一种，须填写指标 13 和 14，其他排水去向类型的不填指标 13 和 14；

　　　3. 再生水处理工艺指为满足再生水使用要求而建设的深度处理工艺，一般指在二级处理后再增加的处理工艺。

指标解释：

污水处理设施类型　指普查对象是城镇污水处理厂、工业污水集中处理厂、农村集中式污水处理设施或其他污水处理设施。

城镇污水处理厂是指对进入城镇污水收集系统的污水进行净化处理的污水处理厂。城镇污水指城镇居民生活污水，机关、学校、医院、商业服务机构及各种公共设施排水，以及允许排入城镇污水收集系统的工业废水和初期雨水等。

工业污水集中处理厂是指提供社会化有偿服务、专门从事为工业园区、联片工业企业或周边企业处理工业废水（包括一并处理周边地区生活污水）的集中设施或独立运营的单位。不包括企业内部的污水处理设施。原来按工业污水处理厂设计建设的，由于企业搬迁或其他原因导致的实际处理污水主要为生活污水的处理厂，按城镇生活污水处理厂填报。

农村集中式污水处理设施指乡、村通过管道、沟渠将乡建成区或全村污水进行集中收集后统一处理的污水处理设施或处理厂。

其他污水处理设施指不能纳入城市污水收集系统的居民区、风景名胜区、度假村、疗养院、机场、铁路、车站以及其他人群聚集地排放的污水进行就地集中处理的设施。

建成时间　填表单位实际投入生产、使用的日期。如果普查对象有改（扩）建的，按普查对象最新的改扩建项目投入生产、使用的日期填报。

污水处理方法、名称、代码　污水处理厂采用的污水处理工艺，按"附录（五）　指标解释通用代码表"中表 1 填写。如有多条不同处理工艺，则分别进行填报。如一条线处理工艺为 AB 法，另一条线处理工艺为 A^2/O，则污水处理方法（1）的名称为 AB 法，代码为 4170，污水处理方法（2）的名称为 A^2/O，代码为 4120。

表 1 废水处理方法名称及代码表

代码	处理方法名称	代码	处理方法名称	代码	处理方法名称
1000	物理处理法	4000	好氧生物处理法	6000	稳定塘、人工湿地及土地处理法
1100	过滤分离	4100	活性污泥法	6100	稳定塘
1200	膜分离	4110	A/O 工艺	6110	好氧化塘
1300	离心分离	4120	A^2/O 工艺	6120	厌氧塘
1400	沉淀分离	4130	A/O^2 工艺	6130	兼性塘
1500	上浮分离	4140	氧化沟类	6140	曝气塘
1600	蒸发结晶	4150	SBR 类	6200	人工湿地
1700	其他	4160	MBR 类	6300	土地渗滤
2000	化学处理法	4170	AB 法		
2100	中和法	4200	生物膜法		
2200	化学沉淀法	4210	生物滤池		
2300	氧化还原法	4220	生物转盘		
2400	电解法	4230	生物接触氧化法		
2500	其他	5000	厌氧生物处理法		
3000	物理化学处理法	5100	厌氧水解类		
3100	化学混凝法	5200	定型厌氧反应器类		
3200	吸附	5300	厌氧生物滤池		
3300	离子交换	5400	其他		
3400	电渗析				
3500	其他				

排水进入环境的地理坐标 指排水出厂界后最终进入环境处（水体、农田或土地等）的经纬度。排水去向类型选择 A、B、F、G 和 K 中任何一种，须填报本指标。地理坐标"秒"最多保留 2 位小数。

受纳水体 指普查对象废水最终排入的水体。根据生态环境部第二次全国污染源普查工作办公室确定的"附录（三） 河流名称与代码"填报受纳水体名称与代码。

再生水处理工艺 指为满足再生水使用要求而建设的深度处理工艺。一般指在二级处理后再增加的处理工艺。

污泥稳定化处理 指普查对象是否采用厌氧消化、好氧消化或好氧堆肥等方式对污泥进行稳定化处理。

污泥厌氧消化装置 指在厌氧条件下，通过微生物作用将污泥中的有机物转化为沼气，从而使污泥中的有机物矿化稳定的过程。

污泥稳定化处理方法 指普查对象对产生污泥的稳定化、无害化处理方法的名称、代码，1.一级厌氧，2.二级厌氧，3.好氧消化，4.堆肥，5.其他。污泥未进行稳定化、无害化处理的不填。

（2）集中式污水处理厂运行情况

表　　号：J101-2 表

制定机关：国务院第二次全国污染源普查
　　　　　领导小组办公室

统一社会信用代码：□□□□□□□□□□□□□□□□□□（□□）

组织机构代码：□□□□□□□□□（□□）

单位详细名称（盖章）：

运营单位名称：　　　　　　　　　　　　　2017 年

批准机关：国家统计局

批准文号：国统制〔2018〕103 号

有效期至：2019 年 12 月 31 日

指标名称	计量单位	代码	指标值
甲	乙	丙	1
年运行天数	天	01	
用电量	万千瓦时	02	
设计污水处理能力	立方米/日	03	
污水实际处理量	万立方米	04	
其中：处理的生活污水量	万立方米	05	
再生水量	万立方米	06	
其中：工业用水量	万立方米	07	
市政用水量	万立方米	08	
景观用水量	万立方米	09	
干污泥产生量	吨	10	
污泥厌氧消化装置产气量（有厌氧装置的填报）	立方米	11	
污泥厌氧消化装置产气利用方式	—	12	□　1. 供热　2. 发电　3. 其他
干污泥处置量	吨	13	
自行处置量	吨	14	
其中：土地利用量	吨	15	
填埋处置量	吨	16	
建筑材料利用量	吨	17	
焚烧处置量	吨	18	
送外单位处置量	吨	19	

单位负责人：　　　　　统计负责人（审核人）：　　　填表人：　　　　　　报出日期：20　年　月　日

说明：1. 本表由辖区内城镇污水处理厂，工业污水集中处理厂，农村集中式污水处理设施和其他污水处理设施填报；

　　　2. 尚未领取统一社会信用代码的填写原组织机构代码；

　　　3. 污水实际处理量中如无法确定处理的生活污水量，则按污水处理厂设计建设时生活污水所占比例折算；

　　　4. 审核关系：04≥05，06≥07+08+09，10≥13，13=14+19，14=15+16+17+18。

指标解释：

年运行天数 指普查对象 2017 年全年正常运行的实际天数。计量单位为天，保留整数。

用电量 指 2017 年全年普查对象用于生产运行和生活的总用电量。计量单位为万千瓦时，保留 2 位小数。

设计污水处理能力 指在计划期内，污水处理厂（或某生产线）参与污水处理的全部设备和构筑物在既定的组织技术条件下所能处理的污水的量。计量单位为立方米/日，保留整数。

污水实际处理量 指普查对象 2017 年全年实际处理的污水总量。计量单位为万立方米，保留 2 位小数。

处理的生活污水量 指普查对象 2017 年全年实际处理的污水总量中生活污水的量。如普查单位不能准确计量处理水量中的生活污水量，可按设计建设时估计的生活污水占比进行折算。计量单位为万立方米，保留 2 位小数。

再生水量 指污水处理厂二级处理后的污水再经过深度处理并达到国家已颁布的再生水利用标准的水量。未达到国家已颁布的再生水利用标准的不算再生水。

工业用水量 指普查对象 2017 年污水再生水利用量中用于工业冷却用水等工业方面的水量。计量单位为万立方米，保留 2 位小数。

市政用水量 指普查对象 2017 年污水再生水利用量中用于消防、城市绿化等市政方面的水量。计量单位为万立方米，保留 2 位小数。

景观用水量 指普查对象 2017 年污水再生水利用量中用于营造城市景观水体和各种水景构筑物的水量。计量单位为万立方米，保留 2 位小数。

干污泥产生量 2017 年全年在整个污水处理过程中最终产生污泥的质量，折合含水率为 0 的干泥量填报。污泥指污水处理厂（或处理设施）在进行污水处理过程中分离出来的固体。计量单位为吨，保留整数。

$$干污泥产生量 = 湿污泥产生量 \times (1 - n\%)$$

其中：$n\%$ 为湿污泥的含水率。

污泥厌氧消化装置产气量 指通过污泥厌氧消化装置产生的沼气量。有污泥厌氧消化装置的填报。计量单位为立方米，保留整数。

干污泥处置量 指 2017 年全年采用土地利用、填埋、建筑材料利用和焚烧等方法最终消纳处置的污泥质量。计量单位为吨，保留整数。

土地利用量 指 2017 年全年将处理后的污泥作为肥料或土壤改良材料，用于园林、绿化或农业等场合的处置方式处置的污泥质量。计量单位为吨，保留整数。

填埋处置量 指 2017 年全年采取工程措施将处理后的污泥集中堆、填、埋于场地内的安全处置方式处置的污泥质量。计量单位为吨，保留整数。

建筑材料利用量 指 2017 年全年将处理后的污泥作为制作建筑材料的部分原料的处置方式处置的污泥质量。计量单位为吨，保留整数。

焚烧处置量 指 2017 年全年利用焚烧炉使污泥完全矿化为少量灰烬的处置方式处置的污泥质量。计量单位为吨，保留整数。

（3）集中式污水处理厂污水监测数据

表　　号：	J101-3 表					

统一社会信用代码：□□□□□□□□□□□□□□□□□□（□□）

组织机构代码：□□□□□□□□□（□□）

单位详细名称（盖章）：

废水排放口编号：□□□□□　　　　2017 年

制定机关：　国务院第二次全国污染源普查
　　　　　　领导小组办公室

批准机关：　国家统计局

批准文号：　国统制〔2018〕103 号

有效期至：2019 年 12 月 31 日

指标名称	计量单位	代码	监测方式	年平均值	最大月均值	最小月均值
甲	乙	丙	1	2	3	4
排水流量	立方米/时	01	□			
化学需氧量进口浓度	毫克/升	02	□			
化学需氧量排口浓度	毫克/升	03	□			
生化需氧量进口浓度	毫克/升	04	□			
生化需氧量排口浓度	毫克/升	05	□			
动植物油进口浓度	毫克/升	06	□			
动植物油排口浓度	毫克/升	07	□			
总氮进口浓度	毫克/升	08	□			
总氮排口浓度	毫克/升	09	□			
氨氮进口浓度	毫克/升	10	□			
氨氮排口浓度	毫克/升	11	□			
总磷进口浓度	毫克/升	12	□			
总磷排口浓度	毫克/升	13	□			
挥发酚进口浓度	毫克/升	14	□			
挥发酚排口浓度	毫克/升	15	□			
氰化物进口浓度	毫克/升	16	□			
氰化物排口浓度	毫克/升	17	□			
总砷进口浓度	毫克/升	18	□			
总砷排口浓度	毫克/升	19	□			
总铅进口浓度	毫克/升	20	□			
总铅排口浓度	毫克/升	21	□			
总镉进口浓度	毫克/升	22	□			
总镉排口浓度	毫克/升	23	□			
总铬进口浓度	毫克/升	24	□			
总铬排口浓度	毫克/升	25	□			
六价铬进口浓度	毫克/升	26	□			
六价铬排口浓度	毫克/升	27	□			
总汞进口浓度	毫克/升	28	□			
总汞排口浓度	毫克/升	29	□			

单位负责人：　　　　统计负责人（审核人）：　　　填表人：　　　　　报出日期：20　年　月　日

说明：1. 本表由辖区内城镇污水处理厂，工业污水集中处理厂，农村集中式污水处理设施和其他污水处理设施填报；

　　　2. 尚未领取统一社会信用代码的填写原组织机构代码；

　　　3. 开展监测的单位须填报本表；如果部分项目监测，只填报监测项目，未监测的项目不填；

　　　4. 普查对象若有多个排放口，则按不同排放口分别填报，排放口编号的编制方法见指标解释；如所有排放口都对
　　　　应同 1 个进水口，则只在 1 号排放口普查表中填写进水浓度，其他排放口不再填写；

　　　5. 污染物浓度按监测方法对应的有效数字填报；

　　　6. 监测方式指获取监测数据的监测活动方式，按：1.在线监测，2.企业自测（手工），3.委托监测，4.监督监测，
　　　　将代码填入表格内。

指标解释：

废水排放口编号 排放口编号由标识码、排放口类别代码和流水顺序码 3 个部分共 5 位字母和数字混合组成。

第一部分（第 1 位）：排放口的编码标识，使用 1 位英文字母 D（Discharge outlet 排污）表示。

第二部分（第 2 位）：环境要素标识符，使用 1 位英文字母（A 表示空气，W 表示水）表示。

第三部分（第 3～5 位）：全单位统一的排放口流水顺序码，使用 3 位阿拉伯数字。

监测方式 指获取监测数据的监测活动方式，按下列优先顺序选择：在线监测＞企业自测（手工）＞委托监测＞监督监测，将代码填入表格内：1.在线监测，2.企业自测（手工），3.委托监测，4.监督监测。

排水流量 将监测的污水流量折算为小时排放量填报。计量单位为立方米/时，保留整数。

污水污染物浓度 指污水中污染物的年平均浓度。未监测的项目不填。

进口浓度指污水处理厂进口污水中污染物的浓度。

排口浓度指污水处理厂排口污水中污染物的浓度。

（4）生活垃圾集中处置场（厂）基本情况

表　　号：J102-1 表
制定机关：国务院第二次全国污染源普查
　　　　　领导小组办公室
批准机关：国家统计局
批准文号：国统制〔2018〕103 号
有效期至：2019 年 12 月 31 日

企业盖章位置

2017 年

01.统一社会信用代码	□□□□□□□□□□□□□□□□（□□）（18 位，91 或 92 开头） 尚未领取统一社会信用代码的填写原组织机构代码：□□□□□□□□（□□）
02.单位详细名称	**********垃圾填埋场（处置场）
03.法定代表人	
04.区划代码	□□□□□□□□□□□□
05.详细地址	_____省（自治区、直辖市）　　　　　　　　　　地（区、市、州、盟） _____县（区、市、旗）　　　　　　　_____乡（镇） _____街（村）、门牌号
06.企业地理坐标	经度：____度____分____秒　　纬度：____度____分____秒
07.联系方式	联系人：　　　　　　　　电话号码：
08.建成时间	□□□□年□□月
09.垃圾处理厂类型	□　　　　1. 生活垃圾处理厂　　　2.（单独）餐厨垃圾集中处理厂
10.垃圾处理方式	□ □ □ □ □ □ □（可多选） 1. 填埋　　　2. 焚烧　　　3. 焚烧发电　　　4. 堆肥 5. 厌氧发酵　6. 生物分解　7. 其他方式
11.垃圾填埋场水平防渗	□　　　　1. 有　　　2. 无

按实际生产地址填写

单位正门所在位置的经纬度

12.排水去向类型

□

表 2　排水去向类型代码表

代码	排水去向类型	代码	排水去向类型
A	直接进入海域	F	直接进入污灌农田
B	直接进入江河湖、库等水环境	G	进入地渗或蒸发地
C	进入城市下水道（再入江河、湖、库）	H	进入其他单位
D	进入城市下水道（再入沿海海域）	L	进入工业废水集中处理厂

13.受纳水体	名称：　　　　　　　　　代码：
14.排水进入环境的地理坐标	经度：____度____分____秒　　纬度：____度____分____秒

	15. 排放口编号	排放口一　□□□□	排放口二　□□□□
焚烧废气排放口	排放口地理坐标	经度：____度____分____秒 纬度：____度____分____秒	经度：____度____分____秒 纬度：____度____分____秒
	是否安装在线监测（多选）	□ □ □ 1. 二氧化硫　2. 氮氧化物　3. 颗粒物	□ □ □ 1. 二氧化硫　2. 氮氧化物　3. 颗粒物
	烟囱高度与直径（米）	高度： 直径：	高度： 直径：

16.废气处理方法	焚烧炉一 除尘方法名称： 代码：□□□ 脱硫方法名称： 代码：□□□ 脱硝方法名称： 代码：□□□ 焚烧炉二 ...	焚烧炉一 除尘方法名称： 代码：□□□ 脱硫方法名称： 代码：□□□ 脱硝方法名称： 代码：□□□ 焚烧炉二 ...

单位负责人： 统计负责人（审核人）： 填表人： 报出日期：20 年 月 日

说明：1. 本表由辖区内生活垃圾填埋场、生活垃圾焚烧厂、垃圾堆肥场以及其他处理方式集中处理生活垃圾和餐厨垃圾的单位填报；

2. 排水去向类型为 A、B、F、G、K 中任何一种，需填报指标 13 和 14，其他排水去向类型的不填；

3. 普查对象若有多个废气排放口，且已申领排污许可证，则按排污许可证上的排放口编号填写，未领排污许可证的，排放口编号的编制方法见指标解释；

4. 一个废气排放口如对应多个焚烧炉，且每个焚烧炉都安装了废气治理设施，则分别填报。

指标解释：

建成时间 普查对象实际投入生产、使用的日期。如果普查对象有改（扩）建的，按普查对象最新的改扩建项目投入生产、使用的日期填报。

垃圾处理厂类型 根据实际处理的垃圾类别选择填报。餐厨垃圾指从事餐饮服务、集体供餐等活动的单位（含个体工商户）生产经营过程中产生的食物残渣、残液和废弃食用油脂。

垃圾处理方式 普查对象根据实际采取的垃圾处理方式选择填报，可多选。

垃圾填埋场水平防渗 指在水平方向铺设人工衬层进行防渗，防止污染地下水。

受纳水体 指普查对象废水最终排入的水体。根据生态环境部第二次全国污染源普查工作办公室确定的"附录（三） 河流名称与代码"填报受纳水体名称与代码。

排水进入环境的地理坐标 指排水出厂界后最终进入环境处（水体、农田或土地等）的经纬度。排水去向类型选择 A、B、F、G 和 K 中任何一种，须填报本指标。地理坐标"秒"最多保留 2 位小数。

排放口编号 排放口编号由标识码、排放口类别代码和流水顺序码 3 个部分共 5 位字母和数字混合组成。

第一部分（第 1 位）：排放口的编码标识，使用 1 位英文字母 D（Discharge outlet 排污）表示。

第二部分（第 2 位）：环境要素标识符，使用 1 位英文字母（A 表示空气，W 表示水）表示。

第三部分（第 3～5 位）：全单位统一的排放口流水顺序码，使用 3 位阿拉伯数字。

排放口地理坐标 指废气排放口的经纬度。

烟囱高度与直径 指废气排放口离地高度和排气筒出口处的内径。计量单位为米，保留 1 位小数。

废气处理方法 按普查对象焚烧废气处理设施采用的净化方式，按"附录（五） 指标解释通用代码表"中表 5 填报废气处理方法名称及代码。

（5）生活垃圾集中处置场（厂）运行情况

表　　号：　J102-2 表

制定机关：　国务院第二次全国污染源普查
领导小组办公室

统一社会信用代码：□□□□□□□□□□□□□□□□□□（□□）

组织机构代码：□□□□□□□□（□□）

批准机关：　国家统计局

单位详细名称（盖章）：

批准文号：　国统制〔2018〕103 号

运营单位名称：　　　　　　　　　　　　2017 年　　有效期至：2019 年 12 月 31 日

指标名称	计量单位	代码	指标值
甲	乙	丙	1
年运行天数	天	01	
本年实际处理量	万吨	02	
一、填埋方式（有填埋方式的填报）	—	—	—
设计容量	万立方米	03	
已填容量	万吨	04	
正在填埋作业区面积	万平方米	05	
已使用黏土覆盖区面积	万平方米	06	
已使用塑料土工膜覆盖区面积	万平方米	07	
本年实际填埋量	万吨	08	
二、堆肥处置方式（有堆肥处置方式的填报）	—	—	—
设计处理能力	吨/日	09	
本年实际堆肥量	万吨	10	
渗滤液收集系统	—	11	□　　1. 有　　2. 无
三、焚烧处置方式（有焚烧方式的填报）	—	—	—
设施数量	台	12	
其中：炉排炉	台	13	
流化床	台	14	
固定床（含热解炉）	台	15	
旋转炉	台	16	
其他	台	17	
设计焚烧处理能力	吨/日	18	
本年实际焚烧处理量	万吨	19	
助燃剂使用情况	—	20	□　　1. 煤炭　2. 燃料油　3. 天然气
煤炭消耗量	吨	21	
燃料油消耗量（不含车船用）	吨	22	
天然气消耗量	万立方米	23	
废气设计处理能力	立方米/时	24	
炉渣产生量	吨	25	
炉渣处置方式	—	26	□
炉渣处置量	吨	27	
炉渣综合利用量	吨	28	

指标名称	计量单位	代码	指标值
甲	乙	丙	1
焚烧飞灰产生量	吨	29	
焚烧飞灰处置量	吨	30	
焚烧飞灰综合利用量	吨	31	
四、厌氧发酵处置方式（有餐厨垃圾处理的填报）	—	—	—
设计处理能力	吨/日	32	
本年实际处置量	万吨	33	
五、生物分解处置方式（有餐厨垃圾处理的填报）	—	—	—
设计处理能力	吨/日	34	
本年实际处置量	万吨	35	
六、其他方式	—	—	—
设计处理能力	吨/日	36	
本年实际处置量	万吨	37	
七、全场（厂）废水（含渗滤液）产生及处理情况	—	—	—
废水（含渗滤液）产生量	立方米	38	
废水处理方式	—	39	□ 1. 自行处理（须填40～45项） 2. 委托其他单位处理（不填40～45项） 3. 直接回喷至填埋场（不填40～45项） 4. 直接排放（不填40～45项）
废水设计处理能力	立方米/日	40	
废水处理方法	—	41	名称： 代码：□□□□
废水实际处理量	立方米	42	
废水实际排放量	立方米	43	
渗滤液膜浓缩液产生量	立方米	44	
渗滤液膜浓缩液处理方法	—	45	□ 1. 混凝法 2. 吸附法 3. 芬顿试剂法 4. 回流（回灌） 5. 其他

单位负责人：   统计负责人（审核人）：   填表人：   报出日期：20 年 月 日

说明：1. 本表由辖区内生活垃圾填埋场、生活垃圾焚烧厂、垃圾堆肥场以及其他处理方式集中处理生活垃圾和餐厨垃圾的单位填报；

  2. 尚未领取统一社会信用代码的填写原组织机构代码；

  3. 废水处理方式为"委托其他单位处理"的，不填报 J104-1 表和 J104-3 表中水污染物排放指标；

  4. 炉渣处置方式：A. 按照危险废物填埋，B. 按照一般工业固体废物填埋，C. 按照生活垃圾填埋，D. 简易填埋，不符合国家标准的填埋设施，E. 堆放（堆置），未采取工程措施的填埋设施；

  5. 审核关系：02=08+10+19+37，12=13+14+15+16+17。

指标解释：

年运行天数　指普查对象 2017 年全年正常运行的实际天数。计量单位为天，保留整数。

本年实际处理量　指普查对象 2017 年全年处理的垃圾总质量。计量单位为万吨，保留 2 位小数。

垃圾填埋方式填报以下指标：

设计容量　指普查对象垃圾填埋设施设计建设的填埋总容量。计量单位为立方米，保留整数。

已填容量　指填埋设施投入使用以来至 2017 年年末填埋占用的累计容量。计量单位为万吨，保留整数。

正在填埋作业区面积　指生活垃圾填埋场中正在填埋的作业区面积（水平投影面积），计量单位为万平方米，保留小数点后两位有效数字。

已使用黏土覆盖区面积　指填埋库区中已使用黏土进行中间覆盖或阶段性封场的面积（水平投影面积），计量单位为万平方米，保留小数点后两位有效数字。

已使用塑料土工膜覆盖区面积　指填埋库区中已使用塑料土工膜进行中间覆盖或阶段性封场的面积（水平投影面积），计量单位为万平方米，保留小数点后两位有效数字。

本年实际填埋量　指 2017 年全年以填埋方式处理的垃圾总质量。计量单位为万吨，保留小数点后两位有效数字。

垃圾堆肥处置方式填报以下指标：

设计处理能力　指普查对象设计建设的用于堆肥方式处置垃圾的设施和构筑物，在计划期内和既定的组织技术条件下所能处置垃圾的量。计量单位为吨/日，保留整数。

本年实际堆肥量　指 2017 年全年以堆肥方式处理的垃圾总质量。计量单位为万吨，保留 2 位小数。

渗滤液收集系统　指为了防止污染水环境，与普查对象垃圾处理设施建设时同步建设的渗滤液收集系统，确认普查对象实际建设情况选择。

垃圾焚烧方式填写以下指标：

设施数量　焚烧设施总台数。计量单位为台。

设计焚烧处理能力　指在计划期内，普查对象参与垃圾焚烧的全部设备在既定的组织技术条件下所能焚烧处置垃圾的量。计量单位为吨/日，保留整数。

本年实际焚烧处理量　指普查对象 2017 年全年焚烧处理垃圾的总质量。计量单位为万吨，保留 2 位小数。

煤炭消耗量、燃料油消耗量　指普查对象 2017 年全年作为助燃剂实际消耗的煤炭、燃料油的总量。计量单位为吨，保留整数。

废气设计处理能力　指普查对象焚烧废气处理的全套设施，在计划期内和既定的组织技术条件下所能处理的焚烧废气的量。计量单位为立方米/时，保留整数。

炉渣产生量　指 2017 年全年垃圾经焚烧后生成的残渣，不包括烟气处理设备中收集的飞灰的质量。计量单位为吨，保留整数。

炉渣处置方式　根据残渣处置情况，按表 1 填报炉渣处置方式及代码。

表 1 炉渣处置方式代码表

代码	处置方式
A	按照危险废物填埋，填埋场符合《危险废物填埋污染控制标准》（GB 18598—2001）
B	按照一般工业固体废物填埋，填埋场符合《一般工业固体废物贮存、处置场污染控制标准》（GB 18599—2001）
C	按照生活垃圾填埋，填埋场符合《生活垃圾填埋污染控制标准》（GB 16889—1997）
D	简易填埋，不符合国家标准的填埋设施
E	堆放（堆置），未采取工程措施的填埋设施

炉渣处置量　指普查对象 2017 年全年利用本单位设施或委托外单位处置的残渣（不包括飞灰）的质量。计量单位为吨，保留整数。

炉渣综合利用量　指普查对象 2017 年全年残渣（不包括飞灰）的再利用量。如用炉渣制水泥、混凝土砖及其他材料等的质量。计量单位为吨，保留整数。

焚烧飞灰产生量　指 2017 年全年垃圾经焚烧处置后，从烟气处理设备中收集的烟尘的质量。计量单位为吨，保留整数。

焚烧飞灰处置量　指普查对象 2017 年全年焚烧飞灰按危险废物进行安全填埋处置的量。计量单位为吨，保留整数。

焚烧飞灰综合利用量　指普查对象 2017 年全年焚烧飞灰的再利用量。如用炉渣制水泥、混凝土砖及其他材料等的质量。计量单位为吨，保留整数。

餐厨垃圾厌氧发酵处置方式填写以下指标：

设计处理能力　指普查对象设计建设的以厌氧发酵处置方式处理垃圾的全套设施，在计划期内和既定的组织技术条件下所能处置垃圾的量。计量单位为吨/日，保留整数。

本年实际处置量　指普查对象 2017 年全年使用厌氧发酵处置方式处理垃圾的总质量。计量单位为万吨，保留 2 位小数。

餐厨垃圾生物分解处置方式填写以下指标：

设计处理能力　指普查对象设计建设的以生物养殖分解处置方式处置垃圾全套设施，在计划期内和既定组织技术条件下所能处置垃圾的量。计量单位为吨/日，保留整数。

本年实际处置量　指普查对象 2017 年全年使用生物养殖分解处置方式处理垃圾的总质量。计量单位为万吨，保留 2 位小数。

垃圾其他处置方式填写以下指标：

设计处理能力　指普查对象设计建设的以其他方式处理垃圾的全套设施，在计划期内和既定组织技术条件下所能处置垃圾的量。计量单位为吨/日，保留整数。

本年实际处置量　指普查对象 2017 年全年使用其他处置方式处理垃圾的总质量。计量单位为万吨，保留 2 位小数。

废水（含渗滤液）产生及处理情况填写以下指标：

废水（含渗滤液）产生量　指普查对象 2017 年全年实际产生的废水量（含渗滤液）。如果没有计量装置可按照产污系数计算产生量。计量单位为立方米，保留整数。

废水处理方式 包括自行处理、委托其他单位处理、直接回喷至填埋场和直接排放，根据实际情况进行选择。

废水设计处理能力 指普查对象建设的专门用于处理渗滤液的全套设施和构筑物，在既定的组织技术条件下每天所能处理渗滤液（或废水）的量。计量单位为立方米/日，保留整数。

废水处理方法 根据废水处理的工艺方法，按"附录（五） 指标解释通用代码表"中表 1 选择填报废水处理方法及代码。废水自行处理的填报此项，选择其他处理方式的不填。

表 2　废水处理方法名称及代码表

代码	处理方法名称	代码	处理方法名称	代码	处理方法名称
1000	物理处理法	4000	好氧生物处理法	6000	稳定塘、人工湿地及土地处理法
1100	过滤分离	4100	活性污泥法	6100	稳定塘
1200	膜分离	4110	A/O 工艺	6110	好氧化塘
1300	离心分离	4120	A^2/O 工艺	6120	厌氧塘
1400	沉淀分离	4130	A/O^2 工艺	6130	兼性塘
1500	上浮分离	4140	氧化沟类	6140	曝气塘
1600	蒸发结晶	4150	SBR 类	6200	人工湿地
1700	其他	4160	MBR 类	6300	土地渗滤
2000	化学处理法	4170	AB 法		
2100	中和法	4200	生物膜法		
2200	化学沉淀法	4210	生物滤池		
2300	氧化还原法	4220	生物转盘		
2400	电解法	4230	生物接触氧化法		
2500	其他	5000	厌氧生物处理法		
3000	物理化学处理法	5100	厌氧水解类		
3100	化学混凝法	5200	定型厌氧反应器类		
3200	吸附	5300	厌氧生物滤池		
3300	离子交换	5400	其他		
3400	电渗析				
3500	其他				

废水实际处理量 指普查对象 2017 年全年废水处理设施实际处理的废水总量。回喷、未经处理排入市政管网或再进入其他废水处理厂的量不计。计量单位为立方米，保留整数。

渗滤液膜浓缩液产生量 指垃圾渗滤液经过膜法处理后产生的浓缩液量，计量单位为立方米，保留整数。

渗滤液膜浓缩液处理方法 指对膜浓缩液的处理方法。

（6）危险废物集中处置厂基本情况

<table>
<tr><td></td><td>表　　号：</td><td>J103-1 表</td></tr>
<tr><td></td><td>制定机关：</td><td>国务院第二次全国污染源普查领导小组办公室</td></tr>
<tr><td></td><td>批准机关：</td><td>国家统计局</td></tr>
<tr><td></td><td>批准文号：</td><td>国统制〔2018〕103 号</td></tr>
<tr><td>2017 年</td><td>有效期至：</td><td>2019 年 12 月 31 日</td></tr>
</table>

企业盖章位置

01.统一社会信用代码	□□□□□□□□□□□□□□□□□□（□□）（18 位，91 或 92 开头） 尚未领取统一社会信用代码的填写原组织机构代码：□□□□□□□□（□□）
02.单位详细名称	**********处置场
03.经营许可证证书编号	
04.法定代表人	
05.区划代码	□□□□□□□□□□
06.详细地址	＿＿＿＿＿＿省（自治区、直辖市）＿＿＿＿＿＿地（区、市、州、盟） ＿＿＿＿＿＿县（区、市、旗）＿＿＿＿＿＿乡（镇） ＿＿＿＿＿＿街（村）、门牌号
07.企业地理坐标	经度：＿＿度＿＿分＿＿秒　纬度：＿＿度＿＿分＿＿秒
08.联系方式	联系人：　　　　　　电话号码：
09.建成时间	□□□□年□□月
10.集中处理厂类型	□ 1. 危险废物集中处置厂　　2.（单独）医疗废物集中处置厂　　3. 其他企业协同处置
11.危险废物利用处置方式（可多选）	□ □ □ □ □ 1. 综合利用　　2. 填埋　　3. 物理化学处理　　4. 焚烧　　5. 其他
12.排水去向类型	□ 表 2　排水去向类型代码表 （见下表）
13.受纳水体	名称：　　　　　　　　代码：
14.排水进入环境的地理坐标	经度：＿＿度＿＿分＿＿秒　纬度：＿＿度＿＿分＿＿秒
15.废水排口安装的在线监测设备（多选）	□ □ □ □ □ 1. 流量　　2. 化学需氧量　　3. 氨氮　　4. 总氮　　5. 总磷

表 2　排水去向类型代码表

代码	排水去向类型	代码	排水去向类型
A	直接进入海域	F	直接进入污灌农田
B	直接进入江河湖、库等水环境	G	进入地渗或蒸发地
C	进入城市下水道（再入江河、湖、库）	H	进入其他单位
D	进入城市下水道（再入沿海海域）	L	进入工业废水集中处理厂

（注：06.详细地址处批注"按实际生产地址填写"；07.企业地理坐标处批注"单位正门所在位置的经纬度"）

16.废气排放口	排放口编号	排放口一　□□□□□	排放口二　□□□□□
	地理坐标	经度：_____度_____分_____秒 纬度：_____度____分_____秒	经度：_____度_____分_____秒 纬度：_____度____分_____秒
	烟囱高度与直径（米）	高度： 直径：	高度： 直径：
	安装的在线监测设备（多选）	□　□　□ 1. 二氧化硫　2. 氮氧化物　3. 颗粒物	□　□　□ 1. 二氧化硫　2. 氮氧化物　3. 颗粒物
17.废气处理方法		焚烧炉一 除尘方法名称：　　　　　代码：□□□ 脱硫方法名称：　　　　　代码：□□□ 脱硝方法名称：　　　　代码：□□□ 焚烧炉二 …	焚烧炉一 除尘方法名称：　　　　　代码：□□□ 脱硫方法名称：　　　　　代码：□□□ 脱硝方法名称：　　　　代码：□□□ 焚烧炉二 …

单位负责人：　　　　统计负责人（审核人）：　　　填表人：　　　　　　　　报出日期：20　年　月　日

说明：1. 本表由辖区内危险废物集中处理处置厂、医疗废物集中处置厂、协同处置危险废物的企业填报；

　　　2. 排水去向类型为 A、B、F、G、K 中任何一种，需填报指标 13 和 14，其他排水去向类型的不填；

　　　3. 普查对象若有多个废气排放口，且已申领排污许可证，则按排污许可证上的排放口编号填写，未领排污许可证的，排放口编号的编制方法见指标解释；

　　　4. 一个废气排放口如对应多个焚烧炉，且每个焚烧炉都安装了废气治理设施，则分别填报。

指标解释：

建成时间　填表单位实际投入生产、使用的日期。如果普查对象有改（扩）建的，按普查对象最新的改扩建项目投入生产、使用的日期填报。

集中处置厂类型　选择对应集中处理厂类型。

危险废物集中处置厂指提供社会化有偿服务，将工业企业、事业单位、第三产业或居民生活产生的危险废物集中起来进行焚烧、填埋等处置或综合利用的场所或单位。不包括企业内部自建自用且不提供社会化有偿服务的危险废物处理（置）装置。

医疗废物集中处置厂指将医疗废物集中起来进行处置的场所。不包括医院自建自用且不提供社会化有偿服务的医疗废物处置设施。但具有危险废物经营许可证的医院纳入普查。

其他企业协同处置由企事业单位附属的同时还接受社会其他单位委托，或利用其他设施（如水泥窑、生活垃圾焚烧设施等）处理危险废物的设施。

危险废物利用处置方式　选择对危险废物的处置和利用方式，可多选，包括：

1. 综合利用：对危险废物中可利用的成分以实现资源化、无害化为目标的处理（置）方式。

2. 填埋：危险废物的一种陆地处置方式，通过设置若干个处置单元和构筑物来防止水污染、大气污染和土壤污染的危险废物最终处置方式。

3. 物理化学处理：通过蒸发、干燥、中和、沉淀等方式处置危险废物。

4. 焚烧：指焚烧危险废物使之分解并无害化的过程或处理方式。

受纳水体　指普查对象废水最终排入的水体。根据生态环境部第二次全国污染源普查工作办公室确定的"附录（三）河流名称与代码"填报受纳水体名称与代码。

排水进入环境的地理坐标　指排水出厂界后最终进入环境处（水体、农田或土地等）的经纬度。排水去向类型选择 A、B、F、G 和 K 中任何一种，须填报本指标。地理坐标"秒"最多保留 2 位小数。

排放口编号　排放口编号由标识码、排放口类别代码和流水顺序码 3 个部分共 5 位字母和数字混合组成。

第一部分（第 1 位）：排放口的编码标识，使用 1 位英文字母 D（Discharge outlet 排污）表示。

第二部分（第 2 位）：环境要素标识符，使用 1 位英文字母（A 表示空气，W 表示水）表示。

第三部分（第 3～5 位）：全单位统一的排放口流水顺序码，使用 3 位阿拉伯数字。

废气排放口地理坐标　指废气排放口的经纬度。地理坐标"秒"最多保留 2 位小数。

烟囱高度与直径　指废气排放口的离地高度和排气筒出口内径，计量单位为米，保留 1 位小数。

废气处理方法　按普查对象焚烧废气处理设施采用的净化方式，按"附录（五）指标解释通用代码表"中表 5 填报废气处理方法名称及代码。

（7）危险废物集中处置厂运行情况

表　　号： J103-2 表

制定机关： 国务院第二次全国污染源普查
领导小组办公室

批准机关： 国家统计局

批准文号： 国统制〔2018〕103 号

有效期至： 2019 年 12 月 31 日

统一社会信用代码：□□□□□□□□□□□□□□□□□□（□□）

组织机构代码：□□□□□□□□（□□）

单位详细名称（盖章）：

运营单位名称：　　　　　　　　　　　　　2017 年

指标名称	计量单位	代码	指标值
甲	乙	丙	1
本年运行天数	天	01	
一、危险废物主要利用/处置情况	—	—	—
危险废物接收量	吨	02	
设计处置利用能力	吨/年	03	
处置利用总量	吨	04	
其中：处置工业危险废物量	吨	05	
处置医疗废物量	吨	06	
处置其他危险废物量	吨	07	
综合利用危险废物量	吨	08	
二、综合利用方式（有综合利用方式的填报）	—	—	—
设计综合利用能力	吨/年	09	
实际利用量	吨	10	
综合利用方式（可多选，最多选 3 项）	—	11	□□□　　□□□　　□□□
三、填埋方式（有填埋方式的填报）	—		—
设计容量	立方米	12	
已填容量	立方米	13	
设计处置能力	吨/年	14	
实际填埋处置量	吨	15	
四、物理化学处置方式（不包括填埋或焚烧前的预处理）	—	—	—
设计处置能力	吨/年	16	
实际处置量	吨	17	
五、焚烧方式（有焚烧方式的填报）	—	—	—
设施数量	台	18	
其中：炉排炉	台	19	
流化床	台	20	

指标名称	计量单位	代码	指标值
甲	乙	丙	1
固定床（含热解炉）	台	21	
旋转炉	台	22	
其他	台	23	
设计焚烧处置能力	吨/年	24	
实际焚烧处置量	吨	25	
使用的助燃剂种类	—	26	□ 1. 煤炭　2. 燃料油　3. 天然气
煤炭消耗量	吨	27	
燃料油消耗量（不含车船用）	吨	28	
天然气消耗量	万立方米	29	
废气设计处理能力	立方米/时	30	
焚烧残渣产生量	吨	31	
焚烧残渣填埋处置量	吨	32	
焚烧飞灰产生量	吨	33	
焚烧飞灰填埋处置量	吨	34	
六、医疗废物主要处置情况（有医疗废物处置方式的填报）	—	—	—
医疗废物处置方式	—	35	□ 1. 焚烧　2. 高温蒸汽处理　3. 化学消毒处理 4. 微波消毒处理　　　　　5. 其他处置
医疗废物设计处置能力	吨/年	36	
其中：焚烧设计处置能力	吨/年	37	
实际处置医疗废物量	吨	38	
七、废水产生及处理情况	—	—	—
废水处理方法	—	39	名称：　　　　　　　　代码：□□□□
废水设计处理能力	立方米/日	40	
废水产生量	立方米	41	
实际处理废水量	立方米	42	
废水排放量	立方米	43	

单位负责人：　　　　　统计负责人（审核人）：　　　　填表人：　　　　　报出日期：20　年　月　日

说明：1. 本表由辖区内危险废物集中处理处置厂、医疗废物集中处置厂、协同处置危险废物的企业填报；

　　　2. 尚未领取统一社会信用代码的填写原组织机构代码；

　　　3. 审核关系：04=05+06+07+08，08=10，18=19+20+21+22+23。

指标解释：

本年运行天数   指普查对象 2017 年全年正常运行的实际天数。计量单位为天，保留整数。

危险废物主要利用处置情况填写以下指标：

危险废物接收量   指普查对象 2017 年全年接收入厂的危险废物总质量。计量单位为吨，保留整数。

危险废物设计处置利用能力   指在计划期内，普查对象（或某生产线）参与废物处置和利用的全部设备和构筑物在既定的组织技术条件下所能处理废物的量。计量单位为吨/年，保留整数。

危险废物处置利用总量   指普查对象 2017 年全年处置和通过综合利用方式处理的危险废物总质量。计量单位为吨，保留整数。

处置工业危险废物量   指普查对象 2017 年全年采用各种方式处置的工业危险废物的总质量。计量单位为吨，保留整数。

处置医疗废物量   指普查对象 2017 年全年采用各种方式处置的医疗废物的总质量。计量单位为吨，保留整数。

处置其他危险废物量   指普查对象 2017 年全年采用各种方式处置的除工业危险废物和医疗废物以外其他危险废物的总质量，如教学科研单位实验室、机械电器维修、胶卷冲洗、居民生活等产生的危险废物。计量单位为吨，保留整数。

综合利用危险废物量   指普查对象 2017 年全年以综合利用方式处理的危险废物总质量。计量单位为吨，保留整数。

危险废物综合利用方式填写以下指标：

危险废物设计综合利用能力   指在计划期内，普查对象（或某生产线）参与废物利用的全部设备和构筑物在既定的组织技术条件下所能处理利用废物的量。计量单位为吨/年，保留整数。

危险废物实际利用量   指普查对象 2017 年全年以综合利用方式处理的危险废物总质量。计量单位为吨，保留整数。

综合利用方式   根据普查对象实际情况，按照表 1 选择填写，可多选。

表 1   危险废物利用/处置方式

代码	说明
危险废物（不含医疗废物）利用方式	
R1	作为燃料（直接燃烧除外）或以其他方式产生能量
R2	溶剂回收/再生（如蒸馏、萃取等）
R3	再循环/再利用不是用作溶剂的有机物
R4	再循环/再利用金属和金属化合物
R5	再循环/再利用其他无机物
R6	再生酸或碱
R7	回收污染减除剂的组分

代码	说明
R8	回收催化剂的组分
R9	废油再提炼或其他废油的再利用
R15	其他
危险废物（不含医疗废物）处置方式	
D1	填埋
D9	物理化学处理（如蒸发、干燥、中和、沉淀等），不包括填埋或焚烧前的预处理
D10	焚烧
D16	其他
其他	
C1	水泥窑协同处置
C2	生产建筑材料
C3	清洗（包装容器）
医疗废物处置方式	
Y10	医疗废物焚烧
Y11	医疗废物高温蒸汽处理
Y12	医疗废物化学消毒处理
Y13	医疗废物微波消毒处理
Y16	医疗废物其他处置方式

危险废物填埋方式填写以下指标：

设计容量 指普查对象填埋设施设计建设的填埋废物的构筑物的总容量。计量单位为立方米，保留整数。

已填容量 指填埋设施投入使用以来，至 2017 年年末填埋占用的累计容量。计量单位为立方米，保留整数。

设计处置能力 指在计划期内，普查对象参与废物填埋处置的全部设备和构筑物在既定的组织技术条件下所能填埋处置废物的量。计量单位为吨/年，保留整数。

实际填埋处置量 指普查对象 2017 年全年以填埋方式处置的危险废物总质量。计量单位为吨，保留整数。

危险废物物理化学处置方式填写以下指标：

设计处置能力 指在计划期内，普查对象（或某生产线）参与以物理化学方式处置废物的全部设备和配套设施在既定的组织技术条件下所能处理废物的量。计量单位为吨/年，保留整数。

实际处置量 指普查对象 2017 年全年以物理化学方式处理的危险废物总质量。计量单位为吨，保留整数。

物理化学处置方式 指普查对象处理危险废物的物理化学方式，包括蒸发、干燥、中和、沉淀、固化、氧化还原、其他。不包括填埋或焚烧前的预处理。

危险废物焚烧方式填写以下指标：

设施数量   焚烧设施总台数。计量单位为台。

设计焚烧处置能力   指在计划期内，普查对象参与废物焚烧的全部设备在既定的组织技术条件下所能焚烧处置废物的量。计量单位为吨/年，保留整数。

实际焚烧处置量   指普查对象 2017 年全年以焚烧方式处置的危险废物总质量。计量单位为吨，保留整数。

煤炭消耗量、燃料油消耗量、天然气消耗量   填报普查对象 2017 年全年实际消费的煤炭、燃料油和天然气的总量。计量单位为吨或立方米，保留整数。

废气设计处理能力   指普查对象设计建设的焚烧废气处理的全套设施在计划期内和既定的组织技术条件下所能处理的焚烧废气的量。计量单位为立方米/时，保留整数。

焚烧残渣产生量   指 2017 年全年危险废物经焚烧处置后生成的残渣，不包括烟气处理设备中收集的飞灰的质量。计量单位为吨，保留整数。

焚烧残渣填埋处置量   指普查对象 2017 年全年炉渣按危险废物进行安全填埋处置的量。计量单位为吨，保留整数。

焚烧飞灰产生量   指 2017 年全年从危险废物焚烧烟气处理设备中收集的烟尘的质量。计量单位为吨，保留整数。

焚烧飞灰填埋处置量   指普查对象 2017 年全年焚烧飞灰按危险废物进行安全填埋处置的量。计量单位为吨，保留整数。

医疗废物主要处置情况填报以下指标：

医疗废物设计处置能力   指在计划期内，普查对象（或某生产线）参与废物处置的全部设备和构筑物在既定的组织技术条件下所能处理废物的量。计量单位为吨/年，保留整数。

焚烧设计处置能力   指在计划期内，普查对象参与废物焚烧的全部设备在既定的组织技术条件下所能焚烧处置废物的量。计量单位为吨/年，保留整数。

实际处置医疗废物量   指普查对象 2017 年全年对医疗废物采取焚烧、化学消毒、微波消毒和高温蒸汽处理，最终置于符合环境保护规定要求的场所并不再回取的医疗废物总质量。计量单位为吨，保留整数。

废水（主要指危险废物处置厂产生的渗滤液以及设备冷却、设备清洗和地面清洗等过程产生的废水）产生及处理情况填报以下指标：

废水处理方法   根据废水处理的工艺方法，按"附录（五） 指标解释通用代码表"中表 2 选择填报废水处理方法及代码。

表 2　废水处理方法名称及代码表

代码	处理方法名称	代码	处理方法名称	代码	处理方法名称
1000	物理处理法	4000	好氧生物处理法	6000	稳定塘、人工湿地及土地处理法
1100	过滤分离	4100	活性污泥法	6100	稳定塘
1200	膜分离	4110	A/O 工艺	6110	好氧化塘
1300	离心分离	4120	A^2/O 工艺	6120	厌氧塘
1400	沉淀分离	4130	A/O^2 工艺	6130	兼性塘
1500	上浮分离	4140	氧化沟类	6140	曝气塘
1600	蒸发结晶	4150	SBR 类	6200	人工湿地
1700	其他	4160	MBR 类	6300	土地渗滤
2000	化学处理法	4170	AB 法		
2100	中和法	4200	生物膜法		
2200	化学沉淀法	4210	生物滤池		
2300	氧化还原法	4220	生物转盘		
2400	电解法	4230	生物接触氧化法		
2500	其他	5000	厌氧生物处理法		
3000	物理化学处理法	5100	厌氧水解类		
3100	化学混凝法	5200	定型厌氧反应器类		
3200	吸附	5300	厌氧生物滤池		
3300	离子交换	5400	其他		
3400	电渗析				
3500	其他				

废水设计处理能力　指普查对象建设的专门用于处理废水的全套设施和构筑物在既定的组织技术条件下每天所能处理废水的量。计量单位为立方米/日，保留整数。

废水产生量　指普查对象 2017 年全年实际产生的废水量。如果没有计量装置可按照产污系数计算产生量。计量单位为立方米，保留整数。

实际处理废水量　指普查对象 2017 年全年废水处理设施实际处理的废水总量。未经处理排入市政管网或再进入其他污水处理厂的量不计。计量单位为立方米，保留整数。

废水排放量　指普查对象 2017 年全年排放到外部的废水的总量（包括经过处理的和未经处理的）。如果没有计量装置可按照排污系数计算排放量。计量单位为立方米，保留整数。

（8）生活垃圾/危险废物集中处置厂（场）废水监测数据

		表　　号：	J104-1 表
		制定机关：	国务院第二次全国污染源普查领导小组办公室

统一社会信用代码：□□□□□□□□□□□□□□□□□□（□□）
组织机构代码：□□□□□□□□□（□□）
单位详细名称（盖章）：
废水排放口编号：□□□□□　　2017 年

批准机关：	国家统计局
批准文号：	国统制〔2018〕103 号
有效期至：	2019 年 12 月 31 日

指标名称	计量单位	代码	监测方式	指标值
甲	乙	丙	1	2
废水（含渗滤液）流量	立方米/天	01	□	
化学需氧量进口浓度	毫克/升	02	□	
化学需氧量排口浓度	毫克/升	03	□	
生化需氧量进口浓度	毫克/升	04	□	
生化需氧量排口浓度	毫克/升	05	□	
动植物油进口浓度	毫克/升	06	□	
动植物油排口浓度	毫克/升	07	□	
总氮进口浓度	毫克/升	08	□	
总氮排口浓度	毫克/升	09	□	
氨氮进口浓度	毫克/升	10	□	
氨氮排口浓度	毫克/升	11	□	
总磷进口浓度	毫克/升	12	□	
总磷排口浓度	毫克/升	13	□	
挥发酚进口浓度	毫克/升	14	□	
挥发酚排口浓度	毫克/升	15	□	
氰化物进口浓度	毫克/升	16	□	
氰化物排口浓度	毫克/升	17	□	
总砷进口浓度	毫克/升	18	□	
总砷排口浓度	毫克/升	19	□	
总铅进口浓度	毫克/升	20	□	
总铅排口浓度	毫克/升	21	□	
总镉进口浓度	毫克/升	22	□	
总镉排口浓度	毫克/升	23	□	
总铬进口浓度	毫克/升	24	□	
总铬排口浓度	毫克/升	25	□	
六价铬进口浓度	毫克/升	26	□	
六价铬排口浓度	毫克/升	27	□	
总汞进口浓度	毫克/升	28	□	
总汞排口浓度	毫克/升	29	□	

单位负责人：　　　　　统计负责人（审核人）：　　　　填表人：　　　　　报出日期：20　年　月　日

说明：1. 本表由辖区内生活垃圾集中处理处置设施和危险废物集中处理处置厂、医疗废物集中处理处置厂的企业填报；

　　　2. 尚未领取统一社会信用代码的填写原组织机构代码；

　　　3. 采用监测数据计算污染物排放量的单位填报本表，如果部分项目监测，只填报监测项目，未监测的项目不填；

　　　4. 普查对象若有多个排放口，则按不同排放口分别填报，排放口编号的编制方法见指标解释；

　　　5. 污染物浓度按年平均浓度填报并按监测方法对应的有效数字填报；

　　　6. 监测方式指获取监测数据的监测活动方式，按：1.在线监测，2.企业自测（手工），3.委托监测，4.监督监测，将代码填入表格内。

指标解释：

普查对象若有多个排放口，则按不同排放口分别填报。

废水排放口编号　排放口编号由标识码、排放口类别代码和流水顺序码3个部分共5位字母和数字混合组成。

第一部分（第1位）：排放口的编码标识，使用1位英文字母D（Discharge outlet 排污）表示。

第二部分（第2位）：环境要素标识符，使用1位英文字母（A表示空气，W表示水）表示。

第三部分（第3~5位）：全单位统一的排放口流水顺序码，使用3位阿拉伯数字。

监测方式　指获取监测数据的监测活动方式，按下列优先顺序选择：在线监测＞企业自测（手工）＞委托监测＞监督监测，将代码填入表格内：1.在线监测，2.企业自测（手工），3.委托监测，4.监督监测。

废水流量　按监测时测得的废水流量折算成每天的废水流量填报。计量单位为立方米/天，保留整数。

污染物浓度　指废水中污染物的年平均浓度。未监测的项目不填。

进口浓度：指进入处理设施前废水中污染物的浓度。

排口浓度：指经过处理设施处理后排出的废水中污染物的浓度。

无废水处理设施的只填写废水流量和排放口污染物监测数据。

（9）生活垃圾/危险废物集中处置厂（场）焚烧废气监测数据

表　　号： J104-2 表

制定机关： 国务院第二次全国污染源普查

领导小组办公室

批准机关： 国家统计局

统一社会信用代码：□□□□□□□□□□□□□□□□□□（□□）

组织机构代码：□□□□□□□□（□□）

单位详细名称（盖章）：

废气排放口编号：□□□□□　　　　2017 年

批准文号： 国统制〔2018〕103 号

有效期至： 2019 年 12 月 31 日

指标名称	计量单位	代码	监测方式	指标值
甲	乙	丙	1	2
焚烧废气流量	立方米/时	01	□	
年排放时间	小时	02	□	
二氧化硫浓度	毫克/立方米	03	□	
氮氧化物浓度	毫克/立方米	04	□	
颗粒物浓度	毫克/立方米	05	□	
砷及其化合物浓度	毫克/立方米	06	□	
铅及其化合物浓度	毫克/立方米	07	□	
镉及其化合物浓度	毫克/立方米	08	□	
铬及其化合物浓度	毫克/立方米	09	□	
汞及其化合物浓度	毫克/立方米	10	□	

单位负责人：　　　　统计负责人（审核人）：　　　填表人：　　　　报出日期：20　年　月　日

说明： 1. 本表由辖区内生活垃圾集中处理处置设施和危险废物集中处理处置厂、医疗废物集中处理处置厂的企业填报；

2. 尚未领取统一社会信用代码的填写原组织机构代码；

3. 采用监测数据计算污染物排放量的单位填报本表，未使用监测数据的单位不填报；如果部分项目监测，只填报监测项目，未监测的项目不填；

4. 普查对象若有多个排放口，则按不同排放口分别填报，排放口编号的编制方法见指标解释；

5. 污染物浓度按年平均浓度填报并按监测方法对应的有效数字填报；废气流量保留整数，污染物浓度按监测方法对应的有效数字填报；

6. 监测方式指获取监测数据的监测活动方式，按 1.在线监测，2.企业自测（手工），3.委托监测，4.监督监测，将代码填入表格内。

指标解释：

采用焚烧方式的普查对象填报此表。

监测方式　指获取监测数据的监测活动方式，按下列优先顺序选择：在线监测＞企业自测（手工）＞委托监测＞监督监测，将代码填入表格内：1.在线监测，2.企业自测（手工），3.委托监测，4.监督监测。

焚烧废气流量　废气流量按标况下小时流量填报。

年排放时间　指废气排放的实际小时数。保留整数。

污染物浓度　按照废气中污染物的年平均浓度填报。

排放浓度：指烟气经处理设施处理后，排放的废气污染物的排放浓度，各项污染物的浓度均指在标准状态下以 11%（V/V%）O_2（干烟气）作为换算基准换算后的浓度。

废气流量计量单位为立方米/时，保留整数；焚烧废气污染物浓度计量单位为毫克/立方米，污染物浓度按监测方法对应的有效数字填报。

按焚烧废气排放口逐一填写。

（10）生活垃圾/危险废物集中处置厂（场）污染物排放量

表　　　号：J104-3 表
制定机关：国务院第二次全国污染源普查
领导小组办公室
批准机关：国家统计局
批准文号：国统制〔2018〕103 号
有效期至：2019 年 12 月 31 日

统一社会信用代码：□□□□□□□□□□□□□□□□□□（□□）
组织机构代码：□□□□□□□□（□□）
单位详细名称（盖章）：　　　　　　　　　　　　　2017 年

指标名称	计量单位	代码	数据来源	指标值
甲	乙	丙	1	2
一、废水主要污染物	—	—	—	—
化学需氧量产生量	吨	01	□	
化学需氧量排放量	吨	02	□	
生化需氧量产生量	吨	03	□	
生化需氧量排放量	吨	04	□	
动植物油产生量	吨	05	□	
动植物油排放量	吨	06	□	
总氮产生量	吨	07	□	
总氮排放量	吨	08	□	
氨氮产生量	吨	09	□	
氨氮排放量	吨	10	□	
总磷产生量	吨	11	□	
总磷排放量	吨	12	□	
挥发酚产生量	千克	13	□	
挥发酚排放量	千克	14	□	
氰化物产生量	千克	15	□	
氰化物排放量	千克	16	□	
砷产生量	千克	17	□	
砷排放量	千克	18	□	
铅产生量	千克	19	□	
铅排放量	千克	20	□	
镉产生量	千克	21	□	
镉排放量	千克	22	□	
总铬产生量	千克	23	□	
总铬排放量	千克	24	□	
六价铬产生量	千克	25	□	
六价铬排放量	千克	26	□	
汞产生量	千克	27	□	
汞排放量	千克	28	□	

指标名称	计量单位	代码	数据来源	指标值
甲	乙	丙	1	2
二、焚烧废气主要污染物	—	—	—	—
焚烧废气排放量	立方米	29	□	
二氧化硫排放量	千克	30	□	
氮氧化物排放量	千克	31	□	
颗粒物排放量	千克	32	□	
砷及其化合物排放量	千克	33	□	
铅及其化合物排放量	千克	34	□	
镉及其化合物排放量	千克	35	□	
铬及其化合物排放量	千克	36	□	
汞及其化合物排放量	千克	37	□	

单位负责人：　　　　统计负责人（审核人）：　　　填表人：　　　　　报出日期：20　年　月　日

说明：1. 本表由辖区内生活垃圾集中处理处置设施和危险废物集中处理处置厂、医疗废物集中处理处置厂的企业填报；

2. 尚未领取统一社会信用代码的填写原组织机构代码；

3. 没有焚烧方式的危险废物处置厂不填报焚烧废气各项污染物产生量和排放量；

4. 本表各项污染物产生总量和排放总量按全厂填报，不按排放口填；

5. 污染物产生量和排放量，以吨为单位的指标保留 2 位小数，以千克为单位的指标保留整数；

6. 数据来源指污染物产排放量计算采用的数据来源，按：1.在线监测，2.企业自测（手工），3.委托监测，4.监督监测，5.系数法，将代码填入表格内。

指标解释：

废水污染物产生量　指 2017 年全年未经过处理的废水中所含的各项污染物本身的纯质量。按年产生量填报。

废水污染物排放量　指 2017 年全年排放的废水中所含的各项污染物本身的纯质量。按年排放量填报。

焚烧废气污染物排放量　指 2017 年全年危险废物焚烧过程中排放到大气中的废气（包括处理过的、未经过处理）中所含的颗粒物、二氧化硫、氮氧化物、铅、汞、镉、砷、铬等重金属及其化合物（以重金属元素计）的固态、气态污染物的纯质量。按年排放量填报。

数据来源　指污染物排放量计算所采用的数据来源。按下列优先顺序选择：在线监测＞企业自测（手工）＞委托监测＞监督监测＞系数法，将代码填入表格内：1.在线监测，2.企业自测（手工），3.委托监测，4.监督监测，5.系数法。

3.5 移动源

3.5.1 普查表填报范围识别

（1）Y101 表

由辖区内从事油品储存的企业填报，有多个库区的按照库区逐个分别填报。专门从事油气仓储（5941）服务企业的储油库需填报本表，石油开采、炼制加工、石油化学工业等工业企业内部储油库不在本表填报范围内。

（2）Y102 表

由辖区内从事油品销售的企业填报，有多个加油站的按照加油站逐个分别填报。

（3）Y103 表

由辖区内从事油品运输的企业填报。按该企业营业执照或道路危险货物运输许可证注册地填报，统计范围包括该企业注册和挂靠的全部油罐车。

（4）Y201-1 表

由直辖市、地（区、市、州、盟）公安交管部门根据机动车注册管理信息填报。

（5）Y201-2 表

由直辖市、地（区、市、州、盟）普查机构根据核算结果填报。

（6）Y202-1 表

直辖市、地（区、市、州、盟）农机管理部门根据《全国农业机械化管理统计报表制度》的农业机械拥有量［农市（机年）3 表］填报。

（7）Y202-2 表

由直辖市、地（区、市、州、盟）农机管理部门参照《全国农业机械化管理统计报表制度》中的农业生产燃油消耗情况［农市（机年）6 表］填报。

（8）Y202-3 表

由直辖市、地（区、市、州、盟）渔业管理部门参照《渔业统计报表制度》中的渔业船舶拥有量（水产年报 12 表）填报。

（9）Y202-4 表

由直辖市、地（区、市、州、盟）普查机构根据核算结果填报。

（10）Y203 表

由直辖市、地（区、市、州、盟）普查机构根据核算结果填报。

3.5.2 普查表填报与审核

（1）普查表填报

机动车保有量（Y201-1 表）由直辖市、地（区、市、州、盟）公安交管部门填报。农业机械拥有量（Y202-1 表）由直辖市、地（区、市、州、盟）农机管理部门参照《全国农业机械化管理统计报表制度》中的农业机械拥有量［农市（机年）3 表］填报；农业生产燃油消耗情况（Y202-2 表）由直辖市、地（区、市、州、盟）农机管理部门，参照《全国农业机械化管理统计报表制度》中的农业生产燃油消耗情况［农市（机年）6 表］填报；机动渔船拥有量（Y202-3 表）由直辖市、地（区、市、州、盟）渔业管理部门参照《渔业统计报表制度》中的渔业船舶拥有量（水产年报 12 表）填报。

储油库油气回收情况（Y101 表）由油品储存企业填报，加油站油气回收情况（Y102 表）由油品销售企业填报，油品运输企业油气回收情况（Y103 表）由油品运输企业填报。

工程机械保有量，营运船舶注册登记数据、船舶自动识别系统（AIS）数据、船舶进出港数据，飞机起降架次和燃油消耗量，铁路内燃机车燃油消耗量和客货周转量等，由国家普查机构通过部门或行业数据共享获取。

移动源污染物排放情况表包括机动车污染物排放情况（Y201-2 表）、农业机械污染物排放情况（Y202-4 表）以及油品储运销污染物排放情况（Y203 表），由直辖市、地（区、市、州、盟）普查机构填报。

普查员或普查指导员需利用移动数据采集终端现场采集加油站地理坐标。

（2）普查数据的审核

各级污染源普查机构应加强普查表填报人员和审核人员的培训，建立并实施分级审核制度。对储油库、加油站、油罐车油气回收情况基层表进行三级审核，即普查对象自审、普查员初审、普查指导员审核；其他移动源普查综合表由相关部门填报并核对确认。普查数据审核时，审核人员应对数据的完整性、合理性、逻辑性进行审核。

3.5.3　污染物排放量核算

移动源污染物排放量采用排放系数法测算。原则上，排放系数统一由国务院第二次全国污染源普查领导小组办公室提供，不得采用其他各类排放系数或经验系数。

工程机械、船舶、飞机、铁路内燃机车排放量由国家普查机构统一核算。工程机械污染物排放量测算采用单位功率排放系数法；船舶污染物排放量测算采用单位功率排放系数法，核算的水域范围为我国领海基线外 12 海里①向陆地一侧的水域；飞机污染物排放量测算采用单位起降架次排放系数法；铁路内燃机车污染物排放量测算采用单位燃油消耗量排放系数法。

---

① 1 海里=1.852 千米。

3.5.4　移动源填报说明

（1）储油库油气回收情况

表　　号：Y101 表

制定机关：国务院第二次全国污染源普查
领导小组办公室

批准机关：国家统计局

批准文号：国统制〔2018〕103 号

2017 年　　有效期至：2019 年 12 月 31 日

企业盖章位置

按实际生产地址填写

01.统一社会信用代码	□□□□□□□□□□□□□□□□□□（□□）（18 位，91 或 92 开头）尚未领取统一社会信用代码的填写原组织机构代码：□□□□□□□□（□□）						
02.单位详细名称及曾用名	单位详细名称：**********公司　曾用名：所有企业信息请按照实际情况填写						
03.法定代表人/个体工商户户主姓名							
04.企业内部的储油库（区）的名称							
05.区划代码	□□□□□□□□□□□□						
06.详细地址	_____省（自治区、直辖市）_____地（区、市、州、盟）_____县（区、市、旗）_____乡（镇）_____街（村）、门牌号						
07.联系方式	联系人：　　　　　　　电话号码：						

储油库油气回收情况

指标名称	单位	原油		汽油		柴油	
	甲	1	2	3	4	5	6
08.储罐编码	—						
09.储罐罐容	立方米						
10.年周转量	吨						
11.油气回收治理技术顶罐结构	—	—	—	□	□	—	—
12.装油方式	—	—	—	□	□	—	—
13.油气处理方法	—	—	—	□	□	—	—
14.有无在线监测系统	—	—	—	□ 1 有 2 无	□ 1 有 2 无	—	—
15.油气回收装置年运行小时数	小时	—					

单位负责人：　　　　统计负责人（审核人）：　　　填表人：　　　　报出日期：20　年　月　日

说明：1. 本表由辖区内从事油品储存的企业填报，有多个库区的按照库区逐个分别填报；

2. 储罐编码按顺序填写，可以增加列；

3. 10.年周转量如果无法按单个储罐统计填报，则按库区原油、汽油、柴油的年周转量统计，分别填写在原油、汽油、柴油年周转量指标的第 1 列，其他列按 0 填报；

4. 11.油气回收治理技术顶罐结构按"1.内浮顶灌，2.外浮顶灌，3.固定顶罐"选择填报；

5. 12.装油方式按"1.底部装油，2.顶部装油"选择填报；

6. 13.油气处理方法按"1.吸附法，2.吸收法，3.冷凝法，4.膜分离法，5 其他"选择填报；

7. 油气回收装置年运行小时填写油气回收装置年运行时间；

8. 储罐罐容、年周转量最多保留 2 位小数。

指标解释：

燃油类型 包括原油、汽油、柴油（包括生物柴油）。原油指各种碳氢化合物的复杂混合物，通常呈暗褐色或者黑色液态，少数呈黄色、淡红色、淡褐色。汽油指由常减压装置蒸馏产出的直馏汽油组分、二次加工装置产出的汽油组分（如催化汽油、加氢裂化汽油、催化重整汽油、加氢精制后的焦化汽油等）及高辛烷值汽油组分，按一定比例调和后加入适量抗氧防胶剂、金属钝化剂，必要时加入适量的抗爆剂和甲基叔丁基醚（MTBE）等制成。柴油指由常减压装置蒸馏产出的直馏柴油或经过精制的二次加工柴油组分（如催化裂化柴油、加氢裂化柴油、加氢精制后的焦化柴油等）按一定比例调和而成，供转速为每分钟 1 000 转以上的柴油机使用的柴油。

储罐罐容 指实际储油过程中单个储罐可储藏的最大油料容积，又叫有效容积。

年周转量 指储油库的一个储罐在一年时间内，由各种运输工具或管道实际完成入库和出库的油品质量的总和。

顶罐结构 包括内浮顶灌、外浮顶灌、固定顶罐。内浮顶罐是指带罐顶的浮顶罐，储油罐内部具有一个漂浮在贮液表面上的浮动顶盖，随着储液的输入输出而上下浮动；外浮顶灌是指储油罐的顶部是一个漂浮在贮液表面上的浮动顶盖，油罐顶部结构随罐内储存液位的升降而升降，顶部活动；固定顶罐是指罐顶部结构与罐体采用焊接方式连接，顶部固定的储油罐，一般有拱顶和锥顶两种结构。

装油方式 包括底部装油和顶部装油。底部装油是指从罐体的底部往罐内注油的装油方式，也叫下装装油方式，一般需要在罐体底部安装防溢漏系统、油气回收系统等结构；顶部装油是指从罐体上方的入孔往罐内注油的装油方式。

油气处理方法 包括吸附法、吸收法、冷凝法、膜分离法等。吸附法是指利用固体吸附剂的物理吸附和化学吸附性能，去除油气的方法；吸收法是指利用选定的液体吸收剂吸收溶解或与吸收剂中的组分发生选择性化学反应从而去除油气的方法；冷凝法是指利用物质在不同温度下具有不同饱和蒸汽压这一物理性质，采用降低系统温度或提高系统压力的方法，使处于蒸汽状态的油气冷凝从而去除油气的方法；膜分离法是指利用特殊薄膜对液体中的某些成分进行选择性透过的方法，将浓度较高的油气通过薄膜分离出来的方法。

在线监测系统 指在线监测油气回收过程中的压力、油气回收效率是否正常的系统。

（2）加油站油气回收情况

表　　号：　Y102 表

制定机关：　国务院第二次全国污染源普查
　　　　　　领导小组办公室

批准机关：　国家统计局

批准文号：　国统制〔2018〕103 号

2017 年　　　　　有效期至：　2019 年 12 月 31 日

企业盖章位置

01.统一社会信用代码	□□□□□□□□□□□□□□□□□□（□□）（18 位，91 或 92 开头） 尚未领取统一社会信用代码的填写原组织机构代码：□□□□□□□□（□□）
02.单位详细名称及曾用名	单位详细名称：**********公司 曾用名：所有企业信息请按照实际情况填写
03.法定代表人/个体工商户户主姓名	
04.所属加油站名称	
05.区划代码	□□□□□□□□□□□□
06.详细地址	＿＿＿＿＿省（自治区、直辖市）＿＿＿＿＿地（区、市、州、盟） ＿＿＿＿＿县（区、市、旗）＿＿＿＿＿乡（镇） ＿＿＿＿＿街（村）、门牌号
07.地理坐标	经度：＿＿＿度＿＿＿分＿＿＿秒　纬度：＿＿＿度＿＿＿分＿＿＿秒
08.联系方式	联系人：＿＿＿＿＿＿　电话号码：＿＿＿＿＿＿

加油站所在位置的经纬度

按实际生产地址填写

加油站油气回收情况

指标名称	汽油	柴油
	1	2
09.总罐容（立方米）		
10.年销售量（吨）		
11.油气回收阶段	□　1. 一阶段　2. 二阶段　3. 无	—
12.有无排放处理装置	□　1. 有　　2. 无	—
13.有无在线监测系统	□　1. 有　　2. 无	—
14.油气回收装置改造完成时间	□□□□年□□月	—
15.储罐类型	□　1. 地上储罐 2. 覆土立式油罐　3. 覆土卧式油罐	□　1. 地上储罐 2. 覆土立式油罐　3. 覆土卧式油罐
16.储罐壳体类型	□　1. 单层　　2. 双层	□　1. 单层　　2. 双层
17.有无防渗池	□　1. 有　　2. 无	□　1. 有　　2. 无
18.有无防渗漏监测设施	□　1. 有　　2. 无	□　1. 有　　2. 无
19.有无双层管道	□　1. 有　　2. 无	□　1. 有　　2. 无

单位负责人：　　　　统计负责人（审核人）：　　　填表人：　　　　报出日期：20　年　月　日

说明：1. 本表由辖区内从事油品销售的企业填报，有多个加油站的按照加油站逐个分别填报；

　　　2. 统计范围：辖区内对外营业的加油站；

　　　3. 燃油类型包括汽油、柴油（包括生物柴油）；

　　　4. 油气回收阶段包括一阶段、二阶段，未进行任何油气回收改造的填"无"；

　　　5. 总罐容、年销售量指标最多保留 2 位小数。

指标解释:

加油站总罐容　指加油站同一燃料类型储罐设计容积之总和。

油气回收阶段　分为一阶段、二阶段,完成卸油油气回收系统改造的称为一阶段,完成储油和加油油气回收系统改造的称为二阶段。

排放处理装置　指针对加油油气回收系统部分排放的油气,通过采用吸附、吸收、冷凝、膜分离等方法对这部分排放的油气进行回收处理的装置。

在线监测系统　指在线实时监测加油油气回收过程中的加油枪气液比、油气回收系统的密闭性、油气回收管线液阻是否正常的系统。

储罐类型　包括地上储罐、覆土立式油罐、覆土卧式油罐三种。地上储罐是指在地面以上,露天建设的立式储罐和卧式储罐的统称;覆土立式油罐是指独立设置在用土掩埋的罐室或护体内的立式油品储罐;覆土卧式储罐是指采用直接覆土或埋地方式设置的卧式油罐,包括埋地卧式油罐,埋地卧式储罐是指采用直接覆土或灌池充沙(细土)方式埋设在地下,且罐内最高液面低于罐外 4 米范围内地面的最低标高 0.2 米的卧式储罐。

储罐壳体类型　包括单层和双层。单层罐罐壁为单层的储罐;双层罐由内、外罐罐壁构成具有双层间隙的储罐。

防渗池　是指储罐外围专门设置的能够起到二次油品防渗保护的池子。对于储油库等的地下单层储罐来说,一般应采取防渗池等有效措施防治油品泄漏对水体的污染。

防渗漏监测措施　是指采用一定的方式方法,可以对双层储罐、防渗池进行有效监测的设施或措施。

双层管道　是由内、外管管壁形成的具有双层间隙的管道。

（3）油品运输企业油气回收情况

表　　号：Y 103 表

制定机关：国务院第二次全国污染源普查

领导小组办公室

批准机关：国家统计局

批准文号：国统制〔2018〕103 号

2017 年　　　　　有效期至：2019 年 12 月 31 日

01.统一社会信用代码	□□□□□□□□□□□□□□□□□□（□□）（18 位，91 或 92 开头） 尚未领取统一社会信用代码的填写原组织机构代码：□□□□□□□□□（□□）
02.单位详细名称	
03.法定代表人/个体工商户户主姓名	
04.区划代码	□□□□□□□□□□□□
05.详细地址	＿＿＿＿＿ 省（自治区、直辖市）＿＿＿＿＿＿＿＿ 地（区、市、州、盟） ＿＿＿＿＿ 县（区、市、旗）＿＿＿＿＿＿＿＿ 乡（镇） ＿＿＿＿＿＿＿＿＿ 街（村）、门牌号
06.地理坐标（企业）	经度：＿＿＿＿ 度 ＿＿＿＿ 分 ＿＿＿＿ 秒　纬度：＿＿＿＿ 度 ＿＿＿＿ 分 ＿＿＿＿ 秒
07.联系方式	联系人：＿＿＿＿＿＿＿＿＿＿　电话号码：＿＿＿＿＿＿＿
08.年汽油运输总量	＿＿＿＿＿＿ 吨
09.年柴油运输总量	＿＿＿＿＿＿ 吨
10.油罐车数量	＿＿＿＿＿＿ 辆
11.具有油气回收系统的油罐车数量	＿＿＿＿＿＿ 辆
12.定期进行油气回收系统检测的油罐车数量	＿＿＿＿＿＿ 辆

企业盖章位置

企业正门所在位置的经纬度

按实际生产地址填写

单位负责人：　　　统计负责人（审核人）：　　　填表人：　　　报出日期：20 年 月 日

说明：1. 本表由辖区内从事油品运输的企业填报；

2. 统计范围：辖区内油罐车（包括租赁车辆）；

3. 年汽油运输总量、年柴油运输总量、油罐车数量最多保留 2 位小数；

4. 审核关系：10≥11≥12。

指标解释：

年汽油运输总量　指企业在一年内所有油罐车运送所有标号汽油的总量。

年柴油运输总量　指企业在一年内所有油罐车运送所有标号柴油（包括生物柴油）的总量。

具有油气回收系统的油罐车数量　指企业完成油气回收系统改造的油罐车和新购置具有油气回收系统的油罐车数量之和。

定期进行油气回收检测的油罐车数量　指至少每年进行一次油气回收系统密闭性检测的油罐车数量之和。

4　质量控制要求

4.1　总体要求

各级普查机构要建立健全普查责任体系，明确主体责任、监督责任和相关责任。地方各级普查机构应设立专门的质量管理岗位并明确质量负责人，对普查的每个环节实施质量控制和检查。各级普查机构应将普查人员、经费、设备等保障性资源配置到位，确保普查的顺利进行。

地方普查机构如委托第三方机构开展普查工作的，应合理选择第三方机构，对其选定的第三方机构负监督责任，并对第三方机构承担的普查工作质量负主体责任。第三方机构对其承担的普查工作及数据质量负责，履行合同约定责任。

各级普查机构要及时将统计单位原始数据和综合数据存储、备份，强化普查数据库日常管理和维护更新，并按照相关保密要求执行。

各级普查机构应客观、公正地开展普查质量工作检查，如实记录检查情况。对不符合要求的及时纠正，对数据造假的报送国家普查机构。

4.2　数据采集

4.2.1　准备阶段

①普查机构。提前告知普查对象普查数据填报的内容、注意事项以及普查对象的权利和义务等相关事项，对填报难度较大的企业可采取集中宣讲培训方式。协调软件技术服务部门做好数据采集期的技术支持和咨询服务。

②普查员及普查指导员。配备普查证件、移动采集终端设备、入户调查数据质量控制清单（表 4-1）等，做好入户调查准备。准确理解调查内容，制订数据采集计划，在约定时间开展数据采集工作。普查指导员指导并监督普查员做好入户调查及质量控制准备工作。

对普查名单中无法填报的普查对象需备注说明原因，并提供佐证材料，报告普查指导员，经普查指导员核实后上报区县级普查机构汇总。发现清查名录中遗漏的普查对象应及时报告当地普查机构，纳入普查。

③普查对象。应指定专人收集准备普查对象基本信息、物料消耗记录、原辅材料凭证、生产记录、污染治理设施运行和污染物排放监测记录以及其他与污染物产生、排放和处理处置相关的原始资料，负责普查表的接收、填报，做好普查相关文件及清单的交接记录，同时做好普查数据的建档备查。

表 4-1　入户调查数据质量控制清单

单位名称		统一社会信用代码			
地址		负责人联系电话			
编号	质量控制检查内容			是	否
1	完整性			—	—
1.1	是否按照污染源属性和行业类别填报报表				
1.2	是否完整填报基本信息、生产活动水平数据				
2	规范性			—	—
2.1	数据填报是否符合指标界定				
2.2	排放量核算口径、方法是否规范正确				
2.3	产排污环节是否完整覆盖				
2.4	核算采用的数据是否准确可靠				
2.5	零值、空值填报是否符合填报要求				
3	一致性			—	—
3.1	填报信息与台账资料是否一致				
3.2	录入数据与报表数据是否一致				
4	合理性			—	—
4.1	是否填报了合理的活动水平信息				
4.2	是否通过数据管理软件审核,不通过的是否进行了备注				
5	准确性			—	—
5.1	是否选用了正确的核算参数				
5.2	污染物产排量计算是否正确				

以上信息普查对象负责人现场核验,确认无误。	以上信息核验无误。
负责人:	普查员/普查指导员:
单位签章:	
年　月　日	年　月　日

4.2.2　数据采集阶段

①数据采集时,普查机构要排除人为干扰,普查对象要坚持独立报送普查数据。普查表原始数据填报、缺漏指标补报、差错修改等均须由普查对象完成,或由普查员协助指导完成,并经普查对象确认。

②普查员负责向普查对象解释普查内容以及填报指标,解答普查对象在普查过程中的疑问,无法解答的,及时向普查指导员报告;要保证在规定时间内,按时准确采集数据。

③普查对象登录普查软件系统或使用电子表格和纸质报表,独立或在普查员指导下,严格按照《第二次全国污染源普查制度》和《第二次全国污染源普查技术规定》填报数据。

- 数据填报完整规范。根据所属行业确定应填报表,做到报表不重不漏。据实、全面填报统计指标,应填尽填;正确理解填报要求,规范填报。

- 数据来源真实可靠。单位名称、统一社会信用代码、行业代码、行政区划代码等普查对象基本信息正确填报，单位名称、社会信用代码要与工商登记备案一致。主要产品、原辅材料用量、污染治理设施运行状况等活动水平数据与实际情况相符，并有完整规范的台账资料等供核查核证（重点核证指标见专栏4-1）。

专栏 4-1　入户调查重点核证指标

各类普查对象报表重点核证指标包括但不限于以下内容：

一、工业源

基本信息、主要产品和生产工艺基本情况、主要原辅材料使用和能源消耗基本情况、取水量、燃料含硫量、灰分和挥发分、污染治理设施工艺、运行时间和去除效率等。

二、工业园区

基本信息、清污分流情况、污水集中处理情况、危险废物集中处置情况、集中供热情况。

三、规模畜禽养殖场

基本信息，畜禽种类、存/出栏数量、废水处理方式、利用去向及利用量、粪便处理方式、利用去向及利用量等。

四、生活源

社区（行政村）燃煤和生物质使用量，农村常住人口和户数、住房厕所类型、人粪尿处理情况，生活污水排放去向、全市/市区/县城/建制镇建成区人口和用水量、人均日生活用水量、房屋竣工面积、人均住房建筑面积、公路/道路长度。

五、非工业企业单位锅炉

基本信息、锅炉额定出力、年运行时间、燃料类型、燃料消费量、燃料硫分与灰分、废气治理设施工艺名称。

六、入河（海）排污口

排污口规模、排污口类型、受纳水体、监测数据。

七、集中式污染治理设施

（一）污水处理厂：基本信息，设计污水处理能力、污水实际处理量、污水监测数据、污泥产生量及处置量等。

（二）生活垃圾集中处置场：基本信息，不同处置方式垃圾处理情况、能源消耗、焚烧残渣和飞灰处置和综合利用情况、废水（含渗滤液）处理情况等。

（三）危险废物集中处置厂：基本信息，不同处置方式（危险、医疗）废物处理情况、能源消耗、焚烧残渣和飞灰处置和综合利用情况、废水（含渗滤液）处理情况等。

八、油品储运销企业

（一）储油库：分油品储罐罐容、年周转量、油气回收处理装置建设及运行情况。

（二）加油站：总罐容、年销售量、油气回收处理装置建设（一阶段、二阶段、后处理装置、自动监测系统等）及运行情况。

（三）油罐车：运输总量、保有量、油气回收改造油罐车数量。

---

④农业源、生活源、移动源普查的综合报表数据应由地方人民政府或国家普查机构协调相关管理部门提供，确保数据完整准确。

⑤伴生放射性矿普查数据质量控制在执行本指南前提下同时参照执行《第二次全国污染源普查伴生放射性矿普查质量保证工作方案》。

⑥纸质普查表用钢笔（碳素墨水）或黑色水性笔填写，需要用文字表述的要字迹工整、清晰；需要填写数字的一律用阿拉伯数字表示，所有指标的计量单位、保留位数按规定填写。

4.2.3　污染物产生量与排放量核算阶段

①掌握普查对象主要生产工艺（设备）和产排污节点，明确对应排污环节的污染物种类，做到产排污环节全面覆盖、污染物指标应填尽填。

②按照普查技术规定等相关要求，采用适当的核算方法核算污染物产生量和排放量。

③采用监测数据法核算时，应重点做到：

- 监测数据规范性。监测机构资质、监测设备运行维护、监测采样分析等数据产生全过程应符合监测技术要求，监测数据报告加盖监测机构公章或数据报告章。

- 监测数据代表性。各产排污环节污染物产排量核算应选用对应点位的监测数据，且监测频次应满足规定要求。对于监测工况不能代表全年平均生产负荷的手工监测数据，参照《国控污染源排放口污染物排放量计算方法》（环办〔2011〕8号）进行修正。

- 监测数据处理合规性。根据《固定污染源烟气（SO_2、NO_x、颗粒物）排放连续监测技术规范》（HJ 75—2017）和《水污染源在线监测系统数据有效性判别技术规范（试行）》（HJ/T 356—2007），对自动监测数据的缺失时段进行规范性补充替代。对多次废水手工监测数据，污染物浓度取废水流量加权平均值。不随意截取某时段或某时期数据作为核算依据，确保监测数据完整性。

④采用产排污系数法核算时，系数选用合理、符合普查对象实际情况，核算过程规范正确，按照实际运行情况如实填报治污设施去除效率及运行参数。注意数据单位转换或参数转化，并确保数据转化计算准确。

4.2.4　数据审核及录入阶段

①普查员进行现场人工审核，发现错误信息提醒普查对象及时修改或备注说明。普查指导员对普查员采集的相关数据进行审核。

- 完整性审核。包括调查报表完整性审核和指标完整性审核。重点审核普查对象是否按照污染源属性或行业类别填报报表，做到报表不重不漏。普查对象基本信息、活动水平数据是否完整正确，对于空值数据应认真核实，做到应报指标不缺不漏。

- 规范性审核。数据填报是否符合指标界定。普查对象排放量核算口径、方法是否规范正确，产排污环节是否完整覆盖，核算采用的数据是否准确可靠。零值、空值填报是否符合填报要求。

- 一致性审核。填报信息与统计资料、原始凭证等台账资料是否一致，台账资料与单位内部有关职能部门之间相关业务、财务资料是否一致，录入数据与报表数据是否一致。

- 合理性审核。指标单值、单位产品能耗水耗等衍生指标是否在合理值范围内，产品产量和产能，取、排水量，固体废物产生处置量等指标间定量关系是否匹配。

- 准确性审核。燃煤硫分、污染治理设施去除效率等重要核算参数的计算过程是否符合技术要求，计算结果是否准确。

②普查对象法人代表或负责人对普查数据负责，填报后签字确认。普查表、相关佐证资料、台账报表、核算台账以及核实、修改等记录由普查机构储存归档。普查员现场填写入户调查数据质量控制清单并签字。

③纸质报表完成并经普查对象签字确认后录入系统。

- 区县普查机构组织纸质报表录入。报表录入完毕后，录入员应检查数据录入的全面性和完整性，尽快将报表归还普查表管理员。普查表管理员在回收资料时，应检查报表完整，避免遗失。
- 区县普查机构须组织复录，核查数据录入质量，设立录入人员和复录人员岗位。采用交叉复录方式，同一数据的录入和复录不能为同一人。按照普查小区抽样复录，同时应覆盖各类普查对象，复录比例不低于30%，复录比对结果报告留档备查。

4.3 数据汇总审核

①各级普查机构按照管辖权限对辖区数据进行审核，应指定专人负责、专人检查，数据审核通过后逐级上报。

②各级普查机构采取集中审核、多部门联合会审和专家审核等方式，审核汇总数据，同时抽取一定比例的普查对象原始数据进行细化审核。对于不满足数据质量要求的退回整改。

③区域汇总数据审核

- 完整性审核。普查区域覆盖是否全面，普查对象是否全面无遗漏，报表数据是否齐全。
- 逻辑性审核。汇总表数据是否满足表内、表间逻辑关系以及指标间平衡关系。
- 一致性审核。区域、行业等汇总数据应与统计、城建、行业协会等管理部门掌握的社会经济宏观数据保持合理的逻辑一致性。
- 合理性审核。考察区域、行业总量数据的合理性。采用比较分析、排序等方法，对比汇总表表内或表间相关指标，分析指标间关系的协调性；对比社会经济及部门统计数据，考察同一地区各类源、各工业行业产能、产量及主要污染物排放占比的合理性；对比不同区域或不同区域同一行业排污浓度、单位能源废气排放强度、人均生活废水产生强度、污染物平均去除效率等衍生指标，分析总量数据的合理性；对比不同或相似经济、行业、社会发展水平的地区数据，分析区域、分源、行业总量数据区域分布的合理性。

④各级普查机构抽样选取一定数量的普查对象开展数据现场复核或报表审核。

- 普查指导员开展普查小区数据审核。负责对普查员提交的全部报表进行审核，其中现场复核比例建议不低于5%，参照入户调查数据质量控制清单填写复核结果。
- 有条件的地区，乡镇对全部报表开展初审，对照入户调查对象名录审核普查对象完整性。按照完整性、逻辑性、规范性要求重点审核辖区普查对象基础数据。

- 县级普查机构重点审核数据的完整性、逻辑性、一致性和规范性，组织开展分源数据随机抽样复核。抽样复核比例建议不低于10%，或抽样复核数不低于200家。
- 市级普查机构重点审核数据的完整性、逻辑性、一致性、规范性和合理性，组织开展分源数据随机抽样复核。以辖区各区县为单位，抽样复核比例建议不低于1%，且确保重点排污单位100%复核。

⑤各级普查机构加强对重点区域、重点行业、重点污染源的数据审核。对于区域总量和行业分布明显不合理的，要追本溯源，核实原始报表数据。

4.4 数据质量评估

各级普查机构组织污染源普查数据质量核查。按照《关于做好第二次全国污染源普查质量核查工作的通知》（国污普〔2018〕8号），采取抽样的方法开展分阶段质量核查，编制数据质量评估报告。

运用历史数据比较、横向数据比较、相关性分析和专家经验判断等方法对普查数据进行数据合理性评估。结合地区经济和社会发展情况，对普查数据的准确性、可比性和衔接性进行评估，分析数据异常波动的情况、相关指标之间的逻辑关系。

附件 1　普查表审核细则

根据《第二次全国污染源普查制度》《第二次全国污染源普查技术规定》相关要求以及入户调查工作需要，梳理了各类普查对象报表填报审核细则，审核细则逐个对应普查制度指标的审核规则与数据格式，明确了一般性的审核规则。此审核细则仅限于入户调查数据采集阶段审核使用，对应部分污染物产排量指标标注"暂空"的，在污染物核算阶段需要进行补充。在普查制度和技术规定中已经明确要求的，需以普查制度和技术规定为准；对于未明确要求的审核规则，需结合实际情况进行报表审核。

附表 1　G101-1 表工业企业基本情况审核细则

指标	代码	审核规则	数据格式	停产企业是否要填写
统一社会信用代码	01	必填；阿拉伯数字或英文字母，第 18 位为校正码，是否满足校正规则；首字母为 G，则为普查对象自编码，第 3~14 位应与 12 位统计用区划代码相同。对于登记管理部门发放的证照上"统一社会信用代码"未满足校正规则的，请按照审核规则提示的正确代码填报。其中统一社会信用代码之后括号内的两位码"顺序码"须填写"××"，并在备注中注明登记管理部门发放的统一社会信用代码	统一社会信用代码、普查对象识别码：18+2 位数；组织机构代码：9+2 位数	是
单位详细名称及曾用名	02	必填	—	是
行业类别	03	必填；代码在 0610~4690 之间，不含 4620；可含 0514。按照行业的重要程度依次填报，企业从事的主行业填写在行业名称 1 的位置	4 位数字	是
单位所在地及区划	04	必填，与实际 12 位行政区划代码保持一致	区划代码为 12 位数字	是
企业地理坐标	05	必填，先经度后纬度（度分秒格式）；度，度分秒均为 0 判错。应在本市四至坐标范围内。不在本市范围内的重点审核	—	是
企业规模	06	必填	—	是
法定代表人（单位负责人）	07	必填	—	是
开业（成立）时间	08	必填；年份为 4 位数，月份为 1—12	年份为 4 位数；月份为 1—12	是
联系方式	09	必填，座机应填写区号，区号应填写正确，非 11~12 位的，重点提醒审核	—	是
登记注册类型	10	必填	—	是
受纳水体	11	填写 G102，且 G102 指标 16 非空的，需要填报	—	是
是否发放新版排污许可证	12	必填；选 1 的，则许可证编号为 22 位编码；选 2 的，则许可证编号为空	许可证编号为 22 位编码（前 18 位与统一社会信用代码相同），不一致的重点审核	是

指标	代码	审核规则	数据格式	停产企业是否要填写
企业运行状态	13	必填	—	是
正常生产时间	14	必填，≤8 760	保留整数	否
工业总产值（当年价格）	15	必填	允许保留 1 位小数	否
产生工业废水	16	必填；选 1 的，在 G106-1 表对应的普查表号中填写 G102 表	—	是
有锅炉/燃气轮机	17	必填；选 1 的，在 G106-1 表对应的普查表号中填写 G103-1 表	—	是
有工业炉窑	18	必填；选 1 的，在 G106-1 表对应的普查表号中填写 G103-2 表	—	是
有炼焦工序	19	必填；选 1 的，在 G106-1 表对应的普查表号中填写 G103-3 表	—	是
有烧结/球团工序	20	必填；选 1 的，在 G106-1 表对应的普查表号中填写 G103-4 表	—	是
有炼铁工序	21	必填；选 1 的，在 G106-1 表对应的普查表号中填写 G103-5 表	—	是
有炼钢工序	22	必填；选 1 的，在 G106-1 表对应的普查表号中填写 G103-6 表	—	是
有熟料生产	23	必填；选 1 的，在 G106-1 表对应的普查表号中填写 G103-7 表	—	是
是否为石化企业	24	必填；选 1 的，在 G106-1 表对应的普查表号中填写 G103-8 表、G103-9 表	—	是
有有机液体储罐/装载	25	必填；G101-1 表指标 03 中选择 2511、2519、2521、2522、2523、2614、2619、2621、2631、2652、2653、2710 的，必选，重点审核是否应选择 1	—	是
含挥发性有机物原辅材料使用	26	必填；G101-1 表指标 03 中选择 1713、1723、1733、1743、1752、1762、1951、1952、1953、1954、1959、2021、2022、2023、2029、2110、2631、2632、2710、2720、2730、2740、2750、2761、3130、3311、3331、3511、3512、3513、3514、3515、3516、3517、3611、3612、3630、3640、3650、3660、3670、3731、3732、3733、3734、3735 及开头两位为 22、23、38、39、40 的，必选，重点审核是否应选择 1	—	是
有工业固体物料堆存	27	必填	—	是
有其他生产废气	28	必填；在 G106-1 表对应的普查表号中填写 G103-13 表	—	是
一般工业固体废物	29	必填	—	是
危险废物	30	必填	—	是
涉及稀土等 15 类矿产	31	对比辐射站提供的名单	—	是
备注	32	非必填	—	非必填

附表 2　G101-2 表工业企业主要产品、生产工艺基本情况审核细则

指标	代码	审核规则	数据格式	停产企业是否要填写
产品名称	1	必填；名称须与"二污普"填报助手*中主要产品、原料、生产工艺相应的产品名称相同，选择其他要明确具体内容	—	是
产品代码	2	必填；"二污普"填报助手中主要产品、原料、生产工艺中有的应保持一致	—	是
生产工艺名称	3	必填；名称须与"二污普"填报助手中主要产品、原料、生产工艺相应的生产工艺名称相同，选择其他要明确具体内容	—	是
生产工艺代码	4	必填；"二污普"填报助手中主要产品、原料、生产工艺中有的应保持一致	—	是
计量单位	5	必填；计量单位须与"二污普"填报助手中主要产品、原料、生产工艺相应产品单位对应	—	是
生产能力	6	必填	保留整数	是
实际产量	7	必填；全厂 G103-1 表~G103-13 表同代码的产品产量加和小于该指标值	—	否

注：*"二污普"填报助手即第二次全国污染源普查填报助手，专门用于普查的程序。

附表 3　G101-3 表工业企业主要原辅材料使用、能源消耗基本情况审核细则

指标	代码	审核规则	数据格式	停产企业是否要填写
原辅材料/能源名称	1	原辅料材料使用情况：必填；名称须与"二污普"填报助手中主要产品、原料、生产工艺相应的产品名称相同，选择其他要明确具体内容。作为原料消耗的能源不需要填报，若填报了也不判定为错，但还需要同时在主要能源消耗部分填报，且使用量应保持一致。主要能源消耗情况，非必填，若填报，则名称应与指标解释中的"燃料类型及代码表"中的名称保持一致	—	是
原辅材料/能源代码	2	原辅材料使用情况：必填；"二污普"填报助手中主要产品、原料、生产工艺中有的应保持一致。主要能源消耗情况，若填报了能源名称的，则代码必填，且与指标解释中的代码保持一致	—	是
计量单位	3	原辅材料使用情况：必填；原辅材的计量单位须与"二污普"填报助手中主要产品、原料、生产工艺相应原辅材料对应。主要能源消耗情况：能源名称填报的，计量单位必填，且与指标解释中的单位保持一致	—	否
使用量	4	原辅材料使用情况，必填。主要能源消耗情况，若能源名称填报的，则必填。必填，全厂 G103-1 表~G103-13 表同代码的原辅材料/能源加和小于该指标值	—	否
用作原辅材料量	5	填报，≤本表指标 4	—	否

附表 4　G102 表工业企业废水治理与排放情况审核细则

指标	代码	审核规则	数据格式	停产企业是否要填写
取水量	01	必填，01=02+03+04+05	保留整数	否
其中：城市自来水	02	—	保留整数	否
自备水	03	—	保留整数	否
水利工程供水	04	—	保留整数	否
其他工业企业供水	05	—	保留整数	否
废水治理设施数	06	—	保留整数	否
废水类型名称/代码	07	指标 06 非 0 时必填	—	是
设计处理能力	08	指标 06 非 0 时必填	保留整数	是
处理方法名称/代码	09	指标 06 非 0 时必填	—	是
年运行小时	10	指标 06 非 0 时必填，≤8 760	保留整数	否
年实际处理水量	11	指标 06 非 0 时必填	保留整数	否
其中：处理其他单位水量	12	小于等于指标 11	保留整数	否
加盖密闭情况	13	G101-1 表指标 03 中选择 2511、2519、2521、2522、2523、2614、2619、2621、2631、2652、2653、2710 的，必填；不涉及上述行业的，必留空	—	是
处理后废水去向	14	指标 06 非 0 时必填	—	是
废水总排放口数	15	必填；指标 14 选 2 的必填并不得 0	—	是
废水总排放口编号	16	若 15 指标填 0，则空值；若 15 指标非 0，代码格式为 DW+×××（3 位数字）	—	是
废水总排放口名称	17	若 15 指标填 0，则空值；若 15 指标非 0，则必填	格式为"××企业（G101-1 表指标 02）+废水总排放口类型（G102 表指标 18）"	是
废水总排放口类型	18	若 15 指标填 0，则空值；若 15 指标非 0，则必填	—	是
排水去向类型	19	若 15 指标填 0，则空值；若 15 指标非 0，则必填	—	是
排入污水处理厂/企业名称	20	本表指标 19 选择了"L、H、E"，必填；污水处理厂/企业名称必须与清查名录库名称匹配	—	是
排放口地理坐标	21	若 15 指标填 0，则空值；若 15 指标非 0，则必填	—	是
废水排放量	22	暂空	保留整数	否
化学需氧量产生量	23	暂空；23≥24	保留 3 位小数	否
化学需氧量排放量	24	暂空	保留 3 位小数	否
氨氮产生量	25	暂空；25≥26	保留 3 位小数	否
氨氮排放量	26	暂空	保留 3 位小数	否
总氮产生量	27	暂空；27≥28；27≥25	保留 3 位小数	否
总氮排放量	28	暂空；28≥26	保留 3 位小数	否

指标	代码	审核规则	数据格式	停产企业是否要填写
总磷产生量	29	暂空；29≥30	保留 3 位小数	否
总磷排放量	30	暂空	保留 3 位小数	否
石油类产生量	31	暂空；31≥32	保留 3 位小数	否
石油类排放量	32	暂空	保留 3 位小数	否
挥发酚产生量	33	暂空；33≥34	保留 3 位小数	否
挥发酚排放量	34	暂空	保留 3 位小数	否
氰化物产生量	35	暂空；35≥36	保留 3 位小数	否
氰化物排放量	36	暂空	保留 3 位小数	否
总砷产生量	37	暂空；37≥38	保留 3 位小数	否
总砷排放量	38	暂空	保留 3 位小数	否
总铅产生量	39	暂空；39≥40	保留 3 位小数	否
总铅排放量	40	暂空	保留 3 位小数	否
总镉产生量	41	暂空；41≥42	保留 3 位小数	否
总镉排放量	42	暂空	保留 3 位小数	否
总铬产生量	43	暂空，43≥44；43≥45	保留 3 位小数	否
总铬排放量	44	暂空；44≥46	保留 3 位小数	否
六价铬产生量	45	暂空；45≥46	保留 3 位小数	否
六价铬排放量	46	暂空	保留 3 位小数	否
总汞产生量	47	暂空；47≥48	保留 3 位小数	否
总汞排放量	48	暂空	保留 3 位小数	否

附表 5　G103-1 表工业企业锅炉/燃气轮机废气治理与排放情况审核细则

指标	代码	审核规则	数据格式	停产企业是否要填写
电站锅炉/燃气轮机编号	01	同一企业所有设备 MF 开头的编号不能相同；编号编码结构为：MF+××××（4 位数字）	空值，或 MF+4 位数字	是
电站锅炉/燃气轮机类型	02	01 指标为空则为空；01 指标填写则必填；选择 R5 余热利用锅炉的，仅填指标 02、03、04、05、07、08、15	—	是
对应机组编号	03	01 指标为空则为空；01 指标填写则必填	—	是
对应机组装机容量	04	01 指标为空则为空；01 指标填写则必填	—	是
是否热电联产	05	01 指标为空则为空；01 指标填写则必填	—	是
电站锅炉燃烧方式名称	06	01 指标为空则为空；02 指标代码为 R5、R7 时此处空值；02 指标代码为 R1 时此处为 RM01～RM06；02 指标代码为 R2 时此处为 RY01～RY02；02 指标代码为 R3 时此处为 RQ01～RQ02；02 指标代码为 R4 时此处为 RS01～RS02	—	是
电站锅炉/燃气轮机额定出力	07	01 指标为空则为空；01 指标填写则必填	—	是

指标	代码	审核规则	数据格式	停产企业是否要填写
电站锅炉/燃气轮机运行时间	08	01 指标为空则为空；01 指标填写则必填，≤8 760	—	否
工业锅炉编号	09	01 和 09 编号不能相同；编号编码结构为：MF+××××（4 位数字）	空值，或 MF+4 位数字	是
工业锅炉类型	10	09 指标为空则为空；09 指标填写则必填；选择 R5 余热利用锅炉或电锅炉（R6 其他锅炉）的，仅填指标 11、13、14	可多选	是
工业锅炉用途	11	09 指标为空则为空；09 指标填写则必填	—	是
工业锅炉燃烧方式名称	12	09 指标为空则为空；10 指标代码为 R5 时此处空值；10 指标代码为 R1 时此处为 RM01～RM06；10 指标代码为 R2 时此处为 RY01～RY02；10 指标代码为 R3 时此处为 RQ01～RQ02；10 指标代码为 R4 时此处为 RS01～RS02	—	是
工业锅炉额定出力	13	09 指标为空则为空；09 指标填写则必填	—	是
工业锅炉运行时间	14	09 指标为空则为空；09 指标填写则必填，≤8 760	—	否
发电量	15	指标 01 填写的，必填，≤指标 04×08，不满足的重点审核	—	否
供热量	16	指标 05 选是的，必填且不得为 0	—	否
燃料一类型	17	填报指标 06 和 12 的必填	—	否
燃料一消耗量	18	填报指标 17 的必填，且指标 18=19+20	—	否
其中：发电消耗量	19	指标 01 和 17 同时填报的，必填	—	否
供热消耗量	20	指标 05 选择是的，或指标 09 和 17 填写的，必填	—	否
燃料一低位发热量	21	必填，值域结合指标"17"及"附录五"表 2（燃料类型及代码表）填报，弹性系数取 0.8～1.2	—	否
燃料一平均收到基含硫量	22	指标 17 选择 1～10 的，数据区间介于 0.2～3；指标 17 选择 18～22 的，数据区间不得高于 0.000 05；指标 17 选择 11～15 的，数据区间为～200 mg/m^3（注意指标单位与燃料类型对应）	—	否
燃料一平均收到基灰分	23	指标 17 选填 1～10 的，数据区间介于 5%～40%；指标 17 选填 11～26、28 的，不填	—	否
燃料一平均干燥无灰基挥发分	24	指标 17 选填 1～10 的，必填；指标 17 选填 11～26、28 的，不填	—	否
燃料二类型	25	25 不得与 17 重复	—	否
燃料二消耗量	26	指标 25 不为空的，必填	—	否
其中：发电消耗量	27	指标 25 不为空且 01 不为空的，必填	—	否
供热消耗量	28	指标 05 选择"是"的或指标 09 填写，且指标 25 不为空的，必填	—	否
燃料二低位发热量	29	指标 25 不为空时，必填	—	否
燃料二平均收到基含硫量	30	指标 25 选择 1～10 的，数据区间介于 0.2～3；指标 25 选择 18～22 的，数据区间不得高于 0.000 05；指标 25 选择 11～15 的，数据区间为～200mg/m^3（注意指标单位与燃料类型对应）	—	否
燃料二平均收到基灰分	31	指标 25 选填 1～10 的，数据区间介于 5%～40%；指标 25 选填 11～26、28 的，不填	—	否

指标	代码	审核规则	数据格式	停产企业是否要填写
燃料二平均干燥无灰基挥发分	32	指标 25 选填 1～10 的，必填；指标 25 选填 11～26、28 的，不填	—	否
其他燃料消耗总量	33	—	—	否
排放口编号	34	指标 06、12 填写的必填，编码格式 DA+×××（3 位数字）。多个锅炉对应一个排放口的，编号要相同	DA+3 位数字	是
排放口地理坐标	35	指标 34 填写则必填，先经度后纬度，度分秒格式	—	是
排放口高度	36	指标 34 填写则必填	—	是
脱硫设施编号	37	多个锅炉共有一套治理设施的，编号要相同	TA+3 位数字	是
脱硫工艺	38	指标 37 填报的，必填	—	是
脱硫效率	39	—	—	否
脱硫设施年运行时间	40	指标 37 填报的，必填，≤8 760	保留整数	否
脱硫剂名称	41	指标 37 填报的，必填	—	否
脱硫剂使用量	42	指标 37 填报的，必填	—	否
是否采用低氮燃烧技术	43	必填	—	是
脱硝设施编号	44	多个锅炉共有一套治理设施的，编号要相同	TA+3 位数字	是
脱硝工艺	45	指标 44 填报的，必填	—	是
脱硝效率	46	—	—	否
脱硝设施年运行时间	47	指标 44 填报的，必填；≤8 760	保留整数	否
脱硝剂名称	48	指标 44 填报的，必填	—	否
脱硝剂使用量	49	指标 44 填报的，必填	—	否
除尘设施编号	50	多个锅炉共有一套治理设施的，编号要相同	TA+3 位数字	是
除尘工艺	51	指标 50 填报的，必填	—	是
除尘效率	52	—	—	否
除尘设施年运行时间	53	指标 50 填报的，必填；≤8 760	保留整数	否
工业废气排放量	54	暂空	保留 3 位小数	否
二氧化硫产生量	55	暂空	保留 3 位小数	否
二氧化硫排放量	56	暂空	保留 3 位小数	否
氮氧化物产生量	57	暂空	保留 3 位小数	否
氮氧化物排放量	58	暂空	保留 3 位小数	否
颗粒物产生量	59	暂空	保留 3 位小数	否
颗粒物排放量	60	暂空	保留 3 位小数	否
挥发性有机物产生量	61	暂空	保留 3 位小数	否
挥发性有机物排放量	62	暂空	保留 3 位小数	否
氨排放量	63	暂空	保留 3 位小数	否
废气砷产生量	64	暂空	保留 3 位小数	否
废气砷排放量	65	暂空	保留 3 位小数	否
废气铅产生量	66	暂空	保留 3 位小数	否
废气铅排放量	67	暂空	保留 3 位小数	否
废气镉产生量	68	暂空	保留 3 位小数	否
废气镉排放量	69	暂空	保留 3 位小数	否
废气铬产生量	70	暂空	保留 3 位小数	否
废气铬排放量	71	暂空	保留 3 位小数	否
废气汞产生量	72	暂空	保留 3 位小数	否
废气汞排放量	73	暂空	保留 3 位小数	否

附表 6　G103-2 表工业企业炉窑废气治理与排放情况审核细则

指标	代码	审核规则	数据格式	停产企业是否要填写
炉窑类型	01	必填	—	是
炉窑编号	02	同一企业所有设备 MF 开头的编号不能相同；编号编码结构为：MF+××××（4 位数字）	MF+4 位数字	是
炉窑规模	03	必填	—	是
炉窑规模的计量单位	04	必填	—	是
年生产时间	05	必填，≤8 760	—	否
燃料一类型	06	—	—	否
燃料一消耗量	07	填写 06 的，必填	—	否
燃料一低位发热量	08	填写 06 的，必填	—	否
燃料一平均收到基含硫量	09	指标 06 选择 1～10 的，数据区间介于 0.2～3；指标 06 选择 18～22 的，数据区间不得高于 0.000 05；指标 06 选择 11～15 的，数据区间为～200（注意指标单位与燃料类型对应）	—	否
燃料一平均收到基灰分	10	指标 06 选填 1～10 的，数据区间介于 5%～40%；指标 06 选填 11～26、28 的，不填	—	否
燃料一平均干燥无灰基挥发分	11	指标 06 选填 1～10 的，必填；指标 06 选填 11～26、28 的，不填	—	否
燃料二类型	12	—	—	否
燃料二消耗量	13	指标 12 填写的，必填	—	否
燃料二低位发热量	14	指标 12 填写的，必填	—	否
燃料二平均收到基含硫量	15	指标 12 选择 1～10 的，数据区间介于 0.2～3；指标 12 选择 18～22 的，数据区间不得高于 0.000 05；指标 12 选择 11～15 的，数据区间为～200（注意指标单位与燃料类型对应）	—	否
燃料二平均收到基灰分	16	指标 12 选填 1～10 的，数据区间介于 5%～40%；指标 12 选填 11～26、28 的，不填	—	否
燃料二平均干燥无灰基挥发分	17	指标 12 选填 1～10 的，必填；指标 12 选填 11～26、28 的，不填	—	否
其他燃料消耗总量	18	—	—	否
产品名称	19	必填，须与"二污普"填报助手中主要产品、原料、生产工艺相应产品名称对应，选择其他要明确具体内容	—	是
产品产量	20	必填	—	否
产品产量的计量单位	21	必填；计量单位须与"二污普"填报助手中主要产品、原料、生产工艺相应产品单位对应	—	否
原料名称	22	必填，须与"二污普"填报助手中主要产品、原料、生产工艺相应原料名称对应，选择其他要明确具体内容	—	是
原料用量	23	必填	—	否
原料用量的计量单位	24	必填；计量单位须与"二污普"填报助手中主要产品、原料、生产工艺相应原料单位对应	—	否

指标	代码	审核规则	数据格式	停产企业是否要填写
脱硫设施编号	25	—	TA+3 位数字	是
脱硫工艺	26	指标 25 填报的，必填	—	是
脱硫效率	27	必填	—	否
脱硫设施年运行时间	28	指标 25 填报的，必填，≤8 760	—	否
脱硫剂名称	29	指标 25 填报的，必填	—	否
脱硫剂使用量	30	指标 25 填报的，必填	—	否
脱硝设施编号	31	—	TA+3 位数字	是
脱硝工艺	32	指标 31 填报的，必填	—	是
脱硝效率	33	指标 31 填报的，必填	—	否
脱硝设施年运行时间	34	指标 31 填报的，必填，≤8 760	—	否
脱硝剂名称	35	指标 31 填报的，必填	—	否
脱硝剂使用量	36	指标 31 填报的，必填	—	否
除尘设施编号	37	—	TA+3 位数字	是
除尘工艺	38	指标 37 填报的，必填	—	是
除尘效率	39	指标 37 填报的，必填	—	否
除尘设施年运行时间	40	指标 37 填报的，必填，≤8 760	—	否
工业废气排放量	41	暂空	保留 3 位小数	否
二氧化硫产生量	42	暂空	保留 3 位小数	否
二氧化硫排放量	43	暂空	保留 3 位小数	否
氮氧化物产生量	44	暂空	保留 3 位小数	否
氮氧化物排放量	45	暂空	保留 3 位小数	否
颗粒物产生量	46	暂空	保留 3 位小数	否
颗粒物排放量	47	暂空	保留 3 位小数	否
挥发性有机物产生量	48	暂空	保留 3 位小数	否
挥发性有机物排放量	49	暂空	保留 3 位小数	否
氨排放量	50	暂空	保留 3 位小数	否
废气砷产生量	51	暂空	保留 3 位小数	否
废气砷排放量	52	暂空	保留 3 位小数	否
废气铅产生量	53	暂空	保留 3 位小数	否
废气铅排放量	54	暂空	保留 3 位小数	否
废气镉产生量	55	暂空	保留 3 位小数	否
废气镉排放量	56	暂空	保留 3 位小数	否
废气铬产生量	57	暂空	保留 3 位小数	否
废气铬排放量	58	暂空	保留 3 位小数	否
废气汞产生量	59	暂空	保留 3 位小数	否
废气汞排放量	60	暂空	保留 3 位小数	否

附表 7 G103-3 表钢铁与炼焦企业炼焦废气治理与排放情况审核细则

指标	代码	审核规则	数据格式	停产企业是否要填写
炼焦炉编号	01	同一企业所有设备 MF 开头的编号不能相同；编号编码结构为：MF+××××（4 位数字）	MF+4 位数字	是
炼焦炉型	02	必填	—	是
熄焦工艺	03	必填	—	是
炭化室高度	04	必填	—	是
年生产时间	05	必填，≤8 760	—	否
生产能力	06	必填	—	是
煤气消耗量	07	必填，注意消耗量与产品产量之间的关系	—	否
煤气低位发热量	08	必填，数据为 4 000～5 000	—	否
煤气平均收到基含硫量	09	必填，煤气含硫量	—	否
其他燃料消耗总量	10	—	—	否
煤炭消耗量	11	必填，是指标 12 的 1.2～1.5 倍，在此范围外的，重点核实	—	否
焦炭产量	12	必填	—	否
硫酸产量	13	必填	—	否
硫黄产量	14	必填	—	否
煤气产生量	15	必填，是指标 12 的 300～500 倍，在此范围外的，重点核实	—	否
煤焦油产量	16	必填	—	否
排放口编号	17	指标 02 选择 04 以外的必填，格式为 DA+×××（3 位数字）	DA+3 位数字	是
排放口地理坐标	18	17 填报的必填，先经度后纬度（度分秒格式）	秒最多保留 2 位小数	是
排放口高度	19	17 填报的必填	—	是
脱硫设施编号	20	—	TA+3 位数字	是
脱硫工艺	21	指标 20 填写则必填	—	是
脱硫效率	22	指标 20 填写则必填	—	否
脱硫设施年运行时间	23	指标 20 填写则必填，≤8 760	—	否
脱硫剂名称	24	指标 20 填写则必填	—	否
脱硫剂使用量	25	指标 20 填写则必填	—	否
脱硝设施编号	26	—	TA+3 位数字	是
脱硝工艺	27	指标 26 填写则必填	—	是
脱硝效率	28	指标 26 填写则必填	—	否
脱硝设施年运行时间	29	指标 26 填写则必填，≤8 760	—	否
脱硝剂名称	30	指标 26 填写则必填	—	否
脱硝剂使用量	31	指标 26 填写则必填	—	否
除尘设施编号	32	—	TA+3 位数字	是
除尘工艺	33	指标 32 填写则必填	—	是
除尘效率	34	指标 32 填写则必填	—	否

指标	代码	审核规则	数据格式	停产企业是否要填写
除尘设施年运行时间	35	指标 32 填写则必填，≤8 760	—	否
工业废气排放量	36	暂空	保留 3 位小数	否
二氧化硫产生量	37	暂空	保留 3 位小数	否
二氧化硫排放量	38	暂空	保留 3 位小数	否
氮氧化物产生量	39	暂空	保留 3 位小数	否
氮氧化物排放量	40	暂空	保留 3 位小数	否
颗粒物产生量	41	暂空	保留 3 位小数	否
颗粒物排放量	42	暂空	保留 3 位小数	否
挥发性有机物产生量	43	暂空	保留 3 位小数	否
挥发性有机物排放量	44	暂空	保留 3 位小数	否
排放口编号	45	指标 02 选择 04 以外的必填，格式为 DA+×××（3 位数字）	DA+3 位数字	是
排放口地理坐标	46	指标 45 填报的必填，先经度后纬度（度分秒格式）	秒最多保留 2 位小数	是
排放口高度	47	指标 45 填报的必填	—	是
脱硫设施编号	48	—	TA+3 位数字	是
脱硫工艺	49	指标 48 填写则必填	—	是
脱硫效率	50	指标 48 填写则必填	—	否
脱硫设施年运行时间	51	指标 48 填写则必填，≤8 760	—	否
脱硫剂名称	52	指标 48 填写则必填	—	否
脱硫剂使用量	53	指标 48 填写则必填	—	否
除尘设施编号	54	—	TA+3 位数字	是
除尘工艺	55	指标 54 填写则必填	—	是
除尘效率	56	指标 54 填写则必填	—	否
除尘设施年运行时间	57	指标 54 填写则必填，≤8 760	—	否
工业废气排放量	58	暂空	保留 3 位小数	否
二氧化硫产生量	59	暂空	保留 3 位小数	否
二氧化硫排放量	60	暂空	保留 3 位小数	否
颗粒物产生量	61	暂空	保留 3 位小数	否
颗粒物排放量	62	暂空	保留 3 位小数	否
挥发性有机物产生量	63	暂空	保留 3 位小数	否
挥发性有机物排放量	64	暂空	保留 3 位小数	否
排放口编号	65	指标 02 选择 04 以外的必填，格式为 DA+×××（3 位数字）	DA+3 位数字	是
排放口地理坐标	66	指标 65 填报的必填，先经度后纬度（度分秒格式）	秒最多保留 2 位小数	是
排放口高度	67	指标 65 填报的必填	—	是
脱硫设施编号	68	—	TA+3 位数字	是
脱硫工艺	69	指标 68 填写则必填	—	是
脱硫效率	70	指标 68 填写则必填	—	否
脱硫设施年运行时间	71	指标 68 填写则必填，≤8 760	—	否
脱硫剂名称	72	指标 68 填写则必填	—	否
脱硫剂使用量	73	指标 68 填写则必填	—	否

指标	代码	审核规则	数据格式	停产企业是否要填写
除尘设施编号	74	—	TA+3 位数字	是
除尘工艺	75	指标 74 填写则必填	—	是
除尘效率	76	指标 74 填写则必填	—	否
除尘设施年运行时间	77	指标 74 填写则必填，≤8 760	—	否
工业废气排放量	78	暂空	保留 3 位小数	否
二氧化硫产生量	79	暂空	保留 3 位小数	否
二氧化硫排放量	80	暂空	保留 3 位小数	否
颗粒物产生量	81	暂空	保留 3 位小数	否
颗粒物排放量	82	暂空	保留 3 位小数	否
挥发性有机物产生量	83	暂空	保留 3 位小数	否
挥发性有机物排放量	84	暂空	保留 3 位小数	否
排放口编号	85	指标 02 选择 04 以外的必填，格式为 DA+×××（3 位数字）	DA+3 位数字	是
排放口地理坐标	86	指标 85 填报的必填，先经度后纬度（度分秒格式）	秒最多保留 2 位小数	是
排放口高度	87	指标 85 填报的必填	—	是
脱硫设施编号	88	—	TA+3 位数字	是
脱硫工艺	89	指标 88 填写则必填	—	是
脱硫效率	90	指标 88 填写则必填	—	否
脱硫设施年运行时间	91	指标 88 填写则必填，≤8 760	—	否
脱硫剂名称	92	指标 88 填写则必填	—	否
脱硫剂使用量	93	指标 88 填写则必填	—	否
除尘设施编号	94	—	TA+3 位数字	是
除尘工艺	95	指标 94 填写则必填	—	是
除尘效率	96	指标 94 填写则必填	—	否
除尘设施年运行时间	97	指标 94 填写则必填，≤8 760	—	否
工业废气排放量	98	暂空	保留 3 位小数	否
二氧化硫产生量	99	暂空	保留 3 位小数	否
二氧化硫排放量	100	暂空	保留 3 位小数	否
颗粒物产生量	101	暂空	保留 3 位小数	否
颗粒物排放量	102	暂空	保留 3 位小数	否
挥发性有机物产生量	103	暂空	保留 3 位小数	否
挥发性有机物排放量	104	暂空	保留 3 位小数	否
工业废气排放量	105	暂空	保留 3 位小数	否
二氧化硫产生量	106	暂空	保留 3 位小数	否
二氧化硫排放量	107	暂空	保留 3 位小数	否
氮氧化物产生量	108	暂空	保留 3 位小数	否
氮氧化物排放量	109	暂空	保留 3 位小数	否
颗粒物产生量	110	暂空	保留 3 位小数	否
颗粒物排放量	111	暂空	保留 3 位小数	否
挥发性有机物产生量	112	暂空	保留 3 位小数	否
挥发性有机物排放量	113	暂空	保留 3 位小数	否
氨排放量	114	暂空	保留 3 位小数	否

附表 8 G103-4 表钢铁企业烧结/球团废气治理与排放情况审核细则

指标	代码	审核规则	数据格式	停产企业是否要填写
设备编号	01	同一企业所有设备 MF 开头的编号不能相同；编号编码结构为：MF+××××（4 位数字）	MF+4 位数字	是
设备规模	02	必填	—	是
设备年生产时间	03	必填，≤8 760	—	否
生产能力	04	必填	—	是
消耗量	05	—	—	否
低位发热量	06	指标 05 填写则必填	—	否
平均收到基含硫量	07	指标 05 填写则必填，数据区间介于 0.2～3	—	否
平均收到基灰分	08	指标 05 填写则必填	—	否
平均干燥无灰基挥发分	09	指标 05 填写则必填	—	否
消耗量	10	必填	—	否
低位发热量	11	必填	—	否
平均收到基含硫量	12	必填，数据区间介于 0.2～3	—	否
平均收到基灰分	13	必填	—	否
平均干燥无灰基挥发分	14	必填	—	否
其他燃料消耗总量	15	—	—	否
铁矿石消耗量	16	必填	—	否
铁矿石含硫量	17	必填	—	否
烧结矿产量	18	指标 18 和 19 必填其一，注意和指标 16 的对应关系	—	否
球团矿产量	19	指标 18 和 19 必填其一，注意和指标 16 的对应关系	—	否
排放口编号	20	必填，格式为 DA+×××（3 位数字）	DA+3 位数字	是
排放口地理坐标	21	必填，先经度后纬度（度分秒格式）	秒最多保留 2 位小数	是
排放口高度	22	必填	—	是
脱硫设施编号	23	—	TA+3 位数字	是
脱硫工艺	24	指标 23 填写则必填	—	是
脱硫效率	25	指标 23 填写则必填	—	否
脱硫设施年运行时间	26	指标 23 填写则必填，≤8 760	—	否
脱硫剂名称	27	指标 23 填写则必填	—	否
脱硫剂使用量	28	指标 23 填写则必填	—	否
脱硝设施编号	29	—	TA+3 位数字	是
脱硝工艺	30	指标 29 填写则必填	—	是
脱硝效率	31	指标 29 填写则必填	—	否

指标	代码	审核规则	数据格式	停产企业是否要填写
脱硝设施年运行时间	32	指标 29 填写则必填，≤8 760	—	否
脱硝剂名称	33	指标 29 填写则必填	—	否
脱硝剂使用量	34	指标 29 填写则必填	—	否
除尘设施编号	35	—	TA+3 位数字	是
除尘工艺	36	指标 35 填写则必填	—	是
除尘效率	37	指标 35 填写则必填	—	否
除尘设施年运行时间	38	指标 35 填写则必填，≤8 760	—	否
工业废气排放量	39	暂空	保留 3 位小数	否
二氧化硫产生量	40	暂空	保留 3 位小数	否
二氧化硫排放量	41	暂空	保留 3 位小数	否
氮氧化物产生量	42	暂空	保留 3 位小数	否
氮氧化物排放量	43	暂空	保留 3 位小数	否
颗粒物产生量	44	暂空	保留 3 位小数	否
颗粒物排放量	45	暂空	保留 3 位小数	否
排放口编号	46	指标 18 填报的必填，格式为 DA+×××（3 位数字）	DA+3 位数字	是
排放口地理坐标	47	必填，先经度后纬度（度分秒格式）	秒最多保留 2 位小数	是
排放口高度	48	必填	—	是
除尘设施编号	49	—	TA+3 位数字	是
除尘工艺	50	指标 49 填写则必填	—	是
除尘效率	51	指标 49 填写则必填	—	否
除尘设施年运行时间	52	指标 49 填写则必填，≤8 760	—	否
工业废气排放量	53	暂空	保留 3 位小数	否
颗粒物产生量	54	暂空	保留 3 位小数	否
颗粒物排放量	55	暂空	保留 3 位小数	否
工业废气排放量	56	暂空	保留 3 位小数	否
二氧化硫产生量	57	暂空	保留 3 位小数	否
二氧化硫排放量	58	暂空	保留 3 位小数	否
氮氧化物产生量	59	暂空	保留 3 位小数	否
氮氧化物排放量	60	暂空	保留 3 位小数	否
颗粒物产生量	61	暂空	保留 3 位小数	否
颗粒物排放量	62	暂空	保留 3 位小数	否

附表 9 G103-5 表钢铁企业炼铁生产废气治理与排放情况审核细则

指标	代码	审核规则	数据格式	停产企业是否要填写
设备编号	01	同一企业所有设备 MF 开头的编号不能相同；编号编码结构为：MF+××××（4 位数字）	MF+4 位数字	是
高炉容积	02	必填	—	是
高炉年生产时间	03	必填，≤8 760	—	否
生产能力	04	必填	—	是
煤气消耗量	05	必填	—	否
煤气低位发热量	06	必填，数据为 4 000～5 000	—	否
煤气平均收到基含硫量	07	必填	—	否
其他燃料消耗总量	08	—	—	否
生铁产量	09	必填	—	否
排放口编号	10	必填，格式为 DA+×××（3 位数字）	DA+3 位数字	是
排放口地理坐标	11	必填，先经度后纬度（度分秒格式）	秒最多保留 2 位小数	是
排放口高度	12	必填	—	是
除尘设施编号	13	—	TA+3 位数字	是
除尘工艺	14	指标 13 填写的，必填	—	是
除尘效率	15	指标 13 填写的，必填	—	否
除尘设施年运行时间	16	指标 13 填写的，必填，≤8 760	—	否
工业废气排放量	17	暂空	保留 3 位小数	否
颗粒物产生量	18	暂空	保留 3 位小数	否
颗粒物排放量	19	暂空	保留 3 位小数	否
排放口编号	20	必填，格式为 DA+×××（三位数字）	DA+3 位数字	是
排放口地理坐标	21	必填，先经度后纬度（度分秒格式）	秒最多保留 2 位小数	是
排放口高度	22	必填	—	是
除尘设施编号	23	—	TA+3 位数字	是
除尘工艺	24	指标 23 填写则必填	—	是
除尘效率	25	指标 23 填写则必填	—	否
除尘设施年运行时间	26	指标 23 填写则必填，≤8 760	—	否
工业废气排放量	27	暂空	保留 3 位小数	否
颗粒物产生量	28	暂空	保留 3 位小数	否
颗粒物排放量	29	暂空	保留 3 位小数	否
工业废气排放量	30	暂空	保留 3 位小数	否
二氧化硫产生量	31	暂空	保留 3 位小数	否
二氧化硫排放量	32	暂空	保留 3 位小数	否
氮氧化物产生量	33	暂空	保留 3 位小数	否
氮氧化物排放量	34	暂空	保留 3 位小数	否
颗粒物产生量	35	暂空	保留 3 位小数	否
颗粒物排放量	36	暂空	保留 3 位小数	否
挥发性有机物产生量	37	暂空	保留 3 位小数	否
挥发性有机物排放量	38	暂空	保留 3 位小数	否

附表 10　G103-6 表钢铁企业炼钢生产废气治理与排放情况审核细则

指标	代码	审核规则	数据格式	停产企业是否要填写
设备编号	01	同一企业所有设备 MF 开头的编号不能相同；编号编码结构为：MF+××××（4 位数字）	MF+4 位数字	是
设备类型	02	必填	—	是
设备年生产时间	03	必填，≤8 760	—	否
生产能力	04	必填	—	是
粗钢产量	05	必填	—	否
排放口编号	06	指标 02 选择 1 的必填，格式为 DA+×××（三位数字）	DA+3 位数字	是
排放口地理坐标	07	指标 06 填报的必填，先经度后纬度（度分秒格式）	秒最多保留 2 位小数	是
排放口高度	08	指标 06 填报的必填	—	是
除尘设施编号	09	—	TA+3 位数字	是
除尘工艺	10	指标 9 填写的，必填	—	是
除尘效率	11	指标 9 填写的，必填	—	否
除尘设施年运行时间	12	指标 9 填写的，必填，≤8 760	—	否
工业废气排放量	13	暂空	保留 3 位小数	否
颗粒物产生量	14	暂空	保留 3 位小数	否
颗粒物排放量	15	暂空	保留 3 位小数	否
排放口编号	16	指标 02 选择 2 的必填，格式为 DA+×××（3 位数字）	DA+3 位数字	是
排放口地理坐标	17	指标 16 填报的必填，先经度后纬度（度分秒格式）	秒最多保留 2 位小数	是
排放口高度	18	指标 16 填报的必填	—	是
除尘设施编号	19	—	TA+3 位数字	是
除尘工艺	20	指标 19 填写则必填	—	是
除尘效率	21	指标 19 填写则必填	—	否
除尘设施年运行时间	22	指标 19 填写则必填，≤8 760	—	否
工业废气排放量	23	暂空	保留 3 位小数	否
颗粒物产生量	24	暂空	保留 3 位小数	否
颗粒物排放量	25	暂空	保留 3 位小数	否
工业废气排放量	26	暂空	保留 3 位小数	否
二氧化硫产生量	27	暂空	保留 3 位小数	否
二氧化硫排放量	28	暂空	保留 3 位小数	否
氮氧化物产生量	29	暂空	保留 3 位小数	否
氮氧化物排放量	30	暂空	保留 3 位小数	否
颗粒物产生量	31	暂空	保留 3 位小数	否
颗粒物排放量	32	暂空	保留 3 位小数	否
挥发性有机物产生量	33	暂空	保留 3 位小数	否
挥发性有机物排放量	34	暂空	保留 3 位小数	否

附表 11　G103-7 表水泥企业熟料生产废气治理与排放情况审核细则

指标	代码	审核规则	数据格式	停产企业是否要填写
设备编号	01	同一企业所有设备 MF 开头的编号不能相同；编号编码结构为：MF+××××（4 位数字）	MF+4 位数字	是
设备类型	02	必填，若选 20 立窑、21 普通立窑、22 机械立窑，则 46～55 为空	—	是
设备年运行时间	03	必填，≤8 760	—	否
生产能力	04	必填	—	是
煤炭消耗量	05	必填	—	否
煤炭低位发热量	06	必填	—	否
煤炭平均收到基含硫量	07	必填，数据区间介于 0.2%～3%	—	否
煤炭平均收到基灰分	08	必填	—	否
煤炭平均干燥无灰基挥发分	09	必填	—	否
石灰石用量	10	必填	—	否
熟料产量	11	必填，注意与指标 10 的关系	—	否
排放口编号	12	必填，格式为 DA+×××（3 位数字）	DA+3 位数字	是
排放口地理坐标	13	必填，先经度后纬度（度分秒格式）	秒最多保留 2 位小数	是
排放口高度	14	必填	—	是
是否采用低氮燃烧技术	15	必填	—	是
脱硝设施编号	16	—	TA+3 位数字	是
脱硝工艺	17	指标 16 填写的，必填	—	是
脱硝效率	18	指标 16 填写的，必填	—	否
脱硝设施年运行时间	19	指标 16 填写的，必填，≤8 760	—	否
脱硝剂名称	20	指标 16 填写的，必填	—	否
脱硝剂使用量	21	指标 16 填写的，必填	—	否
除尘设施编号	22	—	TA+3 位数字	是
除尘工艺	23	指标 22 填写则必填	—	是
除尘效率	24	指标 22 填写则必填	—	否
除尘设施年运行时间	25	指标 22 填写则必填，≤8 760	—	否
工业废气排放量	26	暂空	保留 3 位小数	否
二氧化硫产生量	27	暂空	保留 3 位小数	否
二氧化硫排放量	28	暂空	保留 3 位小数	否
氮氧化物产生量	29	暂空	保留 3 位小数	否
氮氧化物排放量	30	暂空	保留 3 位小数	否
颗粒物产生量	31	暂空	保留 3 位小数	否

指标	代码	审核规则	数据格式	停产企业是否要填写
颗粒物排放量	32	暂空	保留 3 位小数	否
挥发性有机物产生量	33	暂空	保留 3 位小数	否
挥发性有机物排放量	34	暂空	保留 3 位小数	否
氨排放量	35	暂空	保留 3 位小数	否
废气砷产生量	36	暂空	保留 3 位小数	否
废气砷排放量	37	暂空	保留 3 位小数	否
废气铅产生量	38	暂空	保留 3 位小数	否
废气铅排放量	39	暂空	保留 3 位小数	否
废气镉产生量	40	暂空	保留 3 位小数	否
废气镉排放量	41	暂空	保留 3 位小数	否
废气铬产生量	42	暂空	保留 3 位小数	否
废气铬排放量	43	暂空	保留 3 位小数	否
废气汞产生量	44	暂空	保留 3 位小数	否
废气汞排放量	45	暂空	保留 3 位小数	否
排放口编号	46	若指标 02 选 20 立窑、21 普通立窑、22 机械立窑，则为空；其余必填，格式为 DA+×××（3 位数字）	DA+3 位数字	是
排放口地理坐标	47	指标 46 填写则必填，先经度后纬度（度分秒格式）	秒最多保留 2 位小数	是
排放口高度	48	指标 46 填写则必填，必填	—	是
除尘设施编号	49	—	TA+3 位数字	是
除尘工艺	50	指标 49 填写则必填	—	否
除尘效率	51	指标 49 填写则必填	—	否
除尘设施年运行时间	52	指标 49 填写则必填，≤8 760	—	否
工业废气排放量	53	暂空	保留 3 位小数	否
颗粒物产生量	54	暂空	保留 3 位小数	否
颗粒物排放量	55	暂空	保留 3 位小数	否
一般排放口及无组织	56	—	—	否
颗粒物产生量	57	暂空	保留 3 位小数	否
颗粒物排放量	58	暂空	保留 3 位小数	否

附表 12　G103-8 表石化企业工艺加热炉废气治理与排放情况审核细则

指标	代码	审核规则	数据格式	停产企业是否要填写
加热炉编号	01	同一企业所有设备 MF 开头的编号不能相同；编号编码结构为：MF+××××（4 位数字）	MF+4 位数字	是
加热物料名称	02	必填	—	是
加热炉规模	03	必填	—	是
热效率	04	必填，范围为（0，1）	—	否
炉膛平均温度	05	必填，范围为［100，2 000］	—	否
年生产时间	06	必填，≤8 760	—	否
燃料一类型	07	必填	—	否
燃料一消耗量	08	必填	—	否
燃料一低位发热量	09	必填	—	否
燃料一平均收到基含硫量	10	必填	—	否
燃料二类型	11	—	—	否
燃料二消耗量	12	11 指标填写则必填；11 指标空值则空值	—	否
燃料二低位发热量	13	11 指标填写则必填；11 指标空值则空值	—	否
燃料二平均收到基含硫量	14	11 指标填写则必填；11 指标空值则空值	—	否
脱硫设施编号	15	—	TA+3 位数字	是
脱硫工艺	16	指标 15 填写的，必填	—	是
脱硫效率	17	指标 15 填写的，必填	—	否
脱硫设施年运行时间	18	指标 15 填写的，必填，≤8 760	—	否
脱硫剂名称	19	指标 15 填写的，必填	—	否
脱硫剂使用量	20	指标 15 填写的，必填	—	否
是否采用低氮燃烧技术	21	必填	—	是
除尘设施编号	22	—	TA+3 位数字	是
除尘工艺	23	指标 22 填写则必填	—	是
除尘效率	24	指标 22 填写则必填	—	否
除尘设施年运行时间	25	指标 22 填写则必填，≤8 760	—	否
工业废气排放量	26	暂空	保留 3 位小数	否
二氧化硫产生量	27	暂空	保留 3 位小数	否
二氧化硫排放量	28	暂空	保留 3 位小数	否
氮氧化物产生量	29	暂空	保留 3 位小数	否
氮氧化物排放量	30	暂空	保留 3 位小数	否
颗粒物产生量	31	暂空	保留 3 位小数	否
颗粒物排放量	32	暂空	保留 3 位小数	否
挥发性有机物产生量	33	暂空	保留 3 位小数	否
挥发性有机物排放量	34	暂空	保留 3 位小数	否

附表 13　G103-9 表石化企业生产工艺废气治理与排放情况审核细则

指标	代码	审核规则	数据格式	停产企业是否要填写
装置名称	01	必填	—	是
装置编号	02	必填	MF+4 位数字	是
生产能力	03	必填	保留整数	是
生产能力的计量单位	04	必填，计量单位须与"二污普"填报助手中主要产品、原料、生产工艺相应产品单位对应	—	是
年生产时间	05	必填，≤8 760	—	否
产品名称	06	必填	—	否
产品产量	07	必填	—	否
产品产量的计量单位	08	必填；计量单位须与"二污普"填报助手中主要产品、原料、生产工艺相应产品单位对应	—	否
原料名称	09	必填	—	否
原料用量	10	必填	—	否
原料用量的计量单位	11	必填；计量单位须与"二污普"填报助手中主要产品、原料、生产工艺相应原料单位对应	—	否
脱硫设施编号	12	—	TA+3 位数字	是
脱硫工艺	13	指标 12 填写的，必填	—	是
脱硫效率	14	指标 12 填写的，必填	—	否
脱硫设施年运行时间	15	指标 12 填写的，必填，≤8 760	—	否
脱硫剂名称	16	指标 12 填写的，必填	—	否
脱硫剂使用量	17	指标 12 填写的，必填	—	否
脱硝设施编号	18	—	TA+3 位数字	是
脱硝工艺	19	指标 18 填写的，必填	—	是
脱硝效率	20	指标 18 填写的，必填	—	否
脱硝设施年运行时间	21	指标 18 填写的，必填，≤8 760	—	否
脱硝剂名称	22	指标 18 填写的，必填	—	否
脱硝剂使用量	23	指标 18 填写的，必填	—	否
除尘设施编号	24	—	TA+3 位数字	是
除尘工艺	25	指标 24 填写则必填	—	是
除尘效率	26	指标 24 填写则必填	—	否
除尘设施年运行时间	27	指标 24 填写则必填，≤8 760	—	否
挥发性有机物处理设施编号	28	—	TA+3 位数字	是
挥发性有机物处理工艺	29	指标 28 填写则必填	—	是
挥发性有机物去除效率	30	指标 28 填写则必填	—	否
挥发性有机物处理设施年运行时间	31	指标 28 填写则必填，≤8 760	—	否
工艺废气排放量	32	暂空	保留 3 位小数	否
二氧化硫产生量	33	暂空	保留 3 位小数	否
二氧化硫排放量	34	暂空	保留 3 位小数	否
氮氧化物产生量	35	暂空	保留 3 位小数	否

指标	代码	审核规则	数据格式	停产企业是否要填写
氮氧化物排放量	36	暂空	保留 3 位小数	否
颗粒物产生量	37	暂空	保留 3 位小数	否
颗粒物排放量	38	暂空	保留 3 位小数	否
挥发性有机物产生量	39	暂空	保留 3 位小数	否
挥发性有机物排放量	40	暂空	保留 3 位小数	否
氨排放量	41	暂空	保留 3 位小数	否
全厂动静密封点个数	42	必填	—	否
全厂动静密封点挥发性有机物产生量	43	暂空	保留 3 位小数	否
全厂动静密封点挥发性有机物排放量	44	暂空	保留 3 位小数	否
敞开式循环水冷却塔年循环水量	45	—	—	否
敞开式循环水冷却塔挥发性有机物产生量	46	暂空	保留 3 位小数	否
敞开式循环水冷却塔挥发性有机物排放量	47	暂空	保留 3 位小数	否

附表 14　G103-10 表工业企业有机液体储罐、装载信息审核细则

指标	代码	审核规则	数据格式	停产企业是否要填写
物料名称	01	必填	—	是
物料代码	02	必填，选项为 01～48，需与指标 01 中的物料名称对应	—	是
储罐类型	03	有 20 立方米以上储罐的填报	—	是
储罐容积	04	指标 03 填写则必填	≥20	是
储存温度	05	指标 03 填写则必填	—	是
相同类型、容积、温度的储罐个数	06	指标 03 填写则必填	—	是
物料年周转量	07	指标 03 填写则必填	—	是
挥发性有机物处理工艺	08	—	—	是
年装载量	09	必填	—	否
其中：汽车/火车装载量	10	必填	—	否
汽车/火车装载方式	11	指标 10 填报数据则必填	—	否
船舶装载量	12	—	—	否
船舶装载方式	13	指标 12 填报数据则必填	—	否
挥发性有机物处理工艺	14	—	—	是
挥发性有机物产生量	15	暂空	保留 3 位小数	是
挥发性有机物排放量	16	暂空	保留 3 位小数	是

附表 15　G103-11 表工业企业含挥发性有机物原辅材料使用信息审核细则

指标	代码	审核规则	数据格式	停产企业是否要填写
含挥发性有机物的原辅材料类别	01	指标 06 的使用量加和大于 1,则必填;若选择 7 则必须注明	—	否
含挥发性有机物的原辅材料名称	02	必填,名称与本表指标解释中表 2 中物料名称相对应	—	否
含挥发性有机物的原辅材料代码	03	填写的,选项为 V01~V72	—	否
含挥发性有机物的原辅材料品牌	04	指标 1 选 1、2、3 时必填	—	否
含挥发性有机物的原辅材料品牌代码	05	填写的,选项为 PP01~PP70	—	否
含挥发性有机物的原辅材料使用量	06	必填	—	否
挥发性有机物处理工艺	07	—	—	是
挥发性有机物收集方式	08	—	—	是
挥发性有机物产生量	09	暂空	保留 3 位小数	否
挥发性有机物排放量	10	暂空	保留 3 位小数	否

附表 16　G103-12 表工业企业固体物料堆存信息审核细则

指标	代码	审核规则	数据格式	停产企业是否要填写
堆场编号	01	必填	—	是
堆场名称	02	必填	—	是
堆场类型	03	必填;选择 4 则必须注明	—	是
堆存物料	04	必填	—	否
堆存物料类型	05	必填;选择 4 则必须注明	—	否
占地面积	06	必填	—	否
最高高度	07	必填	—	否
日均储存量	08	必填	—	否
物料最终去向	09	必填;选择 3 则必须注明	—	否
年物料运载车次	10	—	—	否
单车平均运载量	11	指标 10 填报的必填	—	否
粉尘控制措施	12	必填;选择 6 则必须注明	—	是
粉尘产生量	13	暂空	保留 3 位小数	否
粉尘排放量	14	暂空	保留 3 位小数	否
挥发性有机物产生量	15	暂空	保留 3 位小数	否
挥发性有机物排放量	16	暂空	保留 3 位小数	否

附表 17　G103-13 表工业企业其他废气治理与排放情况审核细则

指标	代码	审核规则	数据格式	停产企业是否要填写
产品一名称	01	必填	—	否
产品一产量	02	必填	—	否
产品二名称	03	—	—	否
产品二产量	04	指标 3 有则必填	—	否
产品三名称	05	—	—	否
产品三产量	06	指标 5 有则必填	—	否
原料一名称	07	必填	—	否
原料一用量	08	必填	—	否
原料二名称	09	—	—	否
原料二用量	10	指标 9 有则必填	—	否
原料三名称	11	—	—	否
原料三用量	12	指标 11 有则必填	—	否
挖掘机保有量	13	—	—	否
推土机保有量	14	—	—	否
装载机保有量	15	—	—	否
柴油叉车保有量	16	—	—	否
其他柴油机械保有量	17	—	—	否
柴油消耗量	18	13～17 但凡填写则必填	—	否
脱硫设施数	19	必填	—	是
脱硝设施数	20	必填	—	是
除尘设施数	21	必填	—	是
挥发性有机物处理设施数	22	必填		是
氨治理设施数	23	—	—	否
工业废气排放量	24	暂空	保留 3 位小数	否
二氧化硫产生量	25	暂空	保留 3 位小数	否
二氧化硫排放量	26	暂空	保留 3 位小数	否
氮氧化物产生量	27	暂空	保留 3 位小数	否
氮氧化物排放量	28	暂空	保留 3 位小数	否
颗粒物产生量	29	暂空	保留 3 位小数	否
颗粒物排放量	30	暂空	保留 3 位小数	否
挥发性有机物产生量	31	暂空	保留 3 位小数	否
挥发性有机物排放量	32	暂空	保留 3 位小数	否
氨产生量	33	暂空	保留 3 位小数	否
氨排放量	34	暂空	保留 3 位小数	否
废气砷产生量	35	暂空	保留 3 位小数	否
废气砷排放量	36	暂空	保留 3 位小数	否

指标	代码	审核规则	数据格式	停产企业是否要填写
废气铅产生量	37	暂空	保留 3 位小数	否
废气铅排放量	38	暂空	保留 3 位小数	否
废气镉产生量	39	暂空	保留 3 位小数	否
废气镉排放量	40	暂空	保留 3 位小数	否
废气铬产生量	41	暂空	保留 3 位小数	否
废气铬排放量	42	暂空	保留 3 位小数	否
废气汞产生量	43	暂空	保留 3 位小数	否
废气汞排放量	44	暂空	保留 3 位小数	否

附表 18　G104-1 表工业企业一般工业固体废物产生与处理利用信息审核细则

指标	代码	审核规则	数据格式	停产企业是否要填写
一般工业固体废物名称	01	必填，名称无重复	—	否
一般工业固体废物代码	02	必填，代码无重复	—	否
一般工业固体废物产生量	03	必填，03=04−06+07−09+10+11	—	否
一般工业固体废物综合利用量	04	03=04−06+07−09+10+11	—	否
其中：自行综合利用量	05	—	—	否
其中：综合利用往年贮存量	06	03=04−06+07−09+10+11	—	否
一般工业固体废物处置量	07	03=04−06+07−09+10+11	—	否
其中：自行处置量	08	—	—	否
其中：处置往年贮存量	09	03=04−06+07−09+10+11	—	否
一般工业固体废物贮存量	10	03=04−06+07−09+10+11	—	否
一般工业固体废物倾倒丢弃量	11	03=04−06+07−09+10+11	—	否
一般工业固体废物贮存处置场类型	12	指标 08 非 0，12～17 必填	—	是
贮存处置场详细地址	13	—	—	是
贮存处置场地理坐标	14	指标 12 填写则必填	—	是
处置场设计容量	15	指标 12 填写则必填，15≥16	—	是
处置场已填容量	16	指标 12 填写则必填	—	是
处置场设计处置能力	17	指标 12 填写则必填	—	是
尾矿库环境风险等级（仅尾矿库填报）	18	指标 12 选 4 时必填	—	是
尾矿库环境风险等级划定年份	19	指标 12 选 4 时必填	—	是
综合利用方式	20	—	—	是
综合利用能力	21	指标 20 填写则必填	—	是
本年实际综合利用量	22	指标 20 填写则必填	—	否

附表 19　G104-2 表工业企业危险废物产生与处理利用信息审核细则

指标	代码	审核规则	数据格式	停产企业是否要填写
危险废物名称	01	必填，名称无重复	—	否
危险废物代码	02	必填，代码无重复	—	否
上年末本单位实际贮存量	03	必填，03+04−05+06=07+08+09+11	—	否
危险废物产生量	04	必填，03+04−05+06=07+08+09+11	—	否
送持证单位量	05	03+04−05+06=07+08+09+11	—	否
接收外来危险废物量	06	03+04−05+06=07+08+09+11	—	否
自行综合利用量	07	03+04−05+06=07+08+09+11	07+08=17+22+25	否
自行处置量	08	03+04−05+06=07+08+09+11	—	否
本年末本单位实际贮存量	09	03+04−05+06=07+08+09+11	—	否
综合利用处置往年贮存量	10	03+04−05+06=07+08+09+11	—	否
危险废物倾倒丢弃量	11	03+04−05+06=07+08+09+11	—	否
填埋场详细地址	12	—	—	是
填埋场地理坐标	13	填报指标 12 的必填，度分秒格式	秒最多保留 2 位小数	是
设计容量	14	填报指标 12 的必填，14≥15	—	是
已填容量	15	填报指标 12 的必填	—	是
设计处置能力	16	填报指标 12 的必填	—	是
本年实际填埋处置量	17	填报指标 12 的必填	—	是
焚烧装置的具体位置	18	—	—	是
焚烧装置的地理坐标	19	填报指标 18 的必填，度分秒格式	秒最多保留 2 位小数	是
设施数量	20	填报指标 18 的必填	—	是
设计焚烧处置能力	21	填报指标 18 的必填	—	是
本年实际焚烧处置量	22	填报指标 18 的必填	—	否
危险废物自行综合利用/处置方式	23	填报指标 07 的必填	—	是
危险废物自行综合利用/处置能力	24	填报 23 指标的必填	—	是
本年实际综合利用/处置量	25	填报 23 指标的必填	—	否

附表 20　G105 表工业企业突发环境事件风险信息审核细则

指标	代码	审核规则	数据格式	停产企业是否要填写
风险物质名称	01	—	—	涉风险物质的，填报要求同生产运行企业
CAS 号	02	—	—	否
活动类型	03	指标 01 填报的必填	—	否
存在量	04	指标 01 填报的必填	—	否
工艺类型名称	05	—	—	否
套数	06	指标 05 填写则必填，且非 0	—	否
毒性气体泄漏监控预警措施	07	指标 01 填报的必填	—	否
截流措施情况	08	指标 01 填报的必填	—	否
事故废水收集措施	09	指标 01 填报的必填	—	否
清净废水系统风险防控措施	10	指标 01 填报的必填	—	否
雨水排水系统风险防控措施	11	指标 01 填报的必填	—	否
生产废水处理系统风险防控措施	12	指标 01 填报的必填	—	否
依法获取污水排入排水管网许可	13	指标 01 填报的必填	—	否

指标	代码	审核规则	数据格式	停产企业是否要填写
厂内危险废物环境管理	14	指标 01 填报的必填	—	否
是否编制突发环境事件应急预案	15	填报本表则必填	—	否
是否进行突发环境事件应急预案备案	16	填报本表则必填	—	否
突发环境事件应急预案备案编号	17	指标 16 填 1 则必填	—	否
企业环境风险等级	18	指标 15 或 16 填 1 则必填	—	否
企业环境风险等级划定年份	19	指标 18 填写则必填	—	否

附表 21 G106-1 表工业企业污染物产排污系数核算信息审核细则

指标	代码	审核规则	数据格式
对应的普查表号	01	必填，选填 G102 表、G103-1 表至 G103-9 表、G103-13 表	—
对应的排放口名称/编号	02	必填，核算污染物排放量的，排放口编号与相应普查表号中排污口名称/编号对应	—
核算环节名称	03	必填	—
原料名称	04	必填，对应核算环节按照"二污普"填报助手中分类目录选择填报	—
产品名称	05	必填，对应核算环节按照"二污普"填报助手中分类目录选择填报	—
工艺名称	06	必填，对应核算环节按照"二污普"填报助手中分类目录选择填报	—
生产规模等级	07	必填，对应核算环节按照"二污普"填报助手中分类目录选择填报	—
生产规模的计量单位	08	必填，按照"二污普"填报助手中分类目录选择填报	—
产品产量	09	必填，对应核算环节填报	—
产品产量的计量单位	10	必填，按照"二污普"填报助手中分类目录选择填报	—
原料/燃料用量	11	必填，对应核算环节填报	—
原料/燃料用量的计量单位	12	必填，按照"二污普"填报助手中分类目录选择填报	—
污染物名称	13	必填	—
污染物产污系数及计量单位	14	暂空	—
污染物产污系数中参数取值	15	暂空	—
污染物产生量及计量单位	16	暂空	—
污染物处理工艺名称	17	对应核算环节及 13 指标污染物选取	—
污染物去除效率/排污系数及计量单位	18	必填	—
污染治理设施实际运行参数一名称	19	对应核算环节及 13 指标污染物选取	—
污染治理设施实际运行参数一数值	20	—	—
污染治理设施实际运行参数一计量单位	21	对应 19 指标选取	—
污染治理设施实际运行参数二名称	22	对应核算环节及 13 指标污染物选取	—
污染治理设施实际运行参数二数值	23	必填	—
污染治理设施实际运行参数二计量单位	24	对应 22 指标选取	—
污染治理设施实际运行参数三名称	25	对应核算环节及 13 指标污染物选取	—
污染治理设施实际运行参数三数值	26	必填	—
污染治理设施实际运行参数三计量单位	27	对应 25 指标选取	—
污染物排放量	28	暂空	指标保留 3 位小数
污染物排放量计量单位	29	对应 28 指标选取	—
排污许可证执行报告排放量	30	—	—

附表 22　G106-2 表工业企业废水监测数据审核细则

指标	代码	审核规则	数据格式
对应的普查表号	01	填 G102 表	—
对应的排放口名称/编号	02	必填，并与 G102 表排污口名称/编号（17/16 指标）对应	—
进口水量	03	—	保留整数
出口水量	04	—	保留整数，4≤3
经总排放口排放的水量	05	—	—
化学需氧量进口浓度	06	—	—
化学需氧量出口浓度	07	G102 表的指标 20 填写，则≤1 000；G102 表的指标 20 空值，则≤300	—
氨氮进口浓度	08	—	—
氨氮出口浓度	09	G102 表的指标 20 空值，则≤80	—
总氮进口浓度	10	—	—
总氮出口浓度	11	—	—
总磷进口浓度	12	—	—
总磷出口浓度	13	G102 表的指标 20 空值，则≤20	—
石油类进口浓度	14	—	—
石油类出口浓度	15	G102 表的指标 20 填写，则≤20；G102 表的指标 20 空值，则≤10	—
挥发酚进口浓度	16	—	—
挥发酚出口浓度	17	G102 表的指标 20 填写，则≤2；G102 表的指标 20 空值，则≤0.5	—
氰化物进口浓度	18	—	—
氰化物出口浓度	19	G102 表的指标 20 填写，则≤1；G102 表的指标 20 空值，则≤0.5	—
总砷进口浓度	20	—	—
总砷出口浓度	21	≤0.5	—
总铅进口浓度	22	—	—
总铅出口浓度	23	≤1	—
总镉进口浓度	24	—	—
总镉出口浓度	25	≤0.1	—
总铬进口浓度	26	—	—
总铬出口浓度	27	≤1.5	—
六价铬进口浓度	28	—	—
六价铬出口浓度	29	≤0.5	—
总汞进口浓度	30	—	—
总汞出口浓度	31	≤0.05	—

附表 23　G106-3 表工业企业废气监测数据审核细则

指标	代码	审核规则	数据格式
对应的普查表号	01	必填，填 G103-1 表至 G103-9 表、G103-13 表	—
对应的排放口名称/编号	02	必填，并与相应普查表号中排污口名称/编号对应	—
平均流量	03	必填	保留整数
年排放时间	04	必填	保留整数
二氧化硫进口浓度	05	—	—
二氧化硫出口浓度	06	≤2 860	—
氮氧化物进口浓度	07	—	—
氮氧化物出口浓度	08	≤1 700	—
颗粒物进口浓度	09	—	—
颗粒物出口浓度	10	≤300	—
挥发性有机物进口浓度	11	—	—
挥发性有机物出口浓度	12	≤220	—
氨进口浓度	13	—	—
氨出口浓度	14	≤30	—
砷及其化合物进口浓度	15	—	—
砷及其化合物出口浓度	16	≤0.5	—
铅及其化合物进口浓度	17	—	—
铅及其化合物出口浓度	18	≤2	—
镉及其化合物进口浓度	19	—	—
镉及其化合物出口浓度	20	≤1	—
铬及其化合物进口浓度	21	—	—
铬及其化合物出口浓度	22	≤4	—
汞及其化合物进口浓度	23	—	—
汞及其化合物出口浓度	24	≤3	—

附表 24　N101-1 表规模畜禽养殖场基本情况审核细则

指标	代码	审核规则	数据格式
统一社会信用代码	01	必填；阿拉伯数字或英文字母，第 18 位为校正码，是否满足校正规则；首字母为 X，则为普查对象自编码，第 3～14 位应与 12 位统计用区划代码相同。对于登记管理部门发放的证照上"统一社会信用代码"未满足校正规则的，请按照审核规则提示的正确代码填报。其中统一社会信用代码之后括号内的两位码"顺序码"须填写"××"，并在备注中注明登记管理部门发放的统一社会信用代码	统一社会信用代码、普查对象识别码：18+2 位数；组织机构代码：9+2 位数
养殖场名称及曾用名	02	必填	—
法定代表人	03	必填。姓名，工商登记注册的养殖场登记法人，如果没有工商登记注册，则填主要负责人	—
区划代码	04	必填，与国家统计局区划代码保持一致	区划代码为 12 位数字，与清查保持一致

指标	代码	审核规则	数据格式
详细地址	05	省、地市、区县、乡镇等指标必填，且与企业所在省、地市、区县、乡镇相同	—
企业地理坐标	06	必填，先经度后纬度（度分秒格式）；度分秒均为 0 判错。应在本市四至坐标范围内。不在本市范围内的重点审核	分填报范围 0～59；秒填报范围 0～59
联系方式	07	必填，座机应填写区号，区号应填写正确，非 11～12 位的	—
养殖种类	08	必填	1～5 整数
圈舍清粪方式	09	必填；单选	1～6 整数
圈舍通风方式	10	必填	1 或 2
原水存储设施	11	—	—
尿液废水处理工艺	12	—	1～10 整数
尿液废水处理设施	13	—	1～9 整数
尿液废水处理利用方式及比例	14	选项 1～10 百分比总和小于等于 100%	1～10 整数
粪便存储设施	15	—	—
粪便处理工艺	16	—	1～6 整数
粪便处理利用方式及比例	17	选项 1～10 百分比总和小于等于 100%	1～10 整数
污水排放受纳水体	18	—	—
养殖场是否有锅炉	19	必填	如果选 1，锅炉达到 1 蒸吨以上则填 S103 表
饲养阶段名称	20	选中的饲养阶段名称应该与 N101-1 表中 08 指标选中的畜禽种类对应	—
饲养阶段代码	21	字母+数字	—
存栏量	22	数字，填写 2017 年度平均存栏数	—
体重范围	23	填写数字范围	—
采食量	24	填写数字范围	—
饲养周期	25	数字	—

附表 25　N101-2 表规模畜禽养殖场养殖规模与粪污处理情况审核细则

指标	代码	审核规则	数据格式
圈舍建筑面积	01	数字	—
生猪（全年出栏量）	02	整数，若 N101-1 表中 08 指标勾选了生猪，则生猪（全年出栏量）大于等于 500，且小于等于 500 000	与 N101-1 表畜禽种类对应
奶牛（年末存栏量）	03	整数，若 N101-1 表中 08 指标勾选了奶牛，则奶牛（年末存栏量）大于等于 0，且小于等于 50 000	与 N101-1 表畜禽种类对应
肉牛（全年出栏量）	04	整数，若 N101-1 表中 08 指标勾选了肉牛，则肉牛（全年出栏量）大于等于 50，且小于等于 50 000	与 N101-1 表畜禽种类对应
蛋鸡（年末存栏量）	05	整数，若 N101-1 表中 08 指标勾选了蛋鸡，则蛋鸡（年末存栏量）大于等于 0，且小于等于 3 000 000	与 N101-1 表畜禽种类对应
肉鸡（全年出栏量）	06	整数，若 N101-1 表中 08 指标勾选了肉鸡，则肉鸡（全年出栏量）大于等于 10 000，且小于等于 5 000 000	与 N101-1 表畜禽种类对应
污水产生量	07	—	—
污水利用量	08	数字，08≤07	—

指标	代码	审核规则	数据格式
粪便收集量	09	—	—
粪便利用量	10	数字，10≤09	—
农田面积	11	数字，指标值符合：11=12+18+19+20	—
大田作物	12	数字，指标值符合：12=13+14+15+16+17	—
小麦	13	数字	—
玉米	14	数字	—
水稻	15	数字	—
谷子	16	数字	—
其他作物	17	数字	—
蔬菜	18	数字	—
经济作物	19	数字	—
果园	20	数字	—
草地面积	21	数字	—
林地面积	22	数字	—

附表 26 S101 表重点区域生活源社区（行政村）燃煤使用情况审核细则

指标	代码	审核规则	数据格式
常住人口	01	必填	整数
使用燃煤的居民家庭户数	02	必填，指标为 0 时，03 和 04 指标置空	整数
居民家庭燃煤年使用量	03	指标 02 非 0 时，该指标必填	保留 2 位小数
其中：洁净煤年使用量	04	指标 02 非 0 时，该指标必填	保留 2 位小数
第三产业燃煤年使用量	05	必填	保留 2 位小数
其中：洁净煤年使用量	06	必填，范围 [0，指标 05]	保留 2 位小数
农村生物质燃料年使用量	07	行政区划代码第 10～12 位为 200～399，必填	保留 2 位小数
农村管道燃气年使用量	08	行政区划代码第 10～12 位为 200～399，必填	保留 2 位小数
农村罐装液化石油气年使用量	09	行政区划代码第 10～12 位为 200～399，必填	保留 2 位小数

附表 27 S102 表行政村生活污染基本信息审核细则

指标	代码	审核规则	数据格式
常住户数	01	必填	整数
常住人口	02	必填	整数
有水冲式厕所户数	03	必填，范围 [0，指标 01]，03+04=01	整数
无水冲式厕所户数	04	必填，范围 [0，指标 01]，03+04=01	整数
综合利用或填埋的户数	05	必填，范围 [0，指标 01]，05+06+07+08+09+10=01	整数
采用贮粪池抽吸后集中处理的户数	06	必填，范围 [0，指标 01]，05+06+07+08+09+10=01	整数
直排入水体的户数	07	必填，范围 [0，指标 01]，05+06+07+08+09+10=01	整数
直排入户用污水处理设备的户数	08	必填，范围 [0，指标 01]，05+06+07+08+09+10=01	整数
经化粪池后排入下水管道的户数	09	必填，范围 [0，指标 01]，05+06+07+08+09+10=01	整数
其他	10	必填，范围 [0，指标 01]，05+06+07+08+09+10=01	整数

指标	代码	审核规则	数据格式
直排入农田的户数	11	必填，范围［0，指标01］，11+12+13+14+15+16=01	整数
直排入水体的户数	12	必填，范围［0，指标01］，11+12+13+14+15+16=01	整数
排入户用污水处理设备的户数	13	必填，范围［0，指标01］，11+12+13+14+15+16=01	整数
进入农村集中式处理设施的户数	14	必填，范围［0，指标01］，11+12+13+14+15+16=01	整数
进入市政管网的户数	15	必填，范围［0，指标01］，11+12+13+14+15+16=01	整数
其他	16	必填，范围［0，指标01］，11+12+13+14+15+16=01	整数
运转至城镇处理	17	必填，范围［0，指标01］，17+18+19+20=01	整数
镇村范围内无害化处理	18	必填，范围［0，指标01］，17+18+19+20=01	整数
镇村范围内简易处理	19	必填，范围［0，指标01］，17+18+19+20=01	整数
无处理	20	必填，范围［0，指标01］，17+18+19+20=01	整数
已完成煤改气的家庭户数	21	必填，范围［0，指标01］	整数
已完成煤改电的家庭户数	22	必填，范围［0，指标01］	整数
燃煤取暖的家庭户数	23	必填，范围［0，指标01］	整数
安装独立土暖气（即带散热片的水暖锅炉）的家庭户数	24	必填，范围［0，指标01］	整数
使用取暖炉（不带暖气片）的家庭户数	25	必填，范围［0，指标01］	整数
使用火炕的家庭户数	26	必填，范围［0，指标01］	整数

附表28　S103表非工业企业单位锅炉污染及防治情况审核细则

指标	代码	审核规则	数据格式
统一社会信用代码	01	必填；阿拉伯数字或英文字母，第18位为校正码，是否满足校正规则；首字母为S，则为普查对象自编码，第3～14位应与12位统计用区划代码相同。对于登记管理部门发放的证照上"统一社会信用代码"未满足校正规则的，请按照审核规则提示的正确代码填报。其中统一社会信用代码之后括号内的两位码"顺序码"须填写"××"，并在备注中注明登记管理部门发放的统一社会信用代码	统一社会信用代码、普查对象识别码：18+2位数；组织机构代码：9+2位数
单位名称	02	必填	指标01中括号内有顺序码，表明有不同厂址，则此处单位名称对应用括号注明本厂址名称
锅炉产权单位（选填）	02	可空	—
详细地址	03	必填	—
联系方式	04	必填	电话号码为11～12位数字
地理坐标	05	必填，先经度后纬度（度分秒格式）	度：整数，分：整数0～59，秒：0～59.99
拥有锅炉数量	06	—	—
锅炉用途	07	必填，设置本指标可选项，M1～M9，可多选	M1～M9。多选时可用"/"分开，如"M1/M8"
锅炉投运年份	08	指标07非空时，该指标必填	4位数字，如1999

指标	代码	审核规则	数据格式
锅炉编号	09	指标 07 非空时，该指标必填	用字母"GL"加数字表示，如 GL1、GL2、GL3……
锅炉型号	10	指标 07 非空时，该指标必填	可填"0"
锅炉类型	11	指标 09 非空时，该指标必填	R1～R7
额定出力	12	指标 07 非空时，该指标必填，数值型	保留 1 位小数
锅炉燃烧方式	13	根据指标 07 值，设置本指标可选项。R1：RM01～RM06；R2：RY01～RY02；R3：RQ01～RQ02；R4：RS01～RS02	代码为 4 位数字
年运行时间	14	指标 07 非空时，该指标必填。范围［0，12］	整数
燃料煤类型	15	根据指标 11 值，R1 时该指标非空	—
燃料煤消耗量	16	指标 15 非空时，该指标必填	保留 2 位小数
燃料煤平均含硫量	17	指标 15 非空时，该指标必填，该指标范围［0.2，3］	保留 1 位小数
燃料煤平均灰分	18	指标 15 非空时，该指标必填，该指标范围［5，40］	保留 1 位小数
燃料煤平均干燥无灰基挥发分	19	指标 15 非空时，该指标必填	保留 1 位小数
燃油类型	20	根据指标 11 值，R2 时该指标必填	—
燃油消耗量	21	指标 20 非空时，该指标必填	保留 2 位小数
燃油平均含硫量	22	指标 20 非空时，该指标必填	保留 1 位小数
燃气类型	23	根据指标 11 值，R3 时该指标必填	—
燃料气消耗量	24	指标 23 非空时，该指标必填，数值型	保留 3 位小数
生物质燃料类型	25	根据指标 11 值，R4 时该指标必填，整型。其他时，该指标置空置灰	—
生物质燃料消耗量	26	指标 25 非空时，该指标必填	保留 2 位小数
除尘设施编号	27	可空	用字母"QC"加数字表示，如 QC1、QC2……
除尘工艺名称	28	指标 27 非空时，该指标必填	—
脱硫设施编号	29	可空	用字母"QS"加数字表示，如 QS1、QS2……
脱硫工艺名称	30	指标 29 非空时，该指标必填	—
脱硝设施编号	31	可空	用字母"QN"加数字表示，如 QN1、QN2……
脱硝工艺名称	32	指标 31 非空时，该指标必填	
在线监测设施安装情况	33	必填，设置选项 ZX1、ZX2、ZX3	X1、ZX2、ZX3
排气筒编号	34	必填	YC1、YC2、YC3……
排气筒高度	35	必填	保留一位小数
粉煤灰、炉渣等固废去向	36	必填，设置选项 SJ1、SJ2、SJ3	SJ1、SJ2、SJ3
颗粒物产生量	37	暂空	—
颗粒物排放量	38	暂空	—
二氧化硫产生量	39	暂空	—
二氧化硫排放量	40	暂空	—
氮氧化物产生量	41	暂空	—
氮氧化物排放量	42	暂空	—
挥发性有机物产生量	43	暂空	—
挥发性有机物排放量	44	暂空	—

附表 29　S104 表入河（海）排污口情况审核细则

指标	代码	审核规则	数据格式
排污口名称	01	必填	—
排污口编码	02	1. 必填，数值型，9 位； 2. 前 6 位必须与指标 03 前 6 位相同； 3. 第 7～9 位允许为 0～9 数字或 A～Z 字母	—
所在地区区划代码	03	1. 必填，12 位，每位为 0～9 数字； 2. 前 4 位应与填报机构的行政区划代码前 4 位相同	—
排污口类别	04	必填，单选	—
地理坐标	05	必填，先经度后纬度（度分秒格式）	—
设置单位	06	可空	—
排污口规模	07	必填，单选	—
排污口类型	08	必填，单选； 选择 4 时，可填写内容，不能有非法字符	—
入河（海）方式	09	必填，单选； 选择 5 时，可填写内容，不能有非法字符	—
受纳水体	10	必填	—
受纳水体代码	11	暂空；由区县普查机构组织填报	—

附表 30　S105 表 入河（海）排污口水质监测数据审核细则

指标	代码	审核规则	数据格式
监测时间	01	年：范围［2017，2018］。月：范围［1，12］。日：范围［1，31］。时：范围［0，23］	—
污水排放流量	02	—	保留 1 位小数
化学需氧量浓度	03	必填	未检出填写 0
五日生化需氧量浓度	04	必填	未检出填写 0
氨氮浓度	05	必填	未检出填写 0
总氮浓度	06	必填	未检出填写 0
总磷浓度	07	必填	未检出填写 0
动植物油浓度	08	必填	未检出填写 0
其他	09	如填写监测结果则必须填写指标名称	—

附表 31 J101-1 表集中式污水处理厂基本情况审核细则

指标	代码	审核规则	数据格式
统一社会信用代码	01	必填；阿拉伯数字或英文字母，第 18 位为校正码，是否满足校正规则；首字母为 J，则为普查对象自编码，第 3～14 位应与 12 位统计用区划代码相同。对于登记管理部门发放的证照上"统一社会信用代码"未满足校正规则的，请按照审核规则提示的正确代码填报。其中统一社会信用代码之后括号内的两位码"顺序码"须填写"××"，并在备注中注明登记管理部门发放的统一社会信用代码	统一社会信用代码、普查对象识别码：18+2 位数；组织机构代码：9+2 位数
单位详细名称	02	必填	指标 01 中括号内有顺序码，表明有不同厂址，则此处单位名称对应用括号注明本厂址名称
运营单位名称	03	必填	—
法定代表人	04	必填	—
区划代码	05	必填，与实际 12 位行政区划代码保持一致	区划代码为 12 位数字
详细地址	06	必填	
企业地理坐标	07	必填，先经度后纬度（度分秒格式）	
联系方式	08	必填	
污水处理设施类型	09	必填	
建成时间	10	必填；年份为 4 位数，月份为 01～12	年份为 4 位整数；月份为 01～12
污水处理方法	11	必填，名称、代码必须与"废水处理方法名称及代码表"中保持一致	代码为 4 位整数
排水去向类型	12	必填，A～K 字母，必须与"排水去向类型代码表"中保持一致	—
排水进入环境的地理坐标	13	如指标 12 中选择 A、B、F、G、K 中任何一种，则必填，先经度后纬度（度分秒格式）	"秒"最多保留 2 位小数
受纳水体	14	如指标 12 中选择 A、B、F、G、K 中任何一种，则必填	受纳水体名称必填
是否安装在线监测	15	未安装不填，安装必填	—
有无再生水处理工艺	16	必填，如选择"1.有"，须填报 J101-2 表第 06～09 项指标	
污泥稳定化处理（自建）其中：污泥厌氧消化装置	17	必填，"污泥厌氧消化装置"选择"1.有"，须填报 J101-2 表第 11、12 项指标	—
污泥稳定化处理方法	18	指标 17 选"1.有"，则必填	
厂区内是否有锅炉	19	必填，如选择"1.有"，须填报 S103 表	—

附表 32 J101-2 表集中式污水处理厂运行情况审核细则

指标	代码	审核规则	数据格式
年运行天数	01	必填，为 1～365 范围内的整数	整数
用电量	02	必填	保留 2 位小数
设计污水处理能力	03	必填	整数
污水实际处理量	04	必填，04≥05	—
其中：处理的生活污水量	05	必填	—
再生水量	06	如 J101-1 表中指标 16 选择"1.有"，则必填，且 07～09 中必须有一项不能为空，06≥07+08+09	—
其中：工业用水量	07	非必填项	—
市政用水量	08	非必填项	—
景观用水量	09	非必填项	—
干污泥产生量	10	必填，10≥13，如果 09 项指标选择 3，该指标为非必填项	整数
污泥厌氧消化装置产气量（有厌氧装置的填报）	11	如 J101-1 表中指标 17 选择"1.有"，则必填	整数
污泥厌氧消化装置产气利用方式	12	如 J101-1 表中指标 17 选择"1.有"，则必填	整数
干污泥处置量	13	非必填项，如指标 10 未填，则该指标为空；如该指标不为空，则 13=14+19	整数
自行处置量	14	非必填项，如指标 13 不为空，则 14 或 19 项不能全为空，必须有一项不能为空；14=15+16+17+18	整数
其中：土地利用量	15	非必填项	整数
填埋处置量	16	非必填项	整数
建筑材料利用量	17	非必填项	整数
焚烧处置量	18	非必填项	整数
送外单位处置量	19	非必填项，没有则填 0	整数

附表 33 J101-3 表集中式污水处理厂污水监测数据审核细则

指标	代码	审核规则	数据格式
排水流量	01	未监测，可不填	保留整数
污染物	02～29	未监测，可不填	—

附表34 J102-1表生活垃圾集中处置场（厂）基本情况审核细则

指标	代码	审核规则	数据格式
统一社会信用代码	01	必填；阿拉伯数字或英文字母，第18位为校正码，是否满足校正规则；首字母为J，则为普查对象自编码，第3～14位应与12位统计用区划代码相同。对于登记管理部门发放的证照上"统一社会信用代码"未满足校正规则的，请按照审核规则提示的正确代码填报。其中统一社会信用代码之后括号内的两位码"顺序码"须填写"××"，并在备注中注明登记管理部门发放的统一社会信用代码	统一社会信用代码、普查对象识别码：18+2位数；组织机构代码：9+2位数
单位详细名称	02	必填	指标01中括号内有顺序码，表明有不同厂址，则此处单位名称对应用括号注明本厂址名称
法定代表人	03	必填	——
区划代码	04	必填，与实际12位行政区划代码保持一致	区划代码为12位数字
详细地址	05	必填	——
企业地理坐标	06	必填，先经度后纬度（度分秒格式）	——
联系方式	07	必填	电话号码为11～12位数字
建成时间	08	必填；年份为4位数，月份为01～12	年份为4位数；月份为01～12
垃圾处理厂类型	09	必填	——
垃圾处理方式	10	必填，可多选	——
垃圾填埋场水平防渗	11	必填	——
排水去向类型	12	必填，A～K字母，须按照"排水去向类型代码表"填写	——
受纳水体	13	如指标12中选择A、B、F、G、K中任何一种，则必填	受纳水体名称必填
排水进入环境的地理坐标	14	如指标12中选择A、B、F、G、K中任何一种，则必填，先经度后纬度（度分秒格式）	"秒"最多保留2位小数
焚烧废气排放口	15	有废气焚烧装置的，必填；一个废气焚烧口对应多个废气焚烧炉，且每个焚烧炉都安装了废气治理设施，则分别填写（1）排放口编号：有排污许可证的，填写排污许可证的排放口编号；没有的，则填写由字母和数字组合的5位代码，编号编码结构为：DA+×××（3位数字）（2）排放口地理坐标：先经度后纬度（度分秒格式）；度分秒均为0判错（3）是否安装在线监测（多选）：未安装不填，安装必填（4）烟囱高度与直径（米）：必填	地理坐标"秒"最多保留2位小数，高度和直径保留1位小数
废气处理方法	16	有垃圾焚烧装置的，必填；名称、代码必须与"脱硫、脱硝、除尘、挥发性有机物处理工艺代码、名称"中保持一致	——

附表 35　J102-2 表生活垃圾集中处置场（厂）运行情况审核细则

指标	代码	审核规则	数据格式
年运行天数	01	必填，1～365 范围内的整数	整数
本年实际处理量	02	必填，02=08+10+19+37	—
一、填埋方式（有填埋方式的填报）	—	J102-1 表指标 10 选择 1 的，必填指标 03～08	—
设计容量	03	有填埋方式的，非必填	—
已填容量	04	有填埋方式的，必填	—
正在填埋作业区面积	05	有填埋方式的，必填	—
已使用黏土覆盖区面积	06	非必填，06 和 07 指标可选 1 个填	—
已使用塑料土工膜覆盖区面积	07	非必填，06 和 07 指标可选 1 个填	—
本年实际填埋量	08	有填埋方式的，必填	—
二、堆肥处置方式（有堆肥处置方式的填报）	—	J102-1 表指标 10 选择 4 的，必填指标 09～11	—
设计处理能力	09	有堆肥方式的，必填	整数
本年实际堆肥量	10	有堆肥方式的，必填	—
渗滤液收集系统	11	有堆肥方式的，必填	—
三、焚烧处置方式（有焚烧方式的填报）	—	J102-1 表指标 10 选择 2 的，必填指标 12～31； J102-1 表指标 10 选择 3 的，必填指标 12～19；	—
设施数量	12	必填，12=13+14+15+16+17	—
其中：炉排炉	13	有的，必填	—
流化床	14	有的，必填	—
固定床（含热解炉）	15	有的，必填	—
旋转炉	16	有的，必填	—
其他	17	有的，必填	—
设计焚烧处理能力	18	填写指标 12 的，必填	整数
本年实际焚烧处理量	19	填写指标 12 的，必填	—
助燃剂使用情况	20	填写指标 12 的，必填	—
煤炭消耗量	21	指标 20 选择"1.煤炭"的，必填	整数
燃料油消耗量（不含车船用）	22	指标 20 选择"2.燃料油"的，必填	整数
天然气消耗量	23	指标 20 选择"3.天然气"的，必填	—
废气设计处理能力	24	填写指标 12 的，必填	整数
炉渣产生量	25	填写指标 12 的，必填	整数
炉渣处置方式	26	填写指标 12 的，必填，按"炉渣处置方式代码表"填写字母 A～E	—
炉渣处置量	27	填写指标 12 的，必填	整数
炉渣综合利用量	28	填写指标 12 的，必填	整数
焚烧飞灰产生量	29	填写指标 12 的，必填	整数
焚烧飞灰处置量	30	填写指标 12 的，必填	整数
焚烧飞灰综合利用量	31	填写指标 12 的，必填	整数

指标	代码	审核规则	数据格式
四、厌氧发酵处置方式（有餐厨垃圾处理的填报）	—	J102-1 表指标 10 选择 5 的，必填指标 32~33	—
设计处理能力	32	有餐厨垃圾厌氧发酵处置处理方式的，必填	整数
本年实际处置量	33	有餐厨垃圾厌氧发酵处置处理方式的，必填	—
五、生物分解处置方式（有餐厨垃圾处理的填报）	—	J102-1 表指标 10 选择 6 的，必填指标 34~35	—
设计处理能力	34	有餐厨垃圾生物分解处置处理方式的，必填	整数
本年实际处置量	35	有餐厨垃圾生物分解处置处理方式的，必填	—
六、其他方式	—	J102-1 表指标 10 选择 7 的，必填指标 36~37	—
设计处理能力	36	采用其他垃圾处置方式的，必填	整数
本年实际处置量	37	采用其他垃圾处置方式的，必填	—
七、全场（厂）废水（含渗滤液）产生及处理情况	—	—	—
废水（含渗滤液）产生量	38	必填	整数
废水处理方式	39	必填，选"1.自行处理"的，必填指标 40~43，选 2、3、4 的，不填指标 40~45；选"2.委托其他单位处理"的，不填 J104-1 表和 J104-3 表中水污染物排放指标	—
废水设计处理能力	40	必填	整数
废水处理方法	41	必填	整数
废水实际处理处置量	42	必填	整数
废水实际排放量	43	必填	整数
渗滤液浓缩产生量	44	必填	整数
渗滤液膜浓缩液处理方法	45	—	—

附表 36　J103-1 表危险废物集中处置厂基本情况审核细则

指标	代码	审核规则	数据格式
统一社会信用代码	01	必填；阿拉伯数字或英文字母，第 18 位为校正码，是否满足校正规则；首字母为 J，则为普查对象自编码，第 3~14 位应与 12 位统计用区划代码相同。对于登记管理部门发放的证照上"统一社会信用代码"未满足校正规则的，请按照审核规则提示的正确代码填报。其中统一社会信用代码之后括号内的两位码"顺序码"须填写"××"，并在备注中注明登记管理部门发放的统一社会信用代码	统一社会信用代码、普查对象识别码：18+2 位数；组织机构代码：9+2 位数
单位详细名称	02	必填	指标 01 中括号内有顺序码，表明有不同厂址，则此处单位名称对应用括号注明本厂址名称
经营许可证证书编号	03	必填	—
法定代表人	04	必填	—
区划代码	05	必填，与实际 12 位行政区划代码保持一致	区划代码为 12 位数字
详细地址	06	必填	—
企业地理坐标	07	必填，先经度后纬度（度分秒格式）	—

指标	代码	审核规则	数据格式
联系方式	08	必填	电话号码为 11~12 位数字
建成时间	09	必填；年份为 4 位数，月份为 01~12	年份为 4 位数；月份为 01~12
集中处理厂类型	10	必填	—
危险废物利用处置方式（可多选）	11	必填，可多选	不能填 0
排水去向类型	12	必填，A~K 字母，须按照"排水去向类型代码表"填写	—
受纳水体	13	如指标 12 中选择 A、B、F、G、K 中任何一种，则必填	受纳水体名称必填
排水进入环境的地理坐标	14	如指标 12 中选择 A、B、F、G、K 中任何一种，则必填，先经度后纬度（度分秒格式）	地理坐标"秒"最多保留 2 位小数
废水排口安装的在线监测设备（多选）	15	未安装不填，安装必填	—
废气排放口	16	有废气焚烧装置的，必填；一个废气焚烧口对应多个废气焚烧炉，且每个焚烧炉都安装了废气治理设施，则分别填写。 （1）排放口编号：有排污许可证的，填写排污许可证的排放口编号；没有的，则填写由字母和数字组合的 5 位代码，编号编码结构为：DA+×××（3 位数字） （2）排放口地理坐标：先经度后纬度（度分秒格式）；度分秒均为 0 判错 （3）烟囱高度与直径（米）：必填 （4）是否安装在线监测（多选）：未安装不填，安装必填，可多选	地理坐标"秒"最多保留 2 位小数，高度和直径保留 1 位小数
废气处理方法	17	有废气焚烧装置的，必填；名称、代码必须与"脱硫、脱硝、除尘、挥发性有机物处理工艺代码、名称"中保持一致	—

附表 37　J103-2 表危险废物集中处置厂运行情况审核细则

指标	代码	审核规则	数据格式
本年运行天数	01	必填，1~365 范围内的整数	整数
一、危险废物主要利用/处置情况	—	—	—
危险废物接收量	02	必填	整数
设计处置利用能力	03	必填	整数
处置利用总量	04	必填，04=05+06+07+08	整数
其中：处置工业危险废物量	05	有的，必填	整数
处置医疗废物量	06	有的，必填	整数
处置其他危险废物量	07	有的，必填	整数
综合利用危险废物量	08	有的，必填，且 08=10	整数
二、综合利用方式（有综合利用方式的填报）	—	J103-1 表指标 11 选 1 的，必填指标 09~11	—
设计综合利用能力	09	J103-1 表指标 11 选 1 的，必填	整数
实际利用量	10	J103-1 表指标 11 选 1 的，必填	整数
综合利用方式（可多选，最多选 3 项）	11	J103-1 表指标 11 选 1 的，必填，按"危险废物利用/处置方式"填写代码	—

指标	代码	审核规则	数据格式
三、填埋方式（有填埋方式的填报）		J103-1 表指标 11 选 2 的，必填指标 12～15	—
设计容量	12	有填埋方式的，必填	整数
已填容量	13	有填埋方式的，必填	整数
设计处置能力	14	有填埋方式的，必填	整数
实际填埋处置量	15	有填埋方式的，必填	整数
四、物理化学处置方式（不包括填埋或焚烧前的预处理）	—	J103-1 表指标 11 选 3 的，必填 16～17	—
设计处置能力	16	有物理化学处置方式且不包括填埋或焚烧前的预处理的，必填	整数
实际处置量	17	有物理化学处置方式且不包括填埋或焚烧前的预处理的，必填	整数
五、焚烧方式（有焚烧方式的填报）	—	J103-1 表指标 10 选 1 或 2，11 选 4 的，必填指标 18～33；J103-1 表指标 10 选 3，11 选 4 的，必填指标 24～25；	—
设施数量	18	有焚烧方式的，必填，18=19+20+21+22+23	—
其中：炉排炉	19	有的，必填	—
流化床	20	有的，必填	—
固定床（含热解炉）	21	有的，必填	—
旋转炉	22	有的，必填	—
其他	23	有的，必填	—
设计焚烧处置能力	24	填写指标 18 的，必填	整数
实际焚烧处置量	25	填写指标 18 的，必填	整数
使用的助燃剂种类	26	填写指标 18 的，必填	—
煤炭消耗量	27	指标 26 选择"1.煤炭"的，必填	整数
燃料油消耗量（不含车船用）	28	指标 26 选择"2.燃料油"的，必填	整数
天然气消耗量	29	指标 26 选择"3.天然气"的，必填	—
废气设计处理能力	30	填写指标 18 的，必填	整数
焚烧残渣产生量	31	填写指标 18 的，必填	整数
焚烧残渣填埋处置量	32	—	整数
焚烧飞灰产生量	33	填写指标 18 的，必填	整数
焚烧飞灰填埋处置量	34	—	整数
六、医疗废物主要处置情况（有医疗废物处置方式的填报）	—	J103-1 表指标 10 选 2 的，必填 35～38	—
医疗废物处置方式	35	有医疗废物处置方式的，必填	—
医疗废物设计处置能力	36	填写指标 35 的，必填	整数
其中：焚烧设计处置能力	37	—	整数
实际处置医疗废物量	38	填写指标 35 的，必填	整数
七、废水产生及处理情况	—	—	—
废水处理方法	39	必填，名称、代码必须与"废水处理方法名称及代码表"中保持一致	—
废水设计处理能力	40	必填	整数
废水产生量	41	必填	整数
实际处理废水量	42	必填	整数
废水排放量	43	必填	整数

附表 38　J104-1 表生活垃圾/危险废物集中处置厂（场）废水监测数据审核细则

指标	代码	审核规则	数据格式
废水（含渗滤液）流量	01	未监测，可不填	保留整数
污染物	02～29	未监测，可不填	——

附表 39　J104-2 表生活垃圾/危险废物集中处置厂（场）焚烧废气监测数据审核细则

指标	代码	审核规则	数据格式
焚烧废气流量	01	未监测，可不填	保留整数
年排放时间	02	必填	保留整数
污染物	03～10	未监测，可不填	

附表 40　J104-3 表生活垃圾/危险废物集中处置厂（场）污染物排放量审核细则

指标	代码	审核规则	数据格式
化学需氧量产生量	01	废水主要污染物，填报全厂的总量	以吨为单位的指标保留 2 位小数，以千克为单位的指标保留整数
化学需氧量排放量	02	废水主要污染物，填报全厂的总量	以吨为单位的指标保留 2 位小数，以千克为单位的指标保留整数
生化需氧量产生量	03	废水主要污染物，填报全厂的总量	以吨为单位的指标保留 2 位小数，以千克为单位的指标保留整数
生化需氧量排放量	04	废水主要污染物，填报全厂的总量	以吨为单位的指标保留 2 位小数，以千克为单位的指标保留整数
动植物油产生量	05	废水主要污染物，填报全厂的总量	以吨为单位的指标保留 2 位小数，以千克为单位的指标保留整数
动植物油排放量	06	废水主要污染物，填报全厂的总量	以吨为单位的指标保留 2 位小数，以千克为单位的指标保留整数
总氮产生量	07	废水主要污染物，填报全厂的总量	以吨为单位的指标保留 2 位小数，以千克为单位的指标保留整数
总氮排放量	08	废水主要污染物，填报全厂的总量	以吨为单位的指标保留 2 位小数，以千克为单位的指标保留整数
氨氮产生量	09	废水主要污染物，填报全厂的总量	以吨为单位的指标保留 2 位小数，以千克为单位的指标保留整数
氨氮排放量	10	废水主要污染物，填报全厂的总量	以吨为单位的指标保留 2 位小数，以千克为单位的指标保留整数
总磷产生量	11	废水主要污染物，填报全厂的总量	以吨为单位的指标保留 2 位小数，以千克为单位的指标保留整数
总磷排放量	12	废水主要污染物，填报全厂的总量	以吨为单位的指标保留 2 位小数，以千克为单位的指标保留整数
挥发酚产生量	13	废水主要污染物，填报全厂的总量	以吨为单位的指标保留 2 位小数，以千克为单位的指标保留整数
挥发酚排放量	14	废水主要污染物，填报全厂的总量	以吨为单位的指标保留 2 位小数，以千克为单位的指标保留整数
氰化物产生量	15	废水主要污染物，填报全厂的总量	以吨为单位的指标保留 2 位小数，以千克为单位的指标保留整数

指标	代码	审核规则	数据格式
氰化物排放量	16	废水主要污染物，填报全厂的总量	以吨为单位的指标保留 2 位小数，以千克为单位的指标保留整数
砷产生量	17	废水主要污染物，填报全厂的总量	以吨为单位的指标保留 2 位小数，以千克为单位的指标保留整数
砷排放量	18	废水主要污染物，填报全厂的总量	以吨为单位的指标保留 2 位小数，以千克为单位的指标保留整数
铅产生量	19	废水主要污染物，填报全厂的总量	以吨为单位的指标保留 2 位小数，以千克为单位的指标保留整数
铅排放量	20	废水主要污染物，填报全厂的总量	以吨为单位的指标保留 2 位小数，以千克为单位的指标保留整数
镉产生量	21	废水主要污染物，填报全厂的总量	以吨为单位的指标保留 2 位小数，以千克为单位的指标保留整数
镉排放量	22	废水主要污染物，填报全厂的总量	以吨为单位的指标保留 2 位小数，以千克为单位的指标保留整数
总铬产生量	23	废水主要污染物，填报全厂的总量	以吨为单位的指标保留 2 位小数，以千克为单位的指标保留整数
总铬排放量	24	废水主要污染物，填报全厂的总量	以吨为单位的指标保留 2 位小数，以千克为单位的指标保留整数
六价铬产生量	25	废水主要污染物，填报全厂的总量	以吨为单位的指标保留 2 位小数，以千克为单位的指标保留整数
六价铬排放量	26	废水主要污染物，填报全厂的总量	以吨为单位的指标保留 2 位小数，以千克为单位的指标保留整数
汞产生量	27	废水主要污染物，填报全厂的总量	以吨为单位的指标保留 2 位小数，以千克为单位的指标保留整数
汞排放量	28	废水主要污染物，填报全厂的总量	以吨为单位的指标保留 2 位小数，以千克为单位的指标保留整数
焚烧废气排放量	29	焚烧废气主要污染物，没有焚烧方式的危险废物处置厂不填指标29～37，填报全厂的总量	以吨为单位的指标保留 2 位小数，以千克为单位的指标保留整数
二氧化硫排放量	30	焚烧废气主要污染物，没有焚烧方式的危险废物处置厂不填指标29～37，填报全厂的总量	以吨为单位的指标保留 2 位小数，以千克为单位的指标保留整数
氮氧化物排放量	31	焚烧废气主要污染物，没有焚烧方式的危险废物处置厂不填指标29～37，填报全厂的总量	以吨为单位的指标保留 2 位小数，以千克为单位的指标保留整数
颗粒物排放量	32	焚烧废气主要污染物，没有焚烧方式的危险废物处置厂不填指标29～37，填报全厂的总量	以吨为单位的指标保留 2 位小数，以千克为单位的指标保留整数
砷及其化合物排放量	33	焚烧废气主要污染物，没有焚烧方式的危险废物处置厂不填指标29～37，填报全厂的总量	以吨为单位的指标保留 2 位小数，以千克为单位的指标保留整数
铅及其化合物排放量	34	焚烧废气主要污染物，没有焚烧方式的危险废物处置厂不填指标29～37，填报全厂的总量	以吨为单位的指标保留 2 位小数，以千克为单位的指标保留整数
镉及其化合物排放量	35	焚烧废气主要污染物，没有焚烧方式的危险废物处置厂不填指标29～37，填报全厂的总量	以吨为单位的指标保留 2 位小数，以千克为单位的指标保留整数
铬及其化合物排放量	36	焚烧废气主要污染物，没有焚烧方式的危险废物处置厂不填指标29～37，填报全厂的总量	以吨为单位的指标保留 2 位小数，以千克为单位的指标保留整数
汞及其化合物排放量	37	焚烧废气主要污染物，没有焚烧方式的危险废物处置厂不填指标29～37，填报全厂的总量	以吨为单位的指标保留 2 位小数，以千克为单位的指标保留整数

附表41   Y101表储油库油气回收情况审核细则

指标	代码	审核规则	数据格式
统一社会信用代码	01	必填；阿拉伯数字或英文字母，第18位为校正码，是否满足校正规则；首字母为Y，则为普查对象自编码，第3~14位应与12位统计用区划代码相同。对于登记管理部门发放的证照上"统一社会信用代码"未满足校正规则的，请按照审核规则提示的正确代码填报。其中统一社会信用代码之后括号内的两位码"顺序码"须填写"××"，并在备注中注明登记管理部门发放的统一社会信用代码	统一社会信用代码、普查对象识别码：18+2位数；组织机构代码：9+2位数
单位详细名称及曾用名	02	必填	若指标01中括号内有顺序码，表明有不同厂址，则此处单位名称对应用括号注明本厂址名称
法定代表人/个体工商户户主姓名	03	必填	—
企业内部的储油库（区）的名称	04	必填	—
区划代码	05	必填，与实际12位行政区划代码保持一致	区划代码为12位数字
详细地址	06	必填	要求填写到乡（镇）/道路
联系方式	07	必填	座机应填写区号，区号应填写正确，非11~12位的，重点提醒审核
储罐编码	08	必填，原油、柴油、汽油三种储罐至少有一列有编码，按照储罐的数量顺次进行编码	—
储罐罐容	09	必填，按照指标08储罐编码填入相应罐容	实数，数值＞0，保留2位小数
年周转量	10	必填，按照指标08储罐编码，结合台账、周转记录等填写	实数，数值≥0，保留2位小数
油气回收治理技术顶罐结构	11	汽油储罐必填，其他两种填写错误，选择相应油气回收治理技术顶罐结构	—
装油方式	12	汽油储罐必填，其他两种填写错误，选择相应装油方式	—
油气处理方法	13	汽油储罐必填，其他两种填写错误，选择相应油气处理方法	—
有无在线监测系统	14	汽油储罐必填，其他两种填写错误，选择有无在线监测系统	—
油气回收装置年运行小时数	15	必填，填写具体的运行时间，单位小时	整数，0≤数值≤8 760

附表 42 Y102 表加油站油气回收情况审核细则

指标	代码	审核规则	数据格式
统一社会信用代码	01	必填；阿拉伯数字或英文字母，第 18 位为校正码，是否满足校正规则；首字母为 Y，则为普查对象自编码，第 3～14 位应与 12 位统计用区划代码相同。对于登记管理部门发放的证照上"统一社会信用代码"未满足校正规则的，请按照审核规则提示的正确代码填报。其中统一社会信用代码之后括号内的两位码"顺序码"须填写"××"，并在备注中注明登记管理部门发放的统一社会信用代码	统一社会信用代码、普查对象识别码：18+2 位数；组织机构代码：9+2 位数
单位详细名称及曾用名	02	必填	若指标 01 中括号内有顺序码，表明有不同厂址，则此处单位名称对应用括号注明本厂址名称
法定代表人/个体工商户户主姓名	03	必填	—
所属加油站名称	04	必填，若指标 01、02 对应的单位拥有 2 个及以上加油站，此处填写具体的加油站名称；若该加油站即为独立法人，则填入法人全称，与指标 02 保持一致	—
区划代码	05	必填，与实际 12 位行政区划代码保持一致	区划代码为 12 位数字
详细地址	06	必填	要求填写到街（村）门牌号
地理坐标	07	必填，先经度后纬度（度分秒格式）；度分秒均为 0 判错，应在本市四至坐标范围内。不在本市范围内的重点审核	—
联系方式	08	必填	座机应填写区号，区号应填写正确，非 11～12 位的，重点提醒审核
总罐容（立方米）	09	必填，按照汽油、柴油分别填报	实数，数值＞0，保留 2 位小数
年销售量（吨）	10	必填，按照汽油、柴油分别填报	实数，数值≥0，保留 2 位小数
油气回收阶段	11	汽油必填，柴油填写错误	—
有无排放处理装置	12	汽油必填，柴油填写错误	—
有无在线监测系统	13	汽油必填，柴油填写错误	—
油气回收装置改造完成时间	14	指标 11 填 3 时，指标 14 不填，其他情况必填	年份为 4 位整数，月份 01～12 整数
储罐类型	15	必填	—
储罐壳体类型	16	必填	—
有无防渗池	17	必填	—
有无防渗漏监测设施	18	必填	—
有无双层管道	19	必填	—

附表 43　Y103 表油品运输企业油气回收情况审核细则

指标	代码	审核规则	数据格式
统一社会信用代码	01	必填；阿拉伯数字或英文字母，第 18 位为校正码，是否满足校正规则；首字母为 Y，则为普查对象自编码，第 3～14 位应与 12 位统计用区划代码相同。对于登记管理部门发放的证照上"统一社会信用代码"未满足校正规则的，请按照审核规则提示的正确代码填报。其中统一社会信用代码之后括号内的两位码"顺序码"须填写"××"，并在备注中注明登记管理部门发放的统一社会信用代码	统一社会信用代码、普查对象识别码：18+2 位数；组织机构代码：9+2 位数
单位详细名称	02	必填	若指标 01 中括号内有顺序码，表明有不同厂址，则此处单位名称对应用括号注明本厂址名称
法定代表人/个体工商户户主姓名	03	必填	—
区划代码	04	必填，与实际 12 位行政区划代码保持一致	区划代码为 12 位数字
详细地址	05	必填	要求填写到乡（镇）
地理坐标（企业）	06	必填，先经度后纬度（度分秒格式）；度分秒均为 0 判错，应在本市四至坐标范围内。不在本市范围内的重点审核	—
联系方式	07	必填	座机应填写区号，区号应填写正确，非 11～12 位的，重点提醒审核
年汽油运输总量	08	必填	实数，数值≥0，保留 2 位小数
年柴油运输总量	09	必填	实数，数值≥0，保留 2 位小数
油罐车数量	10	必填	整数，数值>0
具有油气回收系统的油罐车数量	11	必填，11≤10	整数，数值>0
定期进行油气回收系统检测的油罐车数量	12	必填，12≤11	整数，数值>0

附件 2

附件 2.1　中华人民共和国统计法（主席令第十五号）

第一章　总　则

第一条　为了科学、有效地组织统计工作，保障统计资料的真实性、准确性、完整性和及时性，发挥统计在了解国情国力、服务经济社会发展中的重要作用，促进社会主义现代化建设事业发展，制定本法。

第二条　本法适用于各级人民政府、县级以上人民政府统计机构和有关部门组织实施的统计活动。

统计的基本任务是对经济社会发展情况进行统计调查、统计分析，提供统计资料和统计咨询意见，实行统计监督。

第三条　国家建立集中统一的统计系统，实行统一领导、分级负责的统计管理体制。

第四条　国务院和地方各级人民政府、各有关部门应当加强对统计工作的组织领导，为统计工作提供必要的保障。

第五条　国家加强统计科学研究，健全科学的统计指标体系，不断改进统计调查方法，提高统计的科学性。

国家有计划地加强统计信息化建设，推进统计信息搜集、处理、传输、共享、存储技术和统计数据库体系的现代化。

第六条　统计机构和统计人员依照本法规定独立行使统计调查、统计报告、统计监督的职权，不受侵犯。

地方各级人民政府、政府统计机构和有关部门以及各单位的负责人，不得自行修改统计机构和统计人员依法搜集、整理的统计资料，不得以任何方式要求统计机构、统计人员及其他机构、人员伪造、篡改统计资料，不得对依法履行职责或者拒绝、抵制统计违法行为的统计人员打击报复。

第七条　国家机关、企业事业单位和其他组织以及个体工商户和个人等统计调查对象，必须依照本法和国家有关规定，真实、准确、完整、及时地提供统计调查所需的资料，不得提供不真实或者不完整的统计资料，不得迟报、拒报统计资料。

第八条　统计工作应当接受社会公众的监督。任何单位和个人有权检举统计中弄虚作假等违法行为。对检举有功的单位和个人应当给予表彰和奖励。

第九条　统计机构和统计人员对在统计工作中知悉的国家秘密、商业秘密和个人信息，应当予以保密。

第十条　任何单位和个人不得利用虚假统计资料骗取荣誉称号、物质利益或者职务晋升。

第二章 统计调查管理

第十一条 统计调查项目包括国家统计调查项目、部门统计调查项目和地方统计调查项目。

国家统计调查项目是指全国性基本情况的统计调查项目。部门统计调查项目是指国务院有关部门的专业性统计调查项目。地方统计调查项目是指县级以上地方人民政府及其部门的地方性统计调查项目。

国家统计调查项目、部门统计调查项目、地方统计调查项目应当明确分工,互相衔接,不得重复。

第十二条 国家统计调查项目由国家统计局制定,或者由国家统计局和国务院有关部门共同制定,报国务院备案;重大的国家统计调查项目报国务院审批。

部门统计调查项目由国务院有关部门制定。统计调查对象属于本部门管辖系统的,报国家统计局备案;统计调查对象超出本部门管辖系统的,报国家统计局审批。

地方统计调查项目由县级以上地方人民政府统计机构和有关部门分别制定或者共同制定。其中,由省级人民政府统计机构单独制定或者和有关部门共同制定的,报国家统计局审批;由省级以下人民政府统计机构单独制定或者和有关部门共同制定的,报省级人民政府统计机构审批;由县级以上地方人民政府有关部门制定的,报本级人民政府统计机构审批。

第十三条 统计调查项目的审批机关应当对调查项目的必要性、可行性、科学性进行审查,对符合法定条件的,作出予以批准的书面决定,并公布;对不符合法定条件的,作出不予批准的书面决定,并说明理由。

第十四条 制定统计调查项目,应当同时制定该项目的统计调查制度,并依照本法第十二条的规定一并报经审批或者备案。

统计调查制度应当对调查目的、调查内容、调查方法、调查对象、调查组织方式、调查表式、统计资料的报送和公布等作出规定。

统计调查应当按照统计调查制度组织实施。变更统计调查制度的内容,应当报经原审批机关批准或者原备案机关备案。

第十五条 统计调查表应当标明表号、制定机关、批准或者备案文号、有效期限等标志。

对未标明前款规定的标志或者超过有效期限的统计调查表,统计调查对象有权拒绝填报;县级以上人民政府统计机构应当依法责令停止有关统计调查活动。

第十六条 搜集、整理统计资料,应当以周期性普查为基础,以经常性抽样调查为主体,综合运用全面调查、重点调查等方法,并充分利用行政记录等资料。

重大国情国力普查由国务院统一领导,国务院和地方人民政府组织统计机构和有关部门共同实施。

第十七条 国家制定统一的统计标准,保障统计调查采用的指标涵义、计算方法、分类目录、调查表式和统计编码等的标准化。

国家统计标准由国家统计局制定,或者由国家统计局和国务院标准化主管部门共同制定。

国务院有关部门可以制定补充性的部门统计标准,报国家统计局审批。部门统计标准不得与国家统计标准相抵触。

第十八条   县级以上人民政府统计机构根据统计任务的需要，可以在统计调查对象中推广使用计算机网络报送统计资料。

第十九条   县级以上人民政府应当将统计工作所需经费列入财政预算。

重大国情国力普查所需经费，由国务院和地方人民政府共同负担，列入相应年度的财政预算，按时拨付，确保到位。

第三章   统计资料的管理和公布

第二十条   县级以上人民政府统计机构和有关部门以及乡、镇人民政府，应当按照国家有关规定建立统计资料的保存、管理制度，建立健全统计信息共享机制。

第二十一条   国家机关、企业事业单位和其他组织等统计调查对象，应当按照国家有关规定设置原始记录、统计台账，建立健全统计资料的审核、签署、交接、归档等管理制度。

统计资料的审核、签署人员应当对其审核、签署的统计资料的真实性、准确性和完整性负责。

第二十二条   县级以上人民政府有关部门应当及时向本级人民政府统计机构提供统计所需的行政记录资料和国民经济核算所需的财务资料、财政资料及其他资料，并按照统计调查制度的规定及时向本级人民政府统计机构报送其组织实施统计调查取得的有关资料。

县级以上人民政府统计机构应当及时向本级人民政府有关部门提供有关统计资料。

第二十三条   县级以上人民政府统计机构按照国家有关规定，定期公布统计资料。

国家统计数据以国家统计局公布的数据为准。

第二十四条   县级以上人民政府有关部门统计调查取得的统计资料，由本部门按照国家有关规定公布。

第二十五条   统计调查中获得的能够识别或者推断单个统计调查对象身份的资料，任何单位和个人不得对外提供、泄露，不得用于统计以外的目的。

第二十六条   县级以上人民政府统计机构和有关部门统计调查取得的统计资料，除依法应当保密的外，应当及时公开，供社会公众查询。

第四章   统计机构和统计人员

第二十七条   国务院设立国家统计局，依法组织领导和协调全国的统计工作。

国家统计局根据工作需要设立的派出调查机构，承担国家统计局布置的统计调查等任务。

县级以上地方人民政府设立独立的统计机构，乡、镇人民政府设置统计工作岗位，配备专职或者兼职统计人员，依法管理、开展统计工作，实施统计调查。

第二十八条   县级以上人民政府有关部门根据统计任务的需要设立统计机构，或者在有关机构中设置统计人员，并指定统计负责人，依法组织、管理本部门职责范围内的统计工作，实施统计调查，在统计业务上受本级人民政府统计机构的指导。

第二十九条   统计机构、统计人员应当依法履行职责，如实搜集、报送统计资料，不得伪造、篡改统计资料，不得以任何方式要求任何单位和个人提供不真实的统计资料，不得有其他违反本法规定的行为。

统计人员应当坚持实事求是，恪守职业道德，对其负责搜集、审核、录入的统计资料与统计调查对象报送的统计资料的一致性负责。

第三十条　统计人员进行统计调查时，有权就与统计有关的问题询问有关人员，要求其如实提供有关情况、资料并改正不真实、不准确的资料。

统计人员进行统计调查时，应当出示县级以上人民政府统计机构或者有关部门颁发的工作证件；未出示的，统计调查对象有权拒绝调查。

第三十一条　国家实行统计专业技术职务资格考试、评聘制度，提高统计人员的专业素质，保障统计队伍的稳定性。

统计人员应当具备与其从事的统计工作相适应的专业知识和业务能力。

县级以上人民政府统计机构和有关部门应当加强对统计人员的专业培训和职业道德教育。

第五章　监督检查

第三十二条　县级以上人民政府及其监察机关对下级人民政府、本级人民政府统计机构和有关部门执行本法的情况，实施监督。

第三十三条　国家统计局组织管理全国统计工作的监督检查，查处重大统计违法行为。

县级以上地方人民政府统计机构依法查处本行政区域内发生的统计违法行为。但是，国家统计局派出的调查机构组织实施的统计调查活动中发生的统计违法行为，由组织实施该项统计调查的调查机构负责查处。

法律、行政法规对有关部门查处统计违法行为另有规定的，从其规定。

第三十四条　县级以上人民政府有关部门应当积极协助本级人民政府统计机构查处统计违法行为，及时向本级人民政府统计机构移送有关统计违法案件材料。

第三十五条　县级以上人民政府统计机构在调查统计违法行为或者核查统计数据时，有权采取下列措施：

（一）发出统计检查查询书，向检查对象查询有关事项；

（二）要求检查对象提供有关原始记录和凭证、统计台账、统计调查表、会计资料及其他相关证明和资料；

（三）就与检查有关的事项询问有关人员；

（四）进入检查对象的业务场所和统计数据处理信息系统进行检查、核对；

（五）经本机构负责人批准，登记保存检查对象的有关原始记录和凭证、统计台账、统计调查表、会计资料及其他相关证明和资料；

（六）对与检查事项有关的情况和资料进行记录、录音、录像、照相和复制。

县级以上人民政府统计机构进行监督检查时，监督检查人员不得少于二人，并应当出示执法证件；未出示的，有关单位和个人有权拒绝检查。

第三十六条　县级以上人民政府统计机构履行监督检查职责时，有关单位和个人应当如实反映情况，提供相关证明和资料，不得拒绝、阻碍检查，不得转移、隐匿、篡改、毁弃原始记录和凭证、统计台账、统计调查表、会计资料及其他相关证明和资料。

第六章　法律责任

第三十七条　地方人民政府、政府统计机构或者有关部门、单位的负责人有下列行为之一的，由任免机关或者监察机关依法给予处分，并由县级以上人民政府统计机构予以通报：

（一）自行修改统计资料、编造虚假统计数据的；

（二）要求统计机构、统计人员或者其他机构、人员伪造、篡改统计资料的；

（三）对依法履行职责或者拒绝、抵制统计违法行为的统计人员打击报复的；

（四）对本地方、本部门、本单位发生的严重统计违法行为失察的。

第三十八条　县级以上人民政府统计机构或者有关部门在组织实施统计调查活动中有下列行为之一的，由本级人民政府、上级人民政府统计机构或者本级人民政府统计机构责令改正，予以通报；对直接负责的主管人员和其他直接责任人员，由任免机关或者监察机关依法给予处分：

（一）未经批准擅自组织实施统计调查的；

（二）未经批准擅自变更统计调查制度的内容的；

（三）伪造、篡改统计资料的；

（四）要求统计调查对象或者其他机构、人员提供不真实的统计资料的；

（五）未按照统计调查制度的规定报送有关资料的。

统计人员有前款第三项至第五项所列行为之一的，责令改正，依法给予处分。

第三十九条　县级以上人民政府统计机构或者有关部门有下列行为之一的，对直接负责的主管人员和其他直接责任人员由任免机关或者监察机关依法给予处分：

（一）违法公布统计资料的；

（二）泄露统计调查对象的商业秘密、个人信息或者提供、泄露在统计调查中获得的能够识别或者推断单个统计调查对象身份的资料的；

（三）违反国家有关规定，造成统计资料毁损、灭失的。

统计人员有前款所列行为之一的，依法给予处分。

第四十条　统计机构、统计人员泄露国家秘密的，依法追究法律责任。

第四十一条　作为统计调查对象的国家机关、企业事业单位或者其他组织有下列行为之一的，由县级以上人民政府统计机构责令改正，给予警告，可以予以通报；其直接负责的主管人员和其他直接责任人员属于国家工作人员的，由任免机关或者监察机关依法给予处分：

（一）拒绝提供统计资料或者经催报后仍未按时提供统计资料的；

（二）提供不真实或者不完整的统计资料的；

（三）拒绝答复或者不如实答复统计检查查询书的；

（四）拒绝、阻碍统计调查、统计检查的；

（五）转移、隐匿、篡改、毁弃或者拒绝提供原始记录和凭证、统计台账、统计调查表及其他相关证明和资料的。

企业事业单位或者其他组织有前款所列行为之一的，可以并处五万元以下的罚款；情节严重的，并处五万元以上二十万元以下的罚款。

个体工商户有本条第一款所列行为之一的，由县级以上人民政府统计机构责令改正，给予警告，可以并处一万元以下的罚款。

第四十二条　作为统计调查对象的国家机关、企业事业单位或者其他组织迟报统计资料，或者未按照国家有关规定设置原始记录、统计台账的，由县级以上人民政府统计机构责令改正，给予警告。

企业事业单位或者其他组织有前款所列行为之一的，可以并处一万元以下的罚款。

个体工商户迟报统计资料的，由县级以上人民政府统计机构责令改正，给予警告，可以并处一千元以下的罚款。

第四十三条　县级以上人民政府统计机构查处统计违法行为时，认为对有关国家工作人员依法应当给予处分的，应当提出给予处分的建议；该国家工作人员的任免机关或者监察机关应当依法及时作出决定，并将结果书面通知县级以上人民政府统计机构。

第四十四条　作为统计调查对象的个人在重大国情国力普查活动中拒绝、阻碍统计调查，或者提供不真实或者不完整的普查资料的，由县级以上人民政府统计机构责令改正，予以批评教育。

第四十五条　违反本法规定，利用虚假统计资料骗取荣誉称号、物质利益或者职务晋升的，除对其编造虚假统计资料或者要求他人编造虚假统计资料的行为依法追究法律责任外，由作出有关决定的单位或者其上级单位、监察机关取消其荣誉称号，追缴获得的物质利益，撤销晋升的职务。

第四十六条　当事人对县级以上人民政府统计机构作出的行政处罚决定不服的，可以依法申请行政复议或者提起行政诉讼。其中，对国家统计局在省、自治区、直辖市派出的调查机构作出的行政处罚决定不服的，向国家统计局申请行政复议；对国家统计局派出的其他调查机构作出的行政处罚决定不服的，向国家统计局在该派出机构所在的省、自治区、直辖市派出的调查机构申请行政复议。

第四十七条　违反本法规定，构成犯罪的，依法追究刑事责任。

第七章　附　则

第四十八条　本法所称县级以上人民政府统计机构，是指国家统计局及其派出的调查机构、县级以上地方人民政府统计机构。

第四十九条　民间统计调查活动的管理办法，由国务院制定。

中华人民共和国境外的组织、个人需要在中华人民共和国境内进行统计调查活动的，应当按照国务院的规定报请审批。

利用统计调查危害国家安全、损害社会公共利益或者进行欺诈活动的，依法追究法律责任。

第五十条　本法自 2010 年 1 月 1 日起施行。

附件 2.2　全国污染源普查条例（国务院令　第 709 号，2019 年修订）

第一章　总　则

第一条　为了科学、有效地组织实施全国污染源普查，保障污染源普查数据的准确性和及时性，根据《中华人民共和国统计法》和《中华人民共和国环境保护法》，制定本条例。

第二条　污染源普查的任务是，掌握各类污染源的数量、行业和地区分布情况，了解主要污染物的产生、排放和处理情况，建立健全重点污染源档案、污染源信息数据库和环境统计平台，为制定经济社会发展和环境保护政策、规划提供依据。

第三条　本条例所称污染源，是指因生产、生活和其他活动向环境排放污染物或者对环境产生不良影响的场所、设施、装置以及其他污染发生源。

第四条　污染源普查按照全国统一领导、部门分工协作、地方分级负责、各方共同参与的原则组织实施。

第五条　污染源普查所需经费，由中央和地方各级人民政府共同负担，并列入相应年度的财政预算，按时拨付，确保足额到位。

污染源普查经费应当统一管理，专款专用，严格控制支出。

第六条　全国污染源普查每 10 年进行 1 次，标准时点为普查年份的 12 月 31 日。

第七条　报刊、广播、电视和互联网等新闻媒体，应当及时开展污染源普查工作的宣传报道。

第二章　污染源普查的对象、范围、内容和方法

第八条　污染源普查的对象是中华人民共和国境内有污染源的单位和个体经营户。

第九条　污染源普查对象有义务接受污染源普查领导小组办公室、普查人员依法进行的调查，并如实反映情况，提供有关资料，按照要求填报污染源普查表。

污染源普查对象不得迟报、虚报、瞒报和拒报普查数据；不得推诿、拒绝和阻挠调查；不得转移、隐匿、篡改、毁弃原材料消耗记录、生产记录、污染物治理设施运行记录、污染物排放监测记录以及其他与污染物产生和排放有关的原始资料。

第十条　污染源普查范围包括：工业污染源，农业污染源，生活污染源，集中式污染治理设施和其他产生、排放污染物的设施。

第十一条　工业污染源普查的主要内容包括：企业基本登记信息，原材料消耗情况，产品生产情况，产生污染的设施情况，各类污染物产生、治理、排放和综合利用情况，各类污染防治设施建设、运行情况等。

农业污染源普查的主要内容包括：农业生产规模，用水、排水情况，化肥、农药、饲料和饲料添加剂以及农用薄膜等农业投入品使用情况，秸秆等种植业剩余物处理情况以及养殖业污染物产生、治理情况等。

生活污染源普查的主要内容包括：从事第三产业的单位的基本情况和污染物的产生、排放、治理情况，机动车污染物排放情况，城镇生活能源结构和能源消费量，生活用水量、排水量以及污染物排放情况等。

集中式污染治理设施普查的主要内容包括：设施基本情况和运行状况，污染物的处理处置情况，渗滤液、污泥、焚烧残渣和废气的产生、处置以及利用情况等。

第十二条　每次污染源普查的具体范围和内容，由国务院批准的普查方案确定。

第十三条　污染源普查采用全面调查的方法，必要时可以采用抽样调查的方法。

污染源普查采用全国统一的标准和技术要求。

第三章　污染源普查的组织实施

第十四条　全国污染源普查领导小组负责领导和协调全国污染源普查工作。

全国污染源普查领导小组办公室设在国务院环境保护主管部门，负责全国污染源普查日常工作。

第十五条　县级以上地方人民政府污染源普查领导小组，按照全国污染源普查领导小组的统一规定和要求，领导和协调本行政区域的污染源普查工作。

县级以上地方人民政府污染源普查领导小组办公室设在同级生态环境保护主管部门，负责本行政区域的污染源普查日常工作。

乡（镇）人民政府、街道办事处和村（居）民委员会应当广泛动员和组织社会力量积极参与并认真做好污染源普查工作。

第十六条　县级以上人民政府生态环境保护主管部门和其他有关部门，按照职责分工和污染源普查领导小组的统一要求，做好污染源普查相关工作。

第十七条　全国污染源普查方案由全国污染源普查领导小组办公室拟订，经全国污染源普查领导小组审核同意，报国务院批准。

全国污染源普查方案应当包括：普查的具体范围和内容、普查的主要污染物、普查方法、普查的组织实施以及经费预算等。

拟订全国污染源普查方案，应当充分听取有关部门和专家的意见。

第十八条　全国污染源普查领导小组办公室根据全国污染源普查方案拟订污染源普查表，报国家统计局审定。

省、自治区、直辖市人民政府污染源普查领导小组办公室，可以根据需要增设本行政区域污染源普查附表，报全国污染源普查领导小组办公室批准后使用。

第十九条　在普查启动阶段，污染源普查领导小组办公室应当进行单位清查。

县级以上人民政府机构编制、民政、市场监督管理以及其他具有设立审批、登记职能的部门，应当向同级污染源普查领导小组办公室提供其审批或者登记的单位资料，并协助做好单位清查工作。

污染源普查领导小组办公室应当以本行政区域现有的基本单位名录库为基础，按照全国污染源普查方案确定的污染源普查的具体范围，结合有关部门提供的单位资料，对污染源逐一核实清查，形成污染源普查单位名录。

第二十条　列入污染源普查范围的大、中型工业企业,应当明确相关机构负责本企业污染源普查表的填报工作,其他单位应当指定人员负责本单位污染源普查表的填报工作。

第二十一条　污染源普查领导小组办公室可以根据工作需要,聘用或者从有关单位借调人员从事污染源普查工作。

污染源普查领导小组办公室应当与聘用人员依法签订劳动合同,支付劳动报酬,并为其办理社会保险。借调人员的工资由原单位支付,其福利待遇保持不变。

第二十二条　普查人员应当坚持实事求是,恪守职业道德,具有执行普查任务所需要的专业知识。

污染源普查领导小组办公室应当对普查人员进行业务培训,对考核合格的颁发全国统一的普查员工作证。

第二十三条　普查人员依法独立行使调查、报告、监督和检查的职权,有权查阅普查对象的原材料消耗记录、生产记录、污染物治理设施运行记录、污染物排放监测记录以及其他与污染物产生和排放有关的原始资料,并有权要求普查对象改正其填报的污染源普查表中不真实、不完整的内容。

第二十四条　普查人员应当严格执行全国污染源普查方案,不得伪造、篡改普查资料,不得强令、授意普查对象提供虚假普查资料。

普查人员执行污染源调查任务,不得少于 2 人,并应当出示普查员工作证;未出示普查员工作证的,普查对象可以拒绝接受调查。

第二十五条　普查人员应当依法直接访问普查对象,指导普查对象填报污染源普查表。污染源普查表填写完成后,应当由普查对象签字或者盖章确认。普查对象应当对其签字或者盖章的普查资料的真实性负责。

污染源普查领导小组办公室对其登记、录入的普查资料与普查对象填报的普查资料的一致性负责,并对其加工、整理的普查资料的准确性负责。

污染源普查领导小组办公室在登记、录入、加工和整理普查资料过程中,对普查资料有疑义的,应当向普查对象核实,普查对象应当如实说明或者改正。

第二十六条　各地方、各部门、各单位的负责人不得擅自修改污染源普查领导小组办公室、普查人员依法取得的污染源普查资料;不得强令或者授意污染源普查领导小组办公室、普查人员伪造或者篡改普查资料;不得对拒绝、抵制伪造或者篡改普查资料的普查人员打击报复。

第四章　数据处理和质量控制

第二十七条　污染源普查领导小组办公室应当按照全国污染源普查方案和有关标准、技术要求进行数据处理,并按时上报普查数据。

第二十八条　污染源普查领导小组办公室应当做好污染源普查数据备份和数据入库工作,建立健全污染源信息数据库,并加强日常管理和维护更新。

第二十九条　污染源普查领导小组办公室应当按照全国污染源普查方案,建立污染源普查数据质量控制岗位责任制,并对普查中的每个环节进行质量控制和检查验收。

污染源普查数据不符合全国污染源普查方案或者有关标准、技术要求的，上一级污染源普查领导小组办公室可以要求下一级污染源普查领导小组办公室重新调查,确保普查数据的一致性、真实性和有效性。

第三十条　全国污染源普查领导小组办公室统一组织对污染源普查数据的质量核查。核查结果作为评估全国或者各省、自治区、直辖市污染源普查数据质量的重要依据。

污染源普查数据的质量达不到规定要求的,有关污染源普查领导小组办公室应当在全国污染源普查领导小组办公室规定的时间内重新进行污染源普查。

第五章　数据发布、资料管理和开发应用

第三十一条　全国污染源普查公报,根据全国污染源普查领导小组的决定发布。

地方污染源普查公报,经上一级污染源普查领导小组办公室核准发布。

第三十二条　普查对象提供的资料和污染源普查领导小组办公室加工、整理的资料属于国家秘密的,应当注明秘密的等级,并按照国家有关保密规定处理。

污染源普查领导小组办公室、普查人员对在污染源普查中知悉的普查对象的商业秘密,负有保密义务。

第三十三条　污染源普查领导小组办公室应当建立污染源普查资料档案管理制度。污染源普查资料档案的保管、调用和移交应当遵守国家有关档案管理规定。

第三十四条　国家建立污染源普查资料信息共享制度。

污染源普查领导小组办公室应当在污染源信息数据库的基础上，建立污染源普查资料信息共享平台，促进普查成果的开发和应用。

第三十五条　污染源普查取得的单个普查对象的资料严格限定用于污染源普查目的,不得作为考核普查对象是否完成污染物总量削减计划的依据,不得作为依照其他法律、行政法规对普查对象实施行政处罚和征收排污费的依据。

第六章　表彰和处罚

第三十六条　对在污染源普查工作中做出突出贡献的集体和个人,应当给予表彰和奖励。

第三十七条　地方、部门、单位的负责人有下列行为之一的, 依法给予处分, 并由县级以上人民政府统计机构予以通报批评；构成犯罪的, 依法追究刑事责任:

（一）擅自修改污染源普查资料的;

（二）强令、授意污染源普查领导小组办公室、普查人员伪造或者篡改普查资料的;

（三）对拒绝、抵制伪造或者篡改普查资料的普查人员打击报复的。

第三十八条　普查人员不执行普查方案, 或者伪造、篡改普查资料, 或者强令、授意普查对象提供虚假普查资料的, 依法给予处分。

污染源普查领导小组办公室、普查人员泄露在普查中知悉的普查对象商业秘密的, 对直接负责的主管人员和其他直接责任人员依法给予处分；对普查对象造成损害的, 应当依法承担民事责任。

第三十九条　污染源普查对象有下列行为之一的, 污染源普查领导小组办公室应当及时向同级人民

政府统计机构通报有关情况，提出处理意见，由县级以上人民政府统计机构责令改正，予以通报批评；情节严重的，可以建议对直接负责的主管人员和其他直接责任人员依法给予处分：

（一）迟报、虚报、瞒报或者拒报污染源普查数据的；

（二）推诿、拒绝或者阻挠普查人员依法进行调查的；

（三）转移、隐匿、篡改、毁弃原材料消耗记录、生产记录、污染物治理设施运行记录、污染物排放监测记录以及其他与污染物产生和排放有关的原始资料的。

单位有本条第一款所列行为之一的，由县级以上人民政府统计机构予以警告，可以处 5 万元以下的罚款。

个体经营户有本条第一款所列行为之一的，由县级以上人民政府统计机构予以警告，可以处 1 万元以下的罚款。

第四十条　污染源普查领导小组办公室应当设立举报电话和信箱，接受社会各界对污染源普查工作的监督和对违法行为的检举，并对检举有功的人员依法给予奖励，对检举的违法行为，依法予以查处。

第七章　附　则

第四十一条　军队、武装警察部队的污染源普查工作，由中国人民解放军总后勤部按照国家统一规定和要求组织实施。

新疆生产建设兵团的污染源普查工作，由新疆生产建设兵团按照国家统一规定和要求组织实施。

第四十二条　本条例自公布之日起施行。

附件 2.3　致第二次全国污染源普查对象的一封信

尊敬的普查对象：

　　全国污染源普查是依法开展的重大国情调查，是生态环境保护的基础性工作。开展第二次全国污染源普查，掌握各类污染源的数量、行业和地区分布情况，了解主要污染物产生、排放和处理情况，建立健全重点污染源档案、污染源信息数据库和环境统计平台，对于准确判断我国当前生态环境形势，制定实施有针对性的经济社会发展和生态环境保护政策、规划，不断改善环境质量，加快推进生态文明建设，补齐全面建成小康社会的生态环境短板具有重要意义。

　　第二次全国污染源普查范围涉及工业污染源，农业污染源，生活污染源，集中式污染治理设施，移动源及其他产生、排放污染物的设施。中华人民共和国境内有污染源的单位和个体经营户应严格按照《中华人民共和国统计法》《中华人民共和国环境保护法》《全国污染源普查条例》以及本次普查方案的规定和要求，配合普查人员依法进行调查，并如实反映情况，提供有关资料，按照要求如实填报污染源普查表。

　　届时，我们的普查员、普查指导员将佩戴证件，执行普查任务，请您消除疑虑，积极配合。若有任何疑问，相关工作人员将给予详细解答。同时，普查员、普查指导员将严格遵守《全国污染源普查条例》规定，保护普查对象的合法权益，保守普查对象的技术和商业秘密。

　　最后，感谢您配合参与第二次全国污染源普查工作！

附件 2.4   致普查员和普查指导员的一封信

普查员和普查指导员同志们：

根据《全国污染源普查条例》规定，国务院决定以 2017 年 12 月 31 日为标准时点，开展第二次全国污染源普查。此次普查涉及行业广、覆盖范围大、调查数据多、技术含量高、质量要求严、工作任务重。

各位普查员和普查指导员，你们处在普查工作的前沿阵地，肩负着走进千家万户、收集原始数据的重任。你们收集的数据是否准确、填写的普查表是否规范，将直接关系普查数据质量和整个普查工作的成败。希望你们本着对党和国家负责、对人民负责、对历史负责的高度政治责任感，全身心投入到本次工作中，忠于职守，认真负责，坚持原则，依法普查。

为此，你们要积极参加培训，认真学习普查知识，熟悉每个普查项目，掌握各项工作技能；主动出示普查机构统一印制的"普查指导员证""普查员证"，进行自我介绍、说明来意；做好宣传工作，向群众耐心宣传普查的重要意义，提高群众对本次工作的认同感，自觉参与其中；严格执行普查方案，实事求是，客观反映情况，指导普查对象准确填写普查表，坚决反对和制止弄虚作假行为；切实履行保密义务，不得泄露普查对象的技术和商业秘密。

没有松柏恒，难得雪中青。请全体普查员和普查指导员同志一定要尽职尽责，认真完成第二次全国污染源普查任务，交上一份合格的答卷。

后 记

　　《第二次全国污染源普查成果系列丛书》（以下简称《丛书》）是污染源普查工作成果的具体体现。这一成果是在国务院第二次全国污染源普查领导小组统一领导和部署、地方各级人民政府全力支持下，全国生态环境、农业农村、统计及有关部门普查工作人员和几十万普查员、普查指导员，历经三年多时间，不懈努力、辛勤劳动获得的。及时整理相关材料、全面总结实践经验、编辑出版这些成果资料，使政府有关部门、广大人民群众、科研人员及社会各界了解污染源普查情况、开发利用普查成果，是十分必要且非常有意义的一件大事。

　　在《丛书》编纂指导委员会指导下，《丛书》主要由第二次全国污染源普查工作办公室的同志编纂完成，技术支持单位研究人员和地方普查工作人员参与了部分内容的编写。在编纂过程中，得到了生态环境部领导、相关司局的关心和支持。中国环境出版集团许多同志不辞辛苦，作了大量编辑工作。中图地理信息有限公司参与了《第二次全国污染源普查图集》的制作。在此一并表示由衷的感谢！

　　从第二次全国污染源普查启动至《丛书》出版，历时 4 年多时间，相关数据、资料整理过程中会有不尽如人意之处，希望读者谅解指正。

主编

2021 年 6 月